［本扉写真］　四日市コンビナート（三重県）

なぜ公害は続くのか——潜在・散在・長期化する被害

目次

第7章 環境正義運動は何を問いかけ、何を変えてきたのか

コラムB 新しい環境リスク――環境過敏症という名の「公害」

III 公害は終わっていない
新たな課題と経験の継承

*ブックデザイン……藤田美咲
*カバー表写真……友澤悠季
*本扉写真……友澤悠季
*カバー袖（表）写真……友澤悠季・藤川賢・藤川賢
（裏）写真……藤川賢・藤川賢・友澤悠季
*カバー裏写真……新泉社編集部
*二九三頁写真……新泉社編集部

序章

公害はなぜ続くのか

不可視化される被害と加害

藤川賢・友澤悠季

1 公害を問う意味

今日議論されているあらゆる環境問題は、人間社会がつくり出してきたものである[飯島 2001]。日本の環境社会学領域の成立から約三〇年が経つが、環境問題は地球上で増え続けている。なぜ増えるのか。それは、近代産業社会が経済的な損得勘定を尺度として「発展」してきたことと深くかかわる。採算重視の価値観はグローバルに拡大し、個人の内面にも浸透してきた。蛇口をひねる、コンセントにプラグを指すといった日常動作は、便利で快適な生活の象徴であるが、無自覚な環境破壊にもつながっている。日常の選択の積み重ねが膨大な数の人びとに困難を押しつけてきた現実を直視しようとするとき、本書のテーマである「公害」は、ひとつの有効な切り口である。

公害は、人間が経済主体として行う活動によって、他の人間に危害を加える行為である。とくに産業活動は、大気、水、土を汚し、悪臭、振動や騒音、地盤沈下などを発生させ、そこで働く人をはじめ、周囲に住む人、あるいは生産された製品やサービスを受け取る人の健康をも害してきた。私たちはそのことを知識としては知りつつも、公害で実際に害を受けるのがのっぺらぼうの「大衆」ではなく、土地ごとに固有の生態系をもつ自然環境であり、多様な生活形態で生きる人びとであることを、しばしば忘れてしまう。それは、個々人の生命、自由、幸福を万人に保障しないまま、経済効果を「公益」とみなすような考え方を、私たちが自覚のないまま摂取しているからであろう。

だが、公害は、一人ひとりの身の上に起き、人生を一変させてしまうような性質の出来事である。そうした問題を生まないようにするには、どうしたらよいのだろうか。この問いに立ち向かってきた人びとは、加害企業だけではなく、その背後にある建前としての「公益」優先の思想や論理を批判し、変えようとしてきた。本書は、教科書的な公害の記述に縛られることなく、多様な環境問題群とそれらに対峙する行動の意味を「公害」という切り口で読み解き、共通の骨格を浮かび上がらせようとしている。

2 公害とは何か

環境基本法(一九九三年施行)は、公害を次のように定義している。

環境の保全上の支障のうち、事業活動その他の人の活動に伴って生ずる相当範囲にわたる大気の汚染、水質の汚濁、土壌の汚染、騒音、振動、地盤の沈下及び悪臭によって、人の健康又は生活環境に係る被害が生ずること。(第三条、括弧内省略)

一九六七年施行の公害対策基本法から受け継がれるこの定義は、公害には、人が人に与える加害—被害の関係と、事業活動が何らかの環境侵害を介して被害を起こす原因—結果の関係という二つの軸があることを示す。日本政府は、この両方の軸が明らかになって初めて、その出来事を「公害」として認めてきたのであって、それは全国で多数の被害が生じてようやく公害対策が定められた経過と呼応している。事業活動が他の人を傷つけたとき、事故のように直接的な傷害であれば加害—被害関係は明らかで、操業停止などの措置も取りやすい。だが、大気汚染や水質汚濁、騒音など、なんらかの環境侵害現象を介して被害が起きる場合、その事業活動による侵害の程度(原因)と、汚染が健康に与える影響(結果)の両方において、測定による数値化などを用いた科学論争が始まってしまう。因果関係に注目が集まることによって、加害—被害関係の解消(被害拡大を止めるための行動)が後回しにされ、被害者は忍耐を強いられる。

公害対策の法制度が整えられて以降も、この難しさは残っている。一九七〇年代後半には、日本国内における目に見える環境侵害の減少だけが強調され、「公害は終わった」とする主張が声高になったが、それは後述のように病気が発生しても汚染との因果関係を否定する動きと連動していた。汚染減少の理由にも、国内鉱石から輸入鉱石への切り替えや工場の海外移転などがあり、それらは時に「公害輸出」と批判された。目に見える汚染を減らすだけでは、公害の根本的解決にはほど遠く、今日でも、被害が存在するにもかかわらず因果関係や加害源が特定されずに、曖昧な状態におかれている環境問題は少なくない。

3　長きにわたる被害と人びとの抵抗

戦後日本の高度経済成長は、公害の発生を黙認することで可能になった[宇井 1971]。ただし、公害の歴史的形成はそれより前の、資本主義的生産の開始期までさかのぼって考えねばならない[小田 1983]。ヨーロッパを例にとれば、産業革命の発祥地イギリスでは、一九世紀までに大気汚染や下水汚濁などが深刻化した。日本でも明治期以降から各地で公害が起こり、社会問題となったものもあったが(本書第1章)、政府としてこの問題に向き合う姿勢の確立は一九六〇年代後半まで待たねばならなかった。それも、一九五八年の本州製紙江戸川工場事件、一九六三〜六四年の三島・沼津・清水二市一町石油コンビナート建設反対運動など、人びとの抗議行動と世論形成があって初めて可能になったのである[宮本 2014]。

一九六〇年代末に公害への社会的関心が高まる際、とくにクローズアップされたのは公害が引き起こす健康被害の深刻さである。多数の死者と公害病患者が発生し、患者・遺族・家族らは、加害企業の事業活動と健康被害との因果関係を認めさせるため、民事訴訟を起こしていった。その代表例が新潟水俣病(一九六七年六月提訴)、四日市公害(同年九月提訴)、富山イタイイタイ病(一九六八年三月提訴)、熊本水俣病(一九六九年六月提訴)で、四大公害訴訟と呼ばれる。

イタイイタイ病と熊本水俣病の始点は高度経済成長のはるか前までさかのぼる。前者では、神岡鉱山からの鉱毒流出は明治時代から問題になっており、イタイイタイ病の発生数や症状の激しさは一九四〇年代にピークに達している。後者のチッソ水俣工場による海洋汚染も戦前から続き、鳥や猫の無数の死を経て、原因不明の病の集団発生として保健所に届け出られたのが一九五六年である。いずれも、一九五〇年代末には排水が原因だと指摘されていたにもかかわらず、その因果関係はあいまいにされ、原因企業は責任を否定し続けた。ようやく国が「公害病」と認定したのは一九六八年のことであり、この間に全国的に水銀の使用規制がなされなかったことは新潟水俣病の拡大原因にもなった(第2章)。イタイイタイ病の原因物質カドミウムに関しても、複数の地で被害の放置が見られる[飯島ほか 2007]。新潟水俣病とイタイイタイ病の提訴は、国の公害病認定に先立つもので、行政だけに救済を任せておけないという被害者たちのやむをえない選択だった。

大気汚染の歴史も古く、明治期から各地で健康への影響をもたらしていたが、工場の煤煙は地域の産業発展の象徴と見られ、被害の認識は広がりにくかった。山口県宇部市や現・福岡県北九州市の八幡、戸畑などでは、戦後まもない頃から青空を求める訴えが高まり、汚染対策はとられたものの、健康被害の補償救済は遅れた。戦後、経済成長の要と見られた石油コンビナートは、各地で海洋汚染と公害ぜんそくを引き起こしたが、複数の発生源企業が集中的に立地する状況で、改善要求は容易ではなかった。そのなかで、三重県四日市市において市民運動の一手段として選ばれたのが訴訟であり、第一コンビナート構成企業のうち六社を限定して被告とし、「共同不法行為」という概念で加害責任を問う方法だった。

　四大公害訴訟の経過はメディアによって大きく報じられた。顔と名前を出して取材に応じ、被写体となって苦難を語る患者・家族・遺族らの姿は、全国の人びとに強い印象を刻んだ。それは多くの人びとが公害の存在を知り、不安を意識化する契機にもなった。一九二〇年代から亜ヒ酸などを製造した鉱山による健康被害のあった宮崎県土呂久の住民の中には、他地域の報道に接したことで、自分たちも公害の被害者だと自覚した人もいた［土呂久を記録する会編 1993］。ただし、その反面では報道による被害者の負担や差別の助長もあり、また、目に見える被害の苛烈さと悲劇が強調されたことで、公害被害が一定の視覚イメージに閉じ込められてしまうなどの負の作用もあった。

4 被害への視点と公害の広がり——労働災害・薬害・食品公害

公害の歴史は、公害が被害から始まることを教える。因果関係からいえば環境侵害の発生が先だが、被害が顕在化しなければ、環境侵害は加害行為とみなされないのである。チッソ水俣工場の例では、漁業被害などの苦情を受けても、それを自分たちの問題と受け止めるのではなく、地元の人に「がまんしてもらう」という発想があった［平岡 1999: 136–139］。水俣病の存在が報告されてからも、「水俣湾の水質は保たれており、工場の操業は水俣病とは無関係」という主張が継続して社内に存在し、加害者による被害否定の状況がしばらく続いた。

環境社会学の源流の一つである公害研究は、こうした状況のなかで、いかに早く小さな被害に気づき、その社会的な意味を伝えるかに腐心してきた。被害に注目すると、環境基本法の定義する「公害」以外にも、広義の公害といえる事象が多数あることがわかる。環境社会学の重要な初期研究である『公害・労災・職業病年表』［飯島編 2007 (1977)］や『環境問題と被害者運動』［飯島 1993 (1984)］も、公害と労働災害・職業病、そして薬害・食品公害などの消費者災害とを連続的に論じている。

被害を研究するなかで獲得された知見の一つが被害非認識である。加害側による被害否定の問題性は言うまでもないが、あわせて重要なこととして、被害者自身も自らの被害に気づかない、もしくはそれを「被害」だと思わない「被害の潜在化」が見られるのである［飯島 1993 (1984): 91］。とくに近代の鉱害に顕著なことだが、農業被害などは、ただちに地域一帯の家計危機に直結するために運動の争点として共有されやすい一方、生命・健康に関する被害は認識されづらかった。それは、家父長制下で、生命・健康被害を受けやすい主体が乳幼児、高齢者、女性などであることと無関係ではない(1)。

チッソ水俣工場や三井三池炭鉱は、労働運動が力を示していた現場であったが、同じ場で発生していたはずの労働災害の問題は、労働者自身によって二の次にされがちであった。こうした感覚は、今日でもアスベストや放射性物質に関して世界各地に見られる。原子力発電所の労働者は、低線量被曝を前提としながら、下請け・孫請け・ひ孫請けといった雇用形態のために力を奪われてきた。アスベストでは、業界団体の自主規制に任せる形で国が規制を遅らせたために、雇用・契約の状態が不安定な零細建設業従事者を中心に、のちに発病する人たちを大幅に増やす結果を招いた(コラムA)。

だからこそ、公害の根本的原因と解決方法を追究する際、あらかじめ公害の範囲を固定して議論の枠を狭めてしまうべきではない。カネミ油症事件や森永ヒ素ミルク事件を「食品公害」として見ることで、救済や再発防止への新たな議論が喚起される(第4章)。近年では、化学物質過敏症や花粉症など、個人の体質の問題とされてきた多様な症状について環境による影響が指摘され始めている(コラムB)。環境を通した因果関係の曖昧さによって加害—被害関係が不分明になりやすい問題を「公害」として整理することで、開ける視界がある。

5 被害の持続と不可視化——その潜在・散在・偏在

一九七一年から七三年にかけて、四大公害訴訟はいずれも原告勝訴で終結し、加害企業が法廷で特定された。また一九七一年に環境庁が発足し、国が発表する白書の名称は「公害白書」から「環境白書」へと変わった。これらの動きを受ける形で、産業公害は「局地的」な課題にすぎないし解決されつつあるのに対して、環境侵害は「国民一人一人が身近に」影響を受ける問題［環境庁1972］という形で、「環境＞公害」とするような認識の序列化がはかられるようになった。しかし、人間をベースに見直せば、環境侵害は公害の一局面であって、すべてではない。公害訴訟「後」の経緯を見ることにより、環境政策の形式的定着だけでは公害は解決しない事実が理解できる。

第一に目を向けるべきは、被害の持続である。四大公害訴訟の判決はいずれも、起きてしまった事実関係を判定したのであって、対策を命じるものではなかった。四日市公害訴訟で原告が勝訴した当日も、コンビナートは変わらず煙を吐いていた。被害者の病は、認定されても治るわけではなく、年齢が上がることで新たな問題も生じている（第9章）。健康被害を補償するための公害健康被害補償制度も、当事者の申請がなければ審査も始まらず、認定基準は厳しく、棄却されても審査経過が不透明であるなど、問題が多い。わかりやすい被害のみが「公害」として世間の人びとに記憶されたことに乗じて、一部の政治家などは認定申請者に対して「金欲しさのニセ患者」などと根拠なく誹謗中傷した。結果、地域社会内の偏見・差別は解消せず、被害者が家族にさえ被害を話せない状況がつくり出された。水俣病の認定をめぐっては今日も複数の訴訟が継続しているが、運動や訴訟などで表に出て語ることのできる被害者の足元には、不安を抱えながら息を潜め、散らばって生活する被害者らのすそ野が広がっているのである。

このように、被害は持続するほど潜在化し、そのことが散在化に追い討ちをかける結果、被害は見えにくくなって(不可視化されて)しまう。その背後には、環境侵害の影響を背負わされるのが社会的に弱い立場の人びとに偏るという、公害の最初期から続く社会構造もある。

加えて被害者を苦境に立たせたのが、「まきかえし」などと呼ばれた動向である。例えばイタイイタイ病について環境庁がカドミウム原因説を見直す研究班を立ち上げるなど、「公害」の存在そのものや、確定したはずの因果関係を疑うような動きが一九七〇年代半ばから生じた(第3章)。これらは、一九七三年末のオイルショックと低成長期の到来のなかで、公害対策費用の負担増を恐れた産業界の働きかけによるものといわれる。

大気汚染に関しては、企業の公害防止技術の進展で一定程度、硫黄酸化物(SOx)の指標が改善をみたことから、「公害は終わった」という論調に拍車がかかり、環境庁は一九八三年にぜんそくなどの被害発生の指定地域見直しを開始した。各地からの反対にもかかわらず、一九八六年の中央公害審議会答申により一九八八年三月に全国一斉解除され、公害ぜんそく等は新規認定されなくなった。

混同してはならないのは、軽減と解消の違いである。劇症型の被害が発生しなくなり、目に見える汚染が減ったとしても、慢性的な被害や汚染が継続・持続している状態では、問題は解消されていない。大気汚染の被害地は全国に多く、企業からの排煙に自動車排気ガスの道路公害なども加わった複合汚染も明らかになり、大阪市の西淀川大気汚染訴訟（一九七八年四月提訴）など、汚染物質排出の差し止めも争点とする訴訟が複数、長期にわたって闘われることになった。

6 加害源の不可視化と定着（固定化）

第二に、加害源の社会的黙認（維持、存置）も看過できない。一企業の事業活動においても地域における利害関係ゆえに公害が黙認された例は少なくないが、「公共性」「公益性」とかかわる事業ではその傾向が顕著になる。例えば軍用機や民間航空機による騒音は、四大公害訴訟より前の一九五〇年代から周辺住民を悩ませ、米軍の横田、厚木基地、沖縄の嘉手納（かでな）、普天間（ふてんま）基地や、航空自衛隊の小松基地、民間利用の大阪国際空港（伊丹空港）など、騒音をめぐる訴訟が幾度も提起されてきたが、発生源である飛行の差し止めが認められたことはない（夜間飛行禁止などの部分的制限が認められた例はある）。新幹線からの騒音・振動公害の訴訟は一九七四年に名古屋で提起されたが、被害とその補償は認められても、減速による騒音・振動の差し止めは認められなかった（一九八〇年名古屋地裁、一九八五年名古屋高裁）。

この点では、「受益圏」と「受苦圏」との力関係にも注意が必要である［船橋ほか 1988; 船橋 2001］。とくに軍事施設をめぐっては、「公共」「公益」あるいは「国益」を楯に、加害行為が不問に付され、一部地域住民が受忍を強いられる事態が続く［朝井 2009］。沖縄では、長年の基地反対の声と、度重なる被害の訴えにもかかわらず、軍事施設の集中が長期化したまま、環境汚染も累積している［ミッチェル 2018］。世界レベルでも、経済的・政治的・軍事的な大国によって、小さな国々に被害がまとめて押しつけられ、放置され続けてきた構図がある（第6章）。

第三に、加害源の置かれる場所、被害を受ける人びとの「選択と集中」である。一九七〇年代後半以降、環境侵害が懸念される有害物質やそれを扱う施設は、反対の声の起きにくいところ、人目につかないところへと集中した。中心部から地方へ、先進国から発展途上国へといったように、廃棄物の広域移動や、工場や生産工程丸ごとの「公害輸出」などが進行し、例えば自由貿易の影で熱帯林破壊が構造化する（第5章）。

このような問題の拡大はそれに対抗することをさらに難しくする。施設の立地に反対する声があっても、前述の「公共性」との関連で、「地域エゴ」「NIMBY（ニンビー）イズム」などの批判を受けることも少なくない。「選択と集中」を受けた地域は加害源の不可視化に伴うひずみにも向き合わなければならないのである。そうした地域の中には、被害をただ受忍するのではなく、地域住民が事業に積極的な関与を求め、葛藤しつつ、将来を模索してきた例もある（第8章）。

以上のように、公害を生み出す構造は持続してきた。その事実は、四大公害訴訟ほど世論を喚起することなく、社会の中に半ば埋め込まれてしまった。結果、一九八〇年代末にリスクへの関心が高まるまで、環境侵害とその危険性に関する社会的議論は停滞した。

7 未来をつくるための運動——「環境正義」と「予防原則」の確立に向けて

公害に関する議論は過去のみが対象だと誤解されやすいが、当事者らは、今後起こりうる危険を回避し、よりよい社会のあり方を提案するために議論を積み重ねてきた。未来をつくるための運動という観点から、国内と国外それぞれの重要な動きに触れておきたい。

国内では、前述の産業界からの「まきかえし」を契機に、被害者運動、市民・住民運動はさまざまな抗議を行った。一九七六年には、公害、薬害等の被害者団体同士が連携した全国公害被害者総行動を開始し、二〇二二年現在も活動を続けている。西淀川と岡山県倉敷(水島コンビナート)では、大気汚染訴訟が和解という形で決着したが、その条件に環境再生・地域再生という目標が盛り込まれ、和解金を財源として財団を設立し、先駆的な活動を続けてきた。その中では被害者、一般住民、企業、行政など、立場の異なる者同士のパートナーシップ形成が模索されてきた(コラムC)。協働と提携の進行とともに、地域における公害の経験を記録し伝える重要性も意識され始め、公害を伝えるための施設や団体(公害資料館)の設置例は全国で大小二〇を超えている。被害者だけでなく地域全体の高齢化が進み、継承への取り組みが緊急性を増すなかで、世代の壁、地域の壁、立場の壁を乗り越えて連携しようとするネットワークが形成され、福島原発事故など、新しい公害事件の当事者ともつながっている(第10章)。

国外に目を向けると、アメリカ合衆国で環境汚染が社会問題となった契機として、一九七八年のラブキャナル事件が挙げられる(第3章)。有害廃棄物問題が注目されるなかで、非白人集住地域に環境侵害と社会的不正義・不公正が集中する状況が鋭く問われ、一九八〇年代から環境正義運動が大きく展開した(第7章)。地球温暖化の議論で近年注目される「気候正義」の考え方も環境正義の一つで、国家間の不均衡を基礎に、グローバルレベルで環境的不公正が続くことを糾弾している。環境正義の視点は、私たちが経験した公害の議論の再評価を促すものでもある[鬼頭2006]。

一九七九年のスリーマイル島原発事故(米国)、一九八四年のボパール工場災害(インド)、一九八六年のチェルノブイリ(チョルノービリ)原発事故(旧ソ連)などが続発したこともあって、一九八〇年代の後半にはリスク(危険性)への社会認識が高まった[Beck 1986=1998]。未知のものを含めたリスク全般の低減・回避・管理などが求められるようになったのである。微量でも人体や生態系に影響を与える放射性物質やダイオキシン類などによる「環境リスク」への対応が課題となり、科学的な因果関係が未確定でも、環境への重大かつ不可逆的な影響が生じる恐れがある場合には規制や代替措置を検討するという「予防原則」の必要性が議論されるようになった(第11章)。「予防原則」は一九九二年の「国連環境開発会議(地球サミット)」で採択された「環境と開発に関するリオ宣言」に採用され、温室効果ガスの削減などにも適用されていく。

一九八〇年代末から国際的課題として脚光を浴びた地球環境問題の議論も、元来、切迫した環境危機とその被害の偏在への認識を伴っていた。日本国内では、地球環境問題の台頭やリスク管理の考え方の一般化と引き換えに、公害を過去のものとみなす論調があったが、課題の構図としてはむしろ共通点が多く、公害被害者の活動を見直す意味は大きい。

地球環境問題も環境リスクも、被害者が少数とみなされている限りは、大多数の人びとにとっての便益（ベネフィット）が重視されてしまい、なかなか対策が進まない。不可視化されたリスクを訴えようとする運動は、時に心無いバッシングにさらされ、「精神的なもの」と実害を否定され、あるいは女性差別的な言説に回収されてきた[2]。こうした無策を断ち切るために必要なのは、将来起こりうる被害を見据えた予防原則の確立である。多数者の無関心な態度はそれ自体がリスクであって、因果関係の解明や予防措置の推進を被害者運動だけに頼らない、広範な社会的注目が不可欠である。実際にも公害の経験や環境運動の歴史を踏まえ、現在の課題を考えるために被害者・少数者の声を聞き、ともに社会全体のリスクを軽減していこうとする活動が生まれている。

公害を狭くとらえてその「解決」を強調する動きが、実は公害発生の経緯を引きずるものであり、現在の環境問題にも影響を与えているのだとすれば、今後の問題解決のためにも不可視化の仕組みに注意し、それに対抗する方法を考える必要がある。本書の各章は、公害を広くとらえ、潜在化、散在化、偏在とその背後にある差別などによって不可視化された被害と加害について複数の事例を見ていく。それは、被害と加害を可視化し、問題を認識し、対応に向けて連携するための考察でもある。

註

(1) 被害が、当該社会の孕む女性差別、部落差別、民族・人種差別などによって表出しにくくなる例は多い。大気汚染公害の中心地の一つである神奈川県川崎市南部には在日韓国・朝鮮人が多く住むが、被害者運動の表面には出てこない。大阪国際空港騒音訴訟でも「不法占拠」との関係で参加できなかった[金菱 2008: 103]。原子爆弾被爆者の間にすら民族差別と分断があったことは、広島、長崎ともに証言がある[直野 2015 ほか]。差別・抑圧が固定した状況下では、環境侵害は、生命にかかわる問題でありながら、二の次に置かれる。それは当事者が選択した優先順位ではなく、理不尽な状況を当然のことのように見逃してしまう差別の結果であり、後述の環境正義とも通じる課題である。

(2) 前述のラブキャナル事件やその他「草の根環境運動」と呼ばれる多数の運動で、女性が重要な役割を果たしてきた事実があるが、他方で、環境運動への批判を性差別と結びつけた言説も後を絶たない。エコフェミニズムをめぐる議論にもつながるが、女性がこれらの活動の担い手にならざるをえない仕組みについては一考の余地があるだろう。

I

公害とは何か

被害拡大の構図と教訓

第1章

足尾銅山鉱煙毒事件にみる公害の原型

友澤悠季

1 はじめに——近代史の中の鉱山

日本における公害の起源(origin)の一つは、幕末から明治期にかけての鉱山に見いだせる。この時期、国は近代へと向かい、鉱山は、歴史上経験のない重大な問題、すなわち公害を、人と人の間にもたらした。近代国家の形成にかかわり、かつ公害で人びとを悩ませた鉱山の数は多いが、なかでも、栃木県にある足尾(あしお)銅山が広範囲に引き起こした激しい環境汚染による社会的事件は、しばしば「公害の原点」とされてきた。発生当時、まだ公害という語は一般的でなかったが、ある人間集団による経済活動が、自然環境・生活環境をなんらかの形で破壊し、別の人間集団が害をこうむるという三要素を備える点で、たしかにこの事件は私たちが今日「公害」と認識する社会問題の特徴と合致する。

しかし、足尾が「原点」といわれるゆえんはそれだけではない。重要なのは、この事件が、同時代の衆目を集める一大社会問題となりながら、国や事業者が、根本的な解決を回避するための論理と手法を繰り出し、被害を長期化させた経過である。その論理と手法が、他のあまたの公害でも形を変えて繰り返されているとの意味で、足尾は公害の「原型(prototype)」でもある。本章では、鉱山由来の公害(鉱害)の特徴をおさえたうえで、足尾銅山鉱煙毒事件の通史を概観し、そこに見られる公害の原型としての要素を取り出してみたい。

2 鉱害とは——鉱山に起因する公害

◆広義の鉱害

鉱山とは鉱物資源を地中から採掘する場のことである。石炭、石油、石灰石から、鉄、アルミ、銅などの金属、そしてレアメタル、レアアースを求め、鉱山開発は世界各地で行われており、現代のグローバル経済システムの成立条件となっている。だが同時に鉱山は、周囲の環境と人びとの生活に著しい悪影響をもたらす。

まず採掘は、地中に空洞をつくるため、地表の沈下・陥没、地盤沈下を引き起こす。鉱廃水や坑内からの湧出水は、強酸性であることが多く、有害な不純物を含んでおり、周囲の農業・漁業を脅かす。掘られたものの有用ではないと選別された捨石は、地上に堆積していく。

資源を取引可能な形にするための選鉱、製錬は、さらに環境負荷が高い。金属元素の場合、自然状態では複数の元素と結合して存在しており、目的外の不純物を取り除く工程(製錬)を行えば、必ず大量の廃棄物が排出される。品位一%程度の粗鉱(そこう)だとすれば、九九%近くの成分は排煙や鉱滓(こうさい)に姿を変えることになる。排煙には硫黄・ヒ素等の酸化物が含まれ、「煙害」の原因となる。鉱滓には多様な重金属やヒ素、カドミウム、鉛等が含まれ、坑内湧出水等とあいまって「鉱毒」をもたらす。不純物の中には、新しい技術の導入により「商品」になるものがあり(ヒ素や硫酸等)、採算が合うと事業者が判断すれば回収される場合がある。

このような鉱山に起因する害は、日本では「鉱害」と総称され、現行の鉱業法第一〇九条では「鉱物の掘採のための土地の掘さく、坑水若(も)しくは廃水の放流、捨石若しくは鉱さいのたい積又は鉱煙の排出によって他人に与えた」損害と定義されている。政府が公式に公害病と認めているイタイイタイ病、慢性ヒ素中毒症は、鉱害が人体に健康被害を及ぼしたものである。

鉱山が人びとに与える脅威はこれにとどまらない。例えば鉱山開発は、坑道の支柱や製錬の燃料等、多様な用途に木材を消費する。鉱山周辺の森林の伐採が度を過ぎると、裸地から表土が流出し、岩石や土砂の流出が頻繁に起きるようになる。これは河川の川床の上昇と増水、氾濫の遠因にもなる。また労働現場として鉱山を見れば、人びとは常に、出水、落盤、ガス爆発事故などの危険と隣り合わせで働いている。天然ウラン、石綿、コバルトなど、鉱物自体が有害な例もある。そうでなくても粉じんを吸入しながら働くことで肺を侵され、じん肺等の職業病に苦しめられる人も大勢いる。

したがって鉱山内外で発生する悪影響を総合的にとらえる場合、広義の鉱害は次の五つの要素に整理できる。①地表の沈下・陥没、地盤沈下、地すべりなど、②鉱毒（水質汚染、土壌汚染）、③煙害（大気汚染）、④森林伐採と土砂流出、⑤労働災害と職業病。

扱う資源の種類によって被害の現れ方や度合いは異なるが、例えば森林伐採（④）に煙害（③）が追い討ちをかけ、土砂流出（④）がより深刻になるなど、これら要素は互いに相関関係をもつ。鉱山が経済的寿命を迎え、休廃止に至ったとして、収まるのは煙害（③）だけであり、とくに地表への影響（①）と鉱毒（②）の危険性に関しては、事業者または国・地方公共団体は永続的に鉱害防止事業や復旧事業を行わなければならない。元労働者の生活保障はもちろんのこと、水害・土砂災害を防ぐために、裸地化した土地に植生を取り戻す努力も要する。鉱山は、ひとたび開坑すれば、半永久的にその対処を私たちに迫ってくるのである。

◆近世と近代、農漁業と鉱業

日本の場合、鉱山開発の試みが始まった近世の時点では、鉱害被害を受けた人びとの抵抗によって、その開発が中途で止まる例や、年貢の減免措置などの例があった。例えば筑豊（ちくほう）地域では、文化年間の後半（一八一〇―一七年頃）、石炭が商品化されるなかで、肥沃な水田地帯が次第に荒廃して農業経営との摩擦が生じ、福岡・小倉両藩は農業生産を阻害しないよう農民の立場を一定程度、擁護した［永末 1973: 159］。金属鉱山でも、一六〇〇年代から、銅山、銀山、鉄山などの採掘と製錬が、田畑や漁業に被害を与える例が複数の記録に残る［飯島編 2007 (1977); 安藤 1992］。近世前半までは、主要鉱山に成長する前段階であれば、農漁業への被害を理由に、管理者たる藩などから鉱山業が停止を命じられることがあった。明治に入っても初期までは、警察や鉱山監督署が鉱山・工場を操業停止する例があった[小田編 2008]。

ところが貨幣経済が浸透するにつれ、被害主体への金銭の支払いなどを条件に、鉱業が実施される例が出てくる。いわば農業重視から鉱業重視への国の方針転換であり、近世後期頃にその萌芽があった[飯島 2000]。そして明治以降、政府の鉱業人に対する規制はさらに緩められた。国に守られ、鉱山事業を通じて莫大な利益を得てきた三井、住友、三菱、日立など著名な企業グループはおしなべて、保有鉱山を囲む地域社会との間に鉱害の経験を有する。その中でも、古(ふる)河市兵衛(かわいちべえ)(一八三二―一九〇三)を祖にもつ古河財閥系企業と足尾銅山が引き起こした鉱害は、田中正造(しょうぞう)(一八四一―一九一三)という人物が、帝国議会での質問(最初の質問は一八九一年)、明治天皇直訴(一九〇一年)といった行動で世論を喚起した史実によってひときわ名を知られる例である。

3 足尾銅山前史と煙害・鉱毒

足尾銅山は、北関東の山あいに近世に開かれた鉱山である。その操業は、一九世紀末以来の「煙害」と「鉱毒」により、製錬所周辺地域(「山元(やまもと)」)をはじめ、渡良瀬川(わたらせがわ)流域の栃木、群馬、埼玉、茨城、千葉など広大な範囲にわたる自然環境を破壊し、人びとの生活を激変させてきた(図1-1)[1]。この事件は一般に「足尾鉱毒事件」と呼ばれるが[2]、本章では、加害主体を明確にし、煙害の事実も語義に含める目的で、「足尾銅山鉱煙毒事件」と表記する(3)[友澤 2019]。

煙害・鉱毒の被害は、発生当初から誰の目にも明らかだったが、自社の事業との因果関係を古河鉱業株式会社(現・古河機械金属株式会社)が正式に認めたのは一九七四年五月のことである。古河

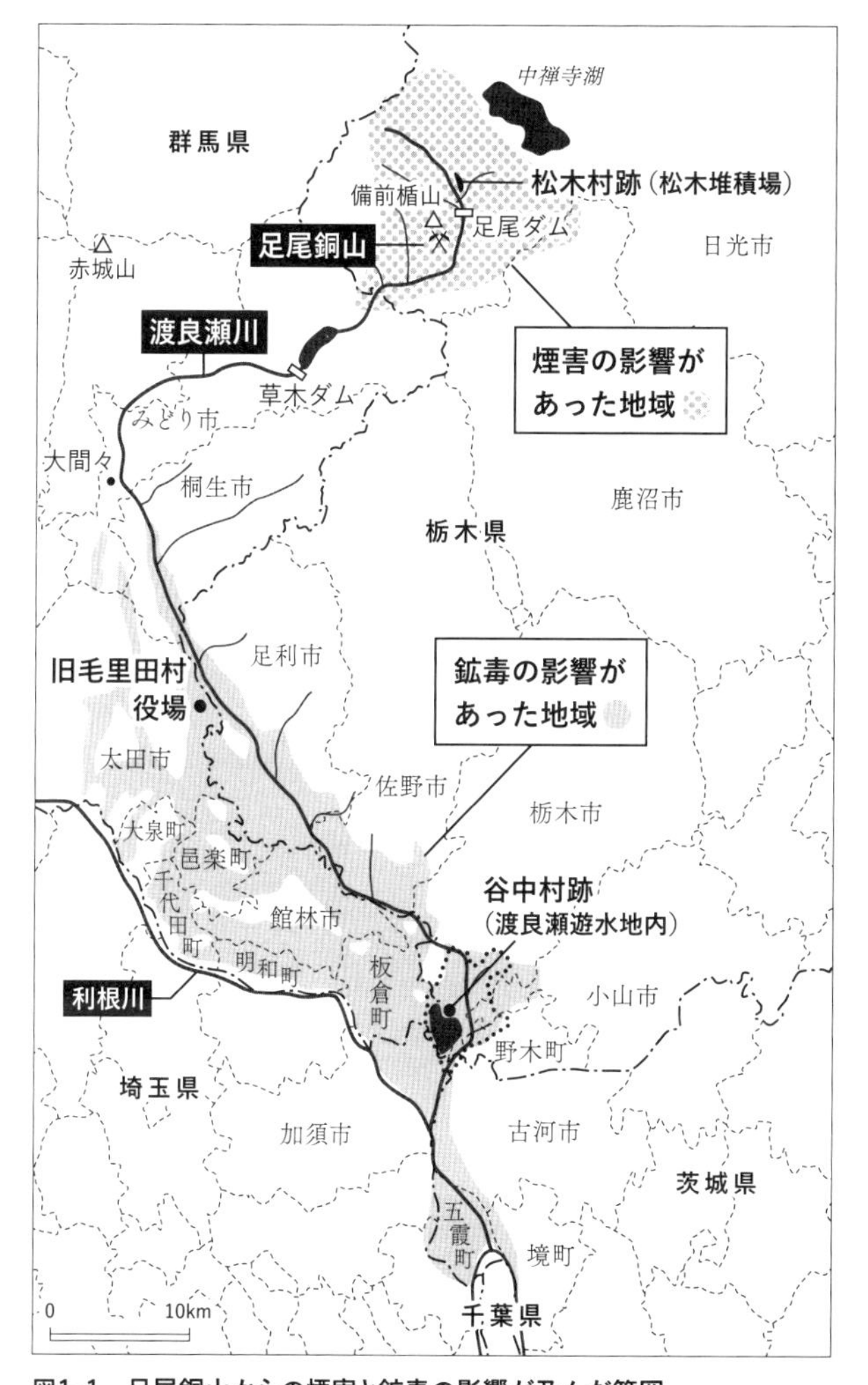

図1-1 足尾銅山からの煙害と鉱毒の影響が及んだ範囲

出所:菅井監修[2001],東海林・菅井[1985]の地図をもとに筆者作成.

市兵衛が足尾銅山を取得した一八七七(明治一〇)年二月から九七年の歳月——本格的操業により被害が激化した「元年」である一八八五年からでも八九年——が経過しており、鉱毒被害地の人びとが「百年公害」[鉱毒史編纂委員会編 2006]と呼んだのは決して言い過ぎではない。

足尾銅山の位置する旧足尾町(現・栃木県日光市)は、周囲を高い山に囲まれており、平地は少ないものの、古代から人びとが住んでいたと推定される。七世紀に下野国安蘇郡足尾郷となり、一七世紀までに一四か村が成立、一八七八年に栃木県上都賀郡に属するようになった。稲作は発達せず、畑作、炭焼き、狩猟採集などが生活の基盤だった。

足尾郷一帯の地質は金属資源を多量に含む。銅の発見は、一六一〇年、備前国出身の農民二名によるものとの定説が知られるが、実際の採掘はそれ以前からなされていたようである[足尾町郷土誌編集委員会編 1978: 60]。徳川幕府の支配下に置かれてから、銅山奉行の代官所が設けられ、幕府使用の「御用銅」とされたほか、長崎港を通じてオランダや中国に販売された時期もあった。山師と坑夫などが移り住み、足尾から江戸・浅草までの輸送路も確立した。一八世紀に入ると産銅量は衰退し始め、人口は減少に転じ、明治に入っても、足尾銅山は衰退した鉱山の一つにすぎなかった。経営・管理主体が次々変わるなか、小野組(一八七四年に倒産)から独立した古河市兵衛が一八七七年、志賀直道と渋沢栄一から資金援助を得て足尾銅山を買収した。市兵衛は、草倉銅山(現・新潟県東蒲原郡阿賀町)で利益を得つつ、足尾で新しい鉱脈(直利)を開発し、掘削、排水、運搬、製錬など各工程に近代技術を導入して、生産量を伸ばした。動力確保のための発電所建設のほか、道路改修、馬車鉄道の敷設などを行い、足尾郷の集落の多くは近代的鉱山集落へと変容した。

4　「烟害」と松木村

●烟害の発生と人びとの対応

ところで足尾郷の北部には、銅山開坑以前から、自然を利用して生計を立てる山村集落が続いていた。その一つである松木村では、麦、豆、稗、稷などの穀物、大根、牛蒡、人参などの野菜が作られたほか、幕末頃からは、桑樹の生育に適した土質を生かした養蚕も始まり、一定の現金収入もあった。トキなど野生動物も生息し、狩猟採集も生活の糧となった。

松木村民の星野嘉市の記録によれば、「古河市兵衛の銅山」が一八八三（明治一六）年に赤倉の向かいに造った「製錬所の内に焙焼炉というものありて粉銅を焼く烟が近辺の草木を害し」始めた。製錬設備が増設され、日夜、亜ヒ酸と亜硫酸を含む排煙が出ていた。一八八五年頃には、赤倉、高原木、仁田元、久蔵、間藤、松木の六集落で「農作物に害」が出たため、村民らは栃木県知事への請願を検討したが、赤倉にある龍蔵寺住職が仲裁に入り、古河が、松木以外の集落に示談金を支払って済ませた。だがこのとき、松木だけは「烟害の少なき所」という事実に反した理由で示談の対象から除かれてしまった。一八九二年時点で、松木村には、人口二七〇人前後、四〇戸が暮らしていたが、銅生産がさらに拡大するなか、やがて「材木は枯れ農作物は実を熟さず、桑も枯れ養蚕も成らず、活計にも困るように」なり、村民は困窮していった。

一八九五年、再度交渉を求めた松木村民に対して、古河側は「畑山林の損害金として、地価金の倍を出す」と返答した。村民はとても足りないと考え、総代四名で上京、日本橋の古河市兵衛宅を訪問し、地価五倍でとの約束を持ち帰ったが、帰郷ののち、代理人より「地価三倍半」への変更を一方的に示され、仕方なしに一戸二〇円を受け取っている。このとき取り交わされた「條約書」には、損害の有無は断定せず、「好意」により双方が「示談」すること、松木村の地主および土地関係者は子々孫々に至るまで、足尾銅山からの「鉱煙」による「既往及び将来一切の損害」について、市兵衛とその後継者に裁判その他の手段で何らの請求も行わない、また、官庁その他に対して請願などをしない、などと記されていた。

◆見せかけの「予防」工事

この頃、渡良瀬川下流域でも鉱毒被害が拡大し、多数の農民が参加した鉱業停止運動が広がっていた。一八九七(明治三〇)年、古河に対し、三七項目の鉱毒予防工事命令書(東京鉱山監督署長・南挺三(みなみていぞう)名)が出された。沈殿池、濾過池や鉱滓を溜める堆積場(たいせきじょう)の設置と廃水対策のほか、噴出するガスから亜ヒ酸、亜硫酸を除去する目的での脱硫塔の設置、烟道および大煙突の建設などが実施期日とともに指示されていた。市兵衛は急ぎ部下にこれを伝え、半年で工事を完遂した。

松木村民はとくに脱硫塔の効果に期待した。ところが、予防工事を合理的に進める意図から、小滝(こたき)と本山(ほんざん)とに分かれていた製錬所が本山に統合された結果、かえって松木の煙害被害は激化した。脱硫塔も無意味で、予防工事命令には具体的な煙害除去方法の明示がなく、形だけであることを市兵衛も十分知っていた[4]。村民は生計を立てるため日光や上野(こうずけ)の山に入り、何とか一家を養った。一九〇〇年、古河は松木村に対し、官林払い下げにより群馬県根利山（ねりやま）から伐採した材木を銅山へ運ぶための道をつくるため敷地を貸すよう申し入れた。村民は村のすべての土地を買ってくれと申し出たが、古河側は拒否し、村民が抵抗すると、鉱業条例第四八条にて強制借使する可能性を示した［栃木県史編さん委員会編 1984: 869］。この交渉に、林野局や栃木県吏などが仲裁に訪れたが、事態は好転しなかった。

土地を強制収用されては困ると考えた村民は、「下野国代議士田中正造氏は鉱毒被害人を救済すると話に付」、栃木県佐野、そして東京・信濃屋まで正造を探し歩いた。正造にはついに会えなかったが、代わりに、衆議院議員の島田三郎（一八五二―一九二三）に窮状を訴え、帰途に佐野の足尾鉱毒被害救済会事務所で山田友次郎に助けを求めた。山元奥深くで困窮する村の存在を知り、東京近辺から松木村を訪れた人びとは、「烟毒のため草は死し、木は枯れ、岩壊（くず）れ、小石飛び、全く何物をも植ふる能（あた）はざる荒廃地」で、「烟毒が脱硫塔から吹き出して来て四方に舞ひ下り、何時も朦々（もうもう）たるがために、人民は皆戸を閉して生活して居る」様子に驚いた［松本編 1901＝東海林・布川編 1977: 184–185］。

●閉じられた松木村と続いた煙害

自然環境の回復が見込めない状況で、松木村民は、とにかく古河に何らかの金銭を支払わせて村を出る以外の選択肢がなくなっていた。総代らはたびたび東京など各方面を訪ね、「人命救助請願」を作成して栃木県議会および貴衆両院に提出、栃木県に対して租税免除願を出し（結果は却

写真1-1　松木村跡（2009年, 日光市足尾町）.
村民が離村し, 1912年以降, 古河鉱業（現・古河機械金属）が松木堆積場として使用・管理している
撮影：筆者

写真1-2　松木村跡から龍蔵寺境内に集められた無縁墓（2010年, 日光市足尾町）
撮影：筆者

下）、再び古河と示談条件をめぐって交渉を重ねた。ようやく定まった金額が村民に支払われたのは一九〇二（明治三五）年一月のことだった。足尾銅山が古河の経営となってからたった二五年で、松木村は実質的「廃村」を迎えた。村民はめいめい、村外の日光や今市、那須方面などへ土地を求め、生活の建て直しをはかった。

星野嘉市の一家も生後七日目の息子・恒治を連れて、現在の日光市細尾町へと移転した。嘉市の父・定平は一九〇五年、祖先の系譜と家訓を書いた「家憲」を記し、その最後に「再興第一世　星野定平」と署名した[5]。古河が買い上げた松木谷の土地は、一九一二年に鍰の堆積場となり、一九六〇年までに五八万立方メートル余が集積された［太田市産業環境部環境政策課編 2022: 78］（**写真1-1**）。

その後も製錬は休むことなく続き、煙害は松木を含む渓谷を荒廃させていった。一九一八（大正七）年に主としてヒ素を集塵し製品とする目的でコットレルという装置を取り付けたほかは、

排煙の歯止めはなかった。一九五六(昭和三一)年に至り、耐用年数を迎えた溶鉱炉の設備更新に合わせ、フィンランドのオートクンプ社の「自溶製錬」方式を導入。密閉炉で鉱石中の硫黄分の熱量を利用し、排ガスから硫酸を製造するという仕組みで、足尾銅山史上初めて、煙害の軽減がなされた。古河はこの技術をもとに、他の産銅会社に設計・建設・操業指導などを行い、社史上の「大きな成功」としている[日本経営史研究所編 1976: 652]。

一九七〇年前後、大都市圏の光化学スモッグの激化などをきっかけに公害の報道は過熱した。七〇歳を前にした星野恒治は、それら報道の中に、公害の第一歩であったはずの松木廃村の事実が登場しないことに気づき、同郷者の集まりとしての「松木会」をつくり、また父の残した記録[星野 1973]を公開、歴史に松木の名を改めて刻んだ(**写真1-2**)。

5 「鉱毒」と渡良瀬川流域の村々

渡良瀬川が育む豊穣の地

足尾山地から流れ出る渡良瀬川は、群馬県みどり市大間々付近から扇状地を形成して関東平野を通り、やがて利根川と合流する。その流域には、群馬県桐生市、太田市、館林市、栃木県足利市、佐野市、栃木市などがあり、古くから川の恵みを基盤に多くの人びとが暮らしてきた。稲作、畑作、漁業はもちろん、養蚕も営まれ、幕末には輸出生糸の産地になった。桐生、足利、佐野などでは織物工業が発達し、水車が撚糸や紡績、織機の動力を担い、物資は水運で東京方面へ輸送された。豊かな水量ゆえ三〜五年ごとに洪水があったが、上流の山林に堆積した腐葉土が天然の肥料を農地に運び、農民を喜ばせた。多少の農作物被害があっても、漁獲が増えてそれを補った[東海林・菅井 2014 (1984): 3–10]。

しかし、銅山経営が近代化し、渡良瀬川が鉱毒の流路となったとたん、恵みは災いへと転じた。魚類と漁師らが、農地と農民らが、そして多くの生物が、その影響を受けた。

◆鉱毒の流路となった渡良瀬川

足尾銅山からの鉱毒が渡良瀬川流域の生活に影響をもたらし始めた時期については、東海林・菅井[2014 (1984)]の研究が、一八八五(明治一八)年八月一二日の『朝野新聞』が、渡良瀬川で春以来魚が少なく、八月には鮎が「悉く疲労して遊泳する能はず」と異変を報じた記事を発見している。同紙にはその原因として、「人々皆足尾銅山より丹礬の気の流出せしに因ると評し合へりとぞ」とも書かれていた(6)[東海林・菅井 2014 (1984): 23]。丹礬は硫酸銅を含む鉱物で、厳密には鉱毒の成分はそれだけではないが、当時人びとは原因物質をこのように呼んだのである。同じ年に銅山山元でも煙害被害が激化していたのであり、この一八八五年は、足尾銅山の鉱害が上流でも下流でも顕著に現れた「元年」であった。

一八九〇年八月には、暴風雨による大洪水で渡良瀬川各所の堤防が決壊し、流域の農地が鉱毒水に覆われ、栃木、群馬両県の一六五〇〇ヘクタールの農地でも農作物がことごとく腐る被害を受けた。被害地のうち最も北に位置する群馬県山田郡毛里田村(現・太田市)では、洪水被害と鉱毒を最初に受けるので、それ以前からも農作物が育たず、稲や、裏作の小麦の枯れに困っていた。当時の村長日誌は、足尾銅山の視察に出かけた旨や、県知事の視察対応を記録している［鉱毒史編纂委員会編 2006: 35］。

◆人びとの抵抗と懐柔

沿岸町村や栃木県会、群馬県会などはこの問題を議論し始めた。例えば渡良瀬川下流にある栃木県下都賀郡谷中村は同年一一月、古河市兵衛に損害補償と製錬所移転を求める「渡良瀬川丹礬水に関する村会の決議」を採択し、周囲の被害村にも共同交渉を呼びかけた。足利郡吾妻村（現・佐野市）も一二月に鉱業停止を栃木県知事に上申した。翌一八九一年一二月の第二回帝国議会では、栃木県選出の国会議員・田中正造が、政府の対応について初めて質問している。ただ、本格的な鉱業停止を求める運動の高まりはまだ先のことであって、まず進んだのは、上流と同じく「示談」という形での人びとの懐柔であった。

煙害と鉱毒の被害の広がりを見た市兵衛は、足尾鉱業所が問題に巻き込まれないよう、すばやく「一切の交渉を東京本社において引き受け」、群馬、栃木にそれぞれ人を送り、自らも積極的に行動した［日本経営史研究所編 1976: 165–166］。目的は、鉱煙毒を軽減することではなく、被害各町村に「示談金」を支払い、以後の苦情申し立てを防ぐことだった。栃木県では一八九二年、市兵衛と被害農民の仲裁機関（仲裁会）が県知事を委員長として設置され、群馬県でも、新田郡長が責任者を兼ねる「待矢場両堰水利土功会」が古河側と示談契約を結んでいる。一八九三年にかけて各町村との示談が進められていった。

では、政府は対処策をとったのか。田中正造の質問に対し、当時の農商務相・陸奥宗光の返答は、「被害あるは事実なれど、原因確実ならず」、「目下、各専門家の試験調査中なり」、「鉱業人は成し得べき予防を実施し、独米より粉鉱採集器を購入して、一層鉱物の流出防止の準備を為せり」というものだった。因果関係は「調査中」と留保しながら、同時に、予防対策を実施しているという理由で鉱業人を擁護するという、矛盾した答弁になっている。

また、「粉鉱採集器」は、粉鉱を回収するだけで鉱毒の根本的な原因はなくせない装置であったが、そうと知らない被害農民の眼を欺き、示談へと誘導するのに役立った。古河はこの装置の効果をはかる期間との口実で、三年後(一八九六年)までは一切、古河および行政へ苦情を唱えないことを契約に盛り込んだ。その三年間にさらに、将来にわたって苦情を唱えないという項目を含む「永久示談」の契約を交わすよう働きかけた[日本経営史研究所編 1976: 165–166]。一八九四〜九五年の日清戦争で兵士が出征中の家に、地方官や郡吏が訪れて判をつかせることもあった。金額は契約ごとに異なるが、群馬県の例で、一反あたり多くて二五銭、少なくて五銭で、とても世帯の家計を永続的に保障できる額ではなかった。

●断たれていく操業停止の可能性

最初の示談で約束された期限の三年後の一八九六(明治二九)年、大洪水と鉱毒被害のさらなる拡大が起き、その被害は群馬、栃木のほか埼玉、茨城、千葉、東京にまで及んだ。この被害を受けて本格化した運動は、田中正造の議会活動と連動し、鉱業停止を求め、多くの農民と支援者によって組織された。東京の知識人が鉱毒問題の演説会を開き、栃木県など被害地の農民は集合して東京押出し（請願）を実行、鉱毒で縮んだり腐ったりした桑、檜（ひのき）、杉苗、柳、竹の根などを示しつつ、世論に惨状を訴えるなど精力的に動いたという。一八九七年三月、農商務相・榎本武揚（たけあき）は少数の同行者で被害地を視察。帰京後、鉱煙毒激化から約一〇年目にして、政府に鉱毒調査委員会の設置（以下、第一次鉱毒調査会）が決まる。内務省はこの設置で農民らの「不穏の挙動」を抑制したかった。榎本個人は惨状への責任感からか辞職している。

この第一次鉱毒調査会設置の時点では、一時的にせよ操業停止の可能性があった。鉱工業、農林漁業の両振興施策を扱う農商務省にとって鉱毒問題は、農業と鉱業とが衝突する困難な事件であり、対処方針は定まってはいなかった［東海林 1982］。言論の場では、勝海舟（一八二三―一八九九）など停止やむなしの考えを述べる者があり、新聞報道も同様の見通しに立っていた［東海林・菅井 2014（1984）: 69–74］。

しかしながら、第一次鉱毒調査会の会合を経て、対処の重点は、操業停止ではなく鉱毒予防工事命令へと移行した。工事は抜本的効果をもたらさず、被害農民の運動は続いた。当時作られた「鉱毒悲歌」は、流産や乳汁不足など、人命の危機を伝える。一九〇〇年、二千を超える人びとが押出しのために進行中、警察が暴力的に介入し、百余名を逮捕する大弾圧が行われた（川俣事件）。正造は議員辞職ののち、毎日新聞主筆の石川安次郎（半山）、幸徳秋水（一八七一―一九一一）とひそかに相談のうえ、明治天皇直訴（一九〇一年）で政府と世間を驚かせた。鉱毒地救済の声が高まるが、政府は第二次鉱毒調査会を設置し、その報告書(一九〇三年)を通じて、足尾銅山を擁護・免罪しつつ、鉱毒被害の一因は洪水にあり、必要なのは利根川、渡良瀬川の治水事業だと論点をすりかえていった。その結果、谷中村が強引に遊水池化の対象とされ、村民らは次第に離散を余儀なくされた[大鹿 2009 (1957)]。操業停止の可能性は断たれ、世間の目は日露戦争開戦に向けられた。正造は一九一三(大正二)年に亡くなり、谷中村に残り最後まで抵抗した村民も、一九一七年一月、苦渋の中で別の土地に移転した。一大社会問題となった鉱毒事件は、こうして潜在化させられていった。(7)

●洪水、旱魃、鉱毒の三重苦

古河の事業は一九〇五(明治三八)年、個人経営から会社組織「古河鉱業会社」となり、さらに近代化がはかられ、主力鉱山である足尾銅山の産銅量は一九一七年にピークを記録した。鉱毒被害地は引き続き洪水、旱魃、鉱毒と三重に苦しめられた。荒廃した山地は保水力に乏しく、一九〇〇年から一九五〇年までの五〇年間に一一回の洪水被害と四回の旱魃被害が起きたという[東海林・菅井 2014 (1984): 192]。操業停止が望めないなか、農民らは、水源涵養を古河鉱業ならびに関係各官庁に訴え続けた。一九二四(大正一三)年の旱魃では、東毛三郡市町村が、足尾銅山煙毒のため水源地の枯死荒廃を問題視し、翌年には農民大会、請願運動を展開している[鉱毒史編纂委員会編 2006: 351–354]。

河川改修事業等の結果、遊水池とされた谷中村より川の上流に位置する群馬県毛里田、韮川、矢場川各村は、鉱毒の直撃を受けるようになった。昭和初期の毛里田では、雨後の渡良瀬川はすぐ増水し、青白い泥土が流れ、水が引いた後の河原は灰色や褐色になり、歩くと滑った［鉱毒史編纂委員会編 2006: 249］。足尾山地での降雨や地震の後、鉱毒が流れてくるという事態（地域では鉱毒流下事件、問題と呼ばれた）も少なくとも一九二九年、三四年、三五年、三九年の四回起きた［鉱毒史編纂委員会編 2006: 374–375］。農民らは農業用水管理に多大な労力をかけた。米作りでは、田の取水口手前に穴や迂回水路を掘り、鉱毒の泥を沈殿させるための鉱毒溜とした。泥が溜まれば手作業で浚い、置き場のない泥の「毒塚」があちこちにできた。被害が激しい場合は上土を中土などと入れ替える「天地返し」を行い、土壌改良のため、自己資金での石灰投入、鉱毒被害に強い品種の導入、施肥などを試みた。そうして営農努力をしても、毛里田では、田の取水口である水口部は収量が皆無となることもあり、昭和一〇〜二〇年代の一反あたり平均収量は五俵（三〇〇キログラム）前後だった（**写真1–3**）。地域の日常に鉱毒被害が埋め込まれた状態はその後も長く続いた。

写真1–3　鉱毒被害を受けた過去の小麦を見せる
渡良瀬川鉱毒根絶太田期成同盟会会員（2011年）．
左の株が水口（みなくち）近く，
右が水尻（みなじり）近くで育ったもので，
生育状況に明らかな差がある．稲も同様の状況だった
撮影：筆者

❁曖昧化への抵抗と因果関係の確定

人びとは鉱毒とだけ相対していたのではない。日清戦争、日露戦争、満州事変からアジア・太平洋戦争へと、戦時と平時を交互に経験し、一九三〇年代には、毛里田村の隣町・太田町で軍用機を造る中島飛行機株式会社が発展し、軍都を形成した。被害地の農家は、労働力を軍需工場と軍隊に吸収されながら、営農を続けた[鉱毒史編纂委員会編 2013: 1481]。

一九四五(昭和二〇)年、敗戦後の食糧難を背景に、群馬県知事は鉱毒被害地を視察し、鉱毒泥の除去や中和作業が行われたが、折悪しく一九四七年、四八年、四九年と立て続けに台風に襲われ、効果は出なかった。山田郡、桐生市、新田郡、邑楽(おうら)郡により、「東毛地方鉱害根絶期成同盟会」が毛里田村役場を事務局として成立した。古河鉱業は石灰の現物供与や、農業用水に関する施工費用の一部を、要求されれば「寄付」するという姿勢だった。一九五三年、待矢場両堰土地改良区(水利組合)が、群馬県知事、地元選出の国会議員三名の立ち会いのもと、鉱毒対策事業の補助として八〇〇万円の寄付を受け取り、あわせて以後の補償要求の禁止事項を含む合意をしている[鉱毒史編纂委員会編 2006: 542–551]。永久示談の構図は続いていた。

示談の呪縛から運動が脱け出すきっかけは、一九五八年五月、戦中に足尾銅山に増設された源五郎沢堆積場が決壊し、農業に甚大な損害が生じたことだった。古河鉱業からは下流域に何ら連絡はなく、積極的な補償の提示もなかった。これを機に鉱毒被害者の運動は再興し、毛里田では、毛里田村鉱毒根絶期成同盟会が結成された(会長、恩田正一)。恩田は一時の金銭を受け取っても鉱毒はなくならないと確信していた。同じ頃、全国で、製紙・パルプ工場等の排水が川や海を汚していた。一九五八年六月、千葉県浦安の漁民らによる本州製紙江戸川工場事件が起こり、政府は「公共用水域の水質保全に関する法律」「工場排水等の規制に関する法律」の水質二法を制定した。しかし、具体的な水質基準の決定を担う水質審議会委員には、被害者である農漁民ではなく、古河鉱業社長や国策パルプ社長が入った。被害者らは、審議会委員に被害者代表を入れるよう求め、政府は一九六二年に恩田を委員に招いたが、それは被害者団体の会長を辞任することと引き換えだった。恩田は力を奪われ、審議会はさらに七年かけて事業者に有利な水質基準を決定施行するに至った[東海林・菅井 2014 (1984): 224–226]。

一九七一年、毛里田地区で作られた米にカドミウムが含まれていることが明らかになった。それまでも渡良瀬川の水からは環境基準を超えるヒ素が頻繁に検出されていた[8]。毛里田村鉱毒根絶期成同盟会の二代目会長・板橋明治は一九七一年六月、古河鉱業に対して、被害世帯計一一〇〇戸に鉱毒被害補償として一戸当たり一二〇〇万円を支払うこと、かつ親子三代にわたる生活補償を要求したが、返答はなかった[東海林・菅井 2014 (1984): 226–227]。一九七二年三月、板橋らは、政府の中央公害審査委員会(現・公害等調整委員会)に対し、過去二〇年間(一九五二年度から一九七一年度)の農作物被害に関する損害賠償を古河鉱業に求める調停を申請した。この決断に至る板橋の心情は、一九七三年一〇月七日の講演録における次の言葉からうかがえよう。

　鉱毒については重圧感が襲ってきます。この重圧感に私どもは父祖三代に亘って耐えてきた。それだけ、どうしても解決しないという鬱憤がこもっているのであります。……金銭解決はすべてではありません。最も大切なことの一つではありますが、処置、監視、根絶をどうするかということこそ一番の問題です。［鉱毒史編纂委員会編 2013: 2909–2912］

一九七四年五月、古河鉱業株式会社は、農作物被害を引き起こした責任を認め、申請者九七一名に対し、一五億五〇〇〇万円の損害賠償支払いと、鉱毒流出の防止、土地改良事業の実施、公害防止協定の締結等を約束した。一〇〇年になろうとする被害経過の一部分とはいえ、この調停成立により、古河は史上初めて鉱毒に対する加害と被害の因果関係を公に認めた[9]。

一九七七年、旧毛里田村よりも上流の地点に草木ダムが造られ、鉱毒がじかに農業用水に流れ込むような事態は減った。板橋らは被害者の立場から、古河に適切な鉱山管理（鉱害予防）を要求する山元調査[10]（**写真1-4**）を毎年続けるとともに、「祈念鉱毒根絶碑」の建立、『鉱毒史』の出版、史実を展示するための資料館建設に向けた

写真1-4　山元調査の一場面（2018年）．
古河機械金属株式会社足尾事業所社員の案内で，
車両の立ち入れない谷あいにある有越沢堆積場の確認に向かう
撮影：筆者

働きかけなどを行ってきた。運動の軌跡の一端は現在、太田市足尾鉱毒展示資料室で学ぶことができるが、閉山後に観光地化された足尾銅山跡に比べ、その存在は知られていない。

6 公害の原型——不作為を正当化する論理と手法

足尾銅山の操業が、銅山付近の地域へ煙害を、渡良瀬川の水を利用する地域へ鉱毒をもたらすという原因—結果の関係は、人びとの目の前にあり続けた。しかしながら、初代事業主・古河市兵衛以来、経営者サイドは誰一人として操業停止を決断することはなく、被害者への少額の金銭の支払いや現物供与をしたとしても、あくまで温情的措置とする姿勢を堅持した。鉱山の監督責務を持つはずの政府は、因果関係を留保し、科学の権威も借りながら、予防工事命令や治水事業などの対症療法に終始し、被害者ではなく一企業の事業を守った。この経過からは、他者にとって加害にあたる行為の非を認めることを回避し、事業を続けるために用いられる論理と手法が少なくとも二つ取り出せる。それは足尾以外の多くの公害にも共通する加害の「型」であり、結果、被害者らは分断され、抵抗する力を奪われることがしばしばであった。

◆永久示談という発明

ひとつは「永久示談」である。これは、加害者が、加害事実や因果関係そのものは認めないいま、お見舞いなどの名目で金銭を支払い、その際、将来にわたる抗議行動と補償要求を封じる文言を含む書面に判をつかせる手法である。被害者の困窮した状況につけ込み、一度受け取らせればものが言えなくなる仕組みで、事業者にとっては一種の発明に近い加害手法だが、各地の鉱山で頻繁に行われてきた。筑豊地域の鉱害でも、一八九五(明治二八)年、三菱鯰田(なまずた)炭鉱が初めて「打切補償」の事例をつくったとある[永末 1973: 161]。化学工場由来の公害でも、熊本水俣病原因企業チッソによって、地元漁協、水俣病患者家族らが示談を飲まされた[岡本 2015]。永久示談の発想は一九七三年、熊本水俣病第一次訴訟の判決で「公序良俗に反する」と断罪されたものの、責任を不問とし少額の金銭を支払って「最終解決」とするという発想は、瞬間的には被害者救済の側面を持つがゆえに、さまざまな公害事件に絶えず現れてくる。これを仲介する役割を行政が担う例も枚挙にいとまがない。

もとより被害者は清廉潔白な聖者ではなく、責任追及だけを考えて生きるわけにはいかない。源五郎沢堆積場の決壊(一九五八年)以前には、加害者と被害者が馴れ合う状況も生まれ、被害者側が加害者に接待を期待した時期もないわけではなかった。盆と暮れには古河側から下流域の一部農民につけ届けもあったという[林 1972]。示談金が個人でなく組織に払われた場合、その分配をめぐって被害者同士の感情のしこりも生じた。こうした重たい経過を踏まえて、板橋は加害者と被害者との一線を厳しく引き直した。足尾銅山鉱煙毒事件史上初めて企業の責任を明確にさせた一九七四年の調停成立は、互いを曖昧な関係に留めようとする示談の鎖を断ち切った点が画期的であった。

◆方便としての「調査」と「報告」

もうひとつは科学者が代理人となった「調査」と「報告」である。この段階を挟んで時間をおくことで、政府はいくたびも世論を鎮めることに成功してきた。科学者の立場性も問われた。農学者の古在由直(こざいよしなお)が、鉱毒被害地からの依頼を受けた調査の結果、「被害の原因全く銅の化合物にあり」と言い切った(一八九一年)のは稀な例で、東京帝国大学の理学博士・丹波敬三は、第二回帝国議会で言及のあった「粉鉱採集器」について、銅成分を九九%回収できると加害側にお墨付きを与え、結果的に被害地に示談を結ばせることに貢献した。

政府設置の第一次、第二次鉱毒調査会には、それぞれ一六名の委員が集められた。鉱業停止が成るかの分水嶺だった一八九七(明治三〇)年の第一次鉱毒調査会の議論には、農業と鉱業との衝突を経て、鉱業重視へと舵が切られる様子が垣間見える。古河の社史によれば、委員の一人、渡辺渡(工学博士、御料局技師)は、懇意だった当時の内閣書記官長が「操業停止の見通しがあるので、今更山を視察に行っても仕方がない」と話すのに対し、「イヤさうでない。兎(と)に角(かく)山を視(み)なければ分からない」と反論し、操業停止ではなく調査が必要と説いた。その論理は「若(も)し足尾に向かって過ちをすると、その過ちが附いて廻って日本の鉱業を阻害する」というものだった。鉱業の停滞如何に関心を向ける渡辺に対し、農事試験場技師の坂野初次郎や農科大学助教授の長岡宗好ら「農学の人」は、「専(もっぱ)ら害毒を述べて居った」が、他の者も次第に渡辺に加勢し、「議場も段々公平な判断をするやうに」(傍点筆者)なり、最終的に調査会の報告は、「予防命令を出して、兎に角、鉱山を活かさうということ」で決着した[日本経営史研究所編 1976: 167]。委員には富国強兵政策に不可欠な銅輸出を止めたくないという意向を明確に持つ官僚も複数含まれた。そのなかで、工学を農学の優位に置くことを「公平」とみなし、生命活動の根幹を支える農漁業を低く見る言動が、科学の装いをまとって、鉱業停止を避けるための具体的な論理を提供したことになる。

一九〇二(明治三五)年の第二次鉱毒調査会では、もはや鉱業停止の可能性は潰えており、政府内で準備されていた遊水池化計画が、被害地に回復の見込みがないことを理由に推進された。古在、坂野らは農民の立場でものを言ったが、鉱山局長や渡辺らは徹底して古河の立場を弁護した。提出された報告書は、鉱毒問題の治水問題へのすりかえを主軸とする政府方針にお墨付きを与えた[東海林・菅井 2014 (1984): 132–138]。

調査という行為自体の重要性は否定されるべきものではない。だが公害事件において、科学的な手続きが往々にして加害源(この場合は銅生産事業)を維持するための不作為を正当化する方便として機能してきたことは、大きな教訓である。

7 おわりに――「後始末」の永続性

近代日本では、鉱業の発達と並行して、軽工業・重工業の発達、電源開発事業や港湾開発、大都市形成などが進み、公害源は増加していった。経済的利益だけが「公」となって人びとの身体から遊離し、自然物は有益な「資源」となるか、もしくは制御されるべき「脅威」としてしか認識されなくなり、困窮した人びとの訴えを看過する手法だけが発達した。その不条理は、人びとの間に

「国家の経済発展優先の姿勢」を真剣に問う契機を生み、「公害問題の社会化」が始まっていった［小田編 2008］。足尾銅山鉱煙毒事件も、人びとが全身を賭して国の姿勢を問うた一例であった。

近年、そうした問いかけの部分を抜きに、近代化プロセスを成功物語とみなす傾向がある。二〇〇八年、経済産業省の事業「近代化産業遺産群33」は、足尾銅山関係の七施設を「銅輸出などによる近代化への貢献と公害対策への取組み」を物語る遺産群と認定した［経済産業省 2008］。日本の公害対策の原点という自負は、鉱山の保安管理と鉱害防止事業を続ける古河機械金属株式会社側にも見られる。さらに足尾町と合併した日光市は、足尾銅山の世界遺産化を目指している。だが、鉱山開発から公害克服へというストーリーには看過されている要素がある。あらゆる公害被害の不可逆性と、「後始末」の永続性である。

例えば、岩手県の硫黄鉱床に開かれた旧松尾鉱山は、一九七二年の閉山後、事業者が倒産し、pH2程度の強酸性で鉄分、ヒ素を含む坑廃水の処理は、岩手県とその委託を受けた金属鉱業事業団（現・独立行政法人エネルギー・金属鉱物資源機構〔JOGMEC〕）に任された。一九八二年に稼働開始した新しい中和処理施設の建設には約一〇〇億円がかかり、年間運営管理費用には当初約六億円を要したという(11)。生産を終えて利潤を生まなくなった鉱山であっても、坑廃水の処理のためだけに億単位の費用が半永久的にかかるのである。

煙害で山肌が露出した足尾山地の治山・植林事業も長い歴史と巨額の国費をかけて行われてきた。総面積約三万ヘクタールの被害地に緑を取り戻す本格的取り組みは、自溶製錬導入から六〇年以上続けられ、民間ボランティアも多数活動しているが、終わりは見えない。

坑内労働に従事していた人びとの健康被害も不可逆である。鉱山労働者や、トンネル掘削等の工事現場で働く人びとのじん肺被害は、時差を伴って社会問題化してきた。

振り返れば、鉱毒被害地・毛里田村の運動は、「一企業が一〇万町歩の農業地域、五〇万人の数代の生活を破壊してよいか」[鉱毒史編纂委員会編 2006: 50]と問いかけていた。この問いの重たさは、失われて戻らない未来の重たさである。事業者そして国が、鉱山開発から得た利益は、人びとの未来を先食いして得られたものであって、その一時の利益をはるかに上回る代償は、被害者、将来世代、そして社会が背負わされていく構造がある。依然として、際限なき地下資源の利用を前提として動いている現在、採掘は永遠に続く破壊プロセスの最初の一歩であることを、鉱害の歴史から汲み取らなければならない。

註

(1) 本図はあくまで概観であって、厳密には地域ごとに被害が生じた時期が異なったり、被害の度合いに濃淡があると推測される。

(2) 足尾銅山と田中正造については膨大な研究蓄積があるが、一部、誤りが再生産されてきたことは注意を要する。本章は、この巨大な鉱害を通史として描いている東海林・菅井[2014 (1984)]を基礎文献とし、山元の煙害については星野[1973]と飯島[1993 (1984)]、渡良瀬川流域の鉱毒被害と運動については鉱毒史編纂委員会編[2006, 2013]を参照する。

(3) 星野[1973]の表題は製錬による煙の害のみを指して「鉱烟毒」と記しているが、本章で使う「鉱煙毒」の語は鉱毒と煙害の双方を含めたものである。後述する政府の「鉱毒」予防工事命令の対象には煙害も含まれるなど、害を指す言葉には当時でも用例に幅がある。

(4) 驚くことに市兵衛は、予防工事を一応達成したあとの一八九九(明治三二)年、煙害により政府の鉱業停止命令を受けた静岡県磐田郡佐久間町にある久根(くね)鉱山を、周囲の反対を押し切って購入している[日本

経営史研究所編 1976: 105–106]。

(5) 星野忠司氏個人蔵『星野家世紀並家憲』、二〇一二年一一月一一日に閲覧。

(6) 鉱毒の最初の被害の記録についてはしばしば、「一八七九～八〇(明治一二～一三)年に、渡良瀬川で魚類が大量死し、栃木県令の藤川為親(ためちか)が魚獲・食用・売買の禁止を行う布達を出した」というエピソードが引用されてきたが、実際には布達は存在しなかった[東海林 1976]。

(7) 他方で、足尾の煙害・鉱毒と抵抗運動は、明治政府に鉱業実施にあたっての一定の制限の必要性を認識させ、全国各地の鉱山に最低限の鉱毒予防施設の設置を義務づけさせる影響力を持った。対処が困難だった煙害についても、足尾と並ぶ四大銅山である小阪(秋田)、別子(愛媛)、日立(茨城)各鉱山で固有の対処の経過がある[東海林・菅井 1985]。

(8) 鉱毒の人体への影響については情報が少なく、一八九九年から一九〇三年にかけて調査された記事が残るのみである[小松 2001]。ただし、地域では骨の曲がった鯉なども見つかっており、板橋明治は、断定を避けつつも、人畜への影響を否定することはできないと述べている[鉱毒史編纂委員会編 2013: 2914]。

(9) 一九七二年一一月、古河は足尾銅山での採掘事業を終了することを突如発表し、一九七三年に閉山した(輸入鉱石の製錬事業は一九八八年頃まで継続)。閉山は足尾町の急激な人口減少を招き、残された人びとは活性化策に頭を悩ませた。一九九〇年代初頭には松木渓谷一帯を産業廃棄物で埋め立てる計画が持ち上がったが、これは町内外から反対の声が相次ぎ、阻止された。

(10) 足尾銅山周辺には鉱滓や沈殿物の堆積場が少なくとも一三あり、今も堆積物の流出や決壊の危険と常に隣り合わせの状態にある。前述の源五郎沢堆積場は二〇一一年三月の東日本大震災時にも決壊して周囲の環境に影響を与えた。堆積場の決壊が引き起こした大規模災害としては、尾去沢鉱山(秋田県)の鉱滓ダムが一九三六年に二度決壊し、三七四名の死者が発生した事件が知られる。

(11) 独立行政法人エネルギー・金属鉱物資源機構ウェブサイト「旧松尾鉱山新中和処理施設の運営管理」。(https://www.jogmec.go.jp/mp_control/matsuo_mine_001.html)[最終アクセス日:二〇二二年一二月一〇日]

第2章

自然と生活を軽視する論理に抗う

新潟水俣病にみる公害被害の現在

関 礼子

1 なぜ水俣病は終わらないのか

一九六〇年代から七〇年代前半にかけて噴出した産業公害は、加害源が比較的明瞭であると言うことも可能ではある［古川 1999: 62］。だが、それはあくまで一九七〇年代のごみ問題や生活排水問題など生活の場で引き起こされた生活環境問題、一九八〇年代後半からの地球環境問題との対比においてである。公害の加害源は、はじめから明確であったわけではない。

まだ国語の辞書に「公害」がなかった一九六四年に［庄司・宮本 1975: i］、「日本最初の学際的啓蒙書」［宮本 2014: 57］として刊行された庄司光・宮本憲一著『恐るべき公害』は、「公害は社会的殺人であり、社会的傷害である。公害は個人的殺人・傷害のようには、犯人が、あきらかでない場合がおおい」

と記している［庄司・宮本 1964: vi–vii］。

なぜ公害の「犯人」が明らかでなかったのか。それは第一に、汚染の実態を隠し、不都合をごまかしながら「公共的害悪」［小林 1992: 46］を産出する、企業の無責任体質や隠ぺい体質によるものであった。第二に、原因究明や被害拡大防止のためにすべきことをしない行政の不作為によって、加害行為と被害の放置が黙認されるという「行政組織の無責任性のメカニズム」［舩橋 2000］によるものであった。そのため第三に、住民の反対運動が社会を揺るがすうねりにならない限り、被害は人災とは認められず、天災のような扱いで処理されて終わってしまうのが常だった［飯島 1984: 173］。

「公害の原点」と呼ばれる水俣病も例外ではなかった。熊本で水俣病がようやく「公式発見」されたのは、『経済白書』が「もはや戦後ではない」と宣言した一九五六年だった。だが、加害責任はわずかばかりの見舞金でうやむやにされ、原因究明や被害の拡大・再発防止策がとられないまま、今度は一九六五年に新潟県の阿賀野川（あがのがわ）流域で水俣病の発生が「公式発表」された。

なぜ第二の水俣病が発生してしまったのか。その加害責任を問うために、患者支援団体がつくられ、初の本格的な公害裁判が提訴された。新潟水俣病訴訟である。これに刺激されるように、四日市公害訴訟、イタイイタイ病訴訟、熊本水俣病訴訟が次々と提起された。これら四大公害訴訟は、すべて原告側勝訴で終わった。

だが、それにもかかわらず、「水俣病は終っていない」［原田 1985］。いくつもの訴訟が繰り返し提起され、繰り返し「解決」が謳われてきたが、二〇二二年現在も係争中の裁判がある。個別の被害者からみれば、加害源企業はいまだ明確にされていないということになる。

なぜ、加害はやすやすと放置されるのか。自然環境と生活を軽視してきた産業の論理は、いま、どのような被害を強いているのか。本章では、公式発表からすでに半世紀以上が経つ新潟水俣病の歴史を振り返り、企業が自然を資源化しながら立地・操業し、公害被害を生み出すに至った論理、公害被害の疫学的事実である生活文化を歪曲する論理を批判的に検討し、〈加害—被害〉関係をめぐる公害問題の現在を考える。

2 国家・企業の公益性は住民の生活環境に優先するか

✿自然の資源化と公害の発生

阿賀野川は、古くから人の暮らしに密接にかかわる場所であった。一八七八(明治一一)年に阿賀野川を船で下った英国人女性イザベラ・バード(一八三一—一九〇四)は、大小の船が行き交い、川岸から生活の息遣いが聞こえてくる、いきいきとした「河上の生活」を賞賛し、阿賀野川を「廃墟のないライン川」と呼んだ[Bird 1885 (1880) =2000: 185]。

自然とかかわる活動は、反復・蓄積されることで、その土地らしい景色となる。イザベラ・バードが見て、音に聞いた阿賀野川の豊かさは、マイナー・サブシステンス(経済的意味は小さいが、単純な技術と高度な技法で、自然に分け入って行われる、季節により限定される生業活動)を含めた生業の豊かさである[松井 1998, 2004]。開発行為は、これら自然の中で展開されてきた生業の枝葉を削ぎ取り、自然を特定の用途に適合させることで、人びとと自然との関係性のバランスを変化させてきた。

新潟水俣病の来歴も、阿賀野川水系の電源開発にさかのぼる。阿賀野川の本流で初となる鹿瀬(かのせ)ダムは、旧鹿瀬町(かのせまち)(現・阿賀町(あがまち))に建設された。ダム建設は会津と新潟を結ぶ河道を分断する。筏師(いかだし)たちが反対し、尾瀬の自然保護で知られる平野長蔵(ちょうぞう)(一八七〇―一九三〇)も魚が遡上しなくなると反対の声をあげた。実際、のちに鹿瀬ダムは、サケ・マス漁で生計を立ててきたダム下流の山あいの集落にも打撃を与え、村人を出稼ぎに追い立てることになった[神田 2004: 140]。

一九二八(昭和三)年にダムが竣工すると、次に「電気の原料化という国家的理想を旗印に」昭和肥料鹿瀬工場(のちの昭和電工鹿瀬工場、以下、昭和電工鹿瀬工場)が立地した[昭和電工株式会社社史編集室編 1977: 31]。熊本で水俣病を引き起こした日本窒素肥料(のちのチッソ、以下、チッソ)がそうであったように、日本の化学工業は、電灯にしか使われていなかった電力を利用して、窒素質肥料になるカーバイドや石灰窒素を生産するところから始まった[飯島 1996: 71]。昭和電工も、創業者・森矗(のぶ)昶(てる)(一八八四―一九四一)が掲げた「電気化学工業論」を実現すべく[昭和電工株式会社社史編集室編 1977: 28]、鹿瀬ダムの電力を用いて、一九二九年からカーバイド、一九三〇年から石灰窒素、一九三六年からプラスチック可塑剤(かそざい)の原料になるアセトアルデヒドの生産を開始した。アセトアルデヒド生産工程では水銀を触媒として利用しており、水銀は排水を通して阿賀野川に流出していた。

公害とは、空間的には「工場の敷地内で発生していた労働災害が工場の敷地外にまで溢れ出て住民に被害を与えたもの」であると指摘される[飯島 1984: 76]。戦後、石灰窒素やアセトアルデヒドの需要が高まり、昭和電工は生産設備を増強した。それに伴い、労働環境が悪化しただけでなく、工場下流では阿賀野川の川魚が「汚毒水」で浮く漁業被害が生じるようになった。一九五九年には工場裏手のカーバイド残渣（ざんさ）置き場が決壊し、阿賀野川の川魚が死滅するという大事件もあった。そして一九六五年六月一二日、ついに阿賀野川下流で水俣病の発生が公式発表された。

◆公害は必要悪か

なぜ第二の水俣病の拡大を防げなかったのか。それは、熊本の水俣病の原因がうやむやにされ、有効な対策もとられぬまま、見舞金契約[1]（一九五九年）で問題の幕引きがはかられたからである。水俣病の原因となったアセトアルデヒド製造工程での生産量の推移をみると（図2-1）、水俣病の発生が工場の生産活動に影響を与えなかったことがわかる。その背景には、「産業構造が高度化、産業が発展すれば多少公害がふえるのは当然」とする「公害を必要悪と見做す思想」があった〔通商産業省公害保安局監修 1972〕。ここに一石を投じたのが、一九六七年に提訴された新潟水俣病訴訟（第一次訴訟）であった。

> 水俣病の原因を知りながら、何らの被害発生防止の措置をとることなく、そのうえ、アセトアルデヒドの一層の増産にふみ切り、二度目の水俣病被害を発生せしめた被告昭和電工の行為は、きわめて犯罪性の強いものであって断じて容認しがたいものである。〔新潟水俣病弁護団編 1971: 154〕

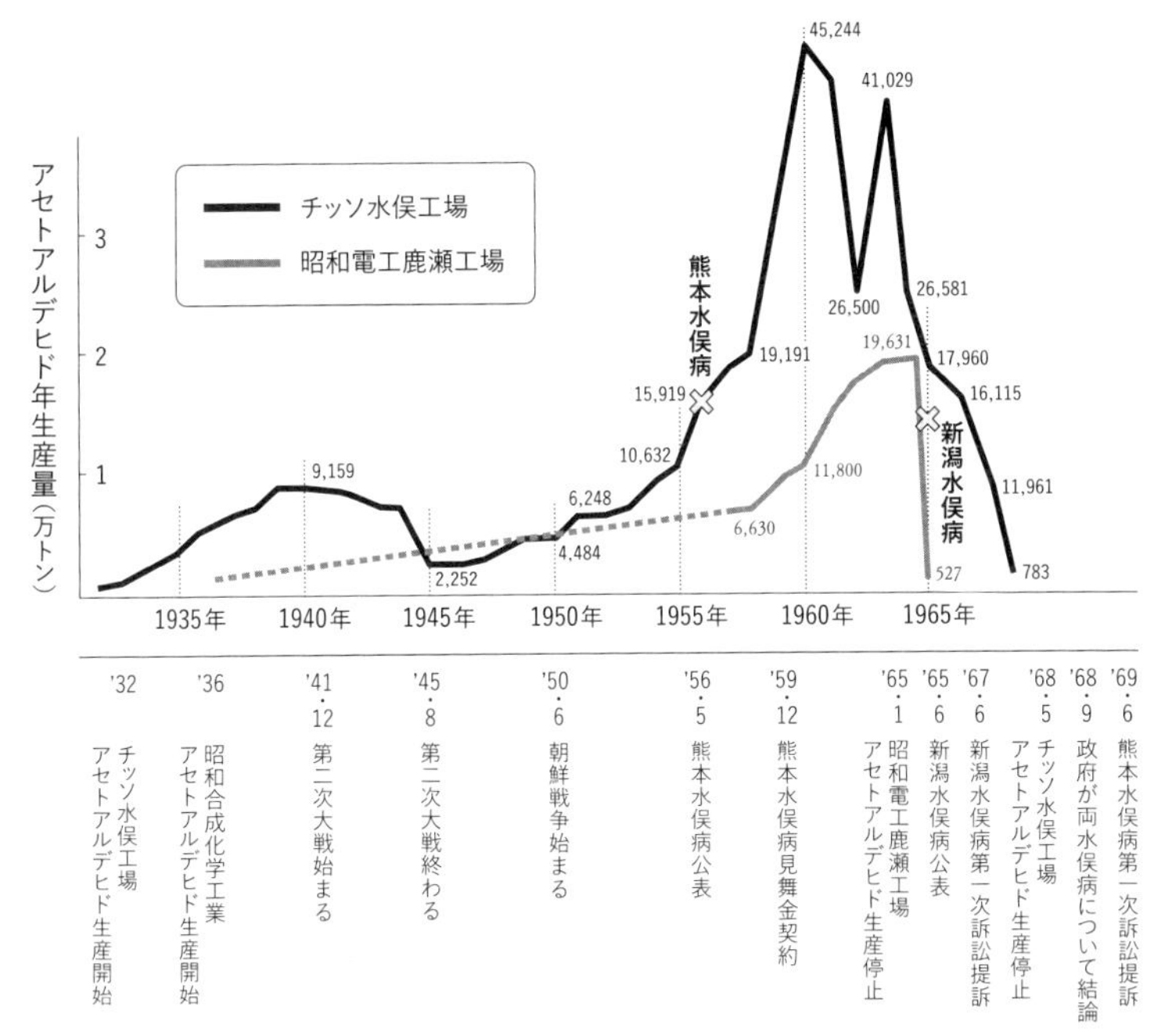

図2-1　チッソ水俣工場・昭和電工鹿瀬工場のアセトアルデヒド生産量の推移

注:チッソ水俣工場のアセトアルデヒドの生産量は
　有馬澄雄編『水俣病20年の研究と今日の課題』(青林舎)による.
　昭和電工鹿瀬工場の生産量は新潟水俣病第1次裁判資料による.
　破線部分は河辺広男氏の工場周辺杉年輪中の水銀量からの推定生産量である.
出所:坂東克彦氏作成(1986年).新潟水俣病問題に係る懇談会[2008: 30]を簡略化.

「公害裁判のテストケース」(「毎日新聞」新潟県版、一九六七年九月一四日)、「世紀の裁判」(「新潟日報」一九六七年九月一三日)として注目された新潟水俣病訴訟は、熊本水俣病や富山のイタイイタイ病の患者と交流しながら、反公害の世論をつくっていった。「公害の原点」である熊本水俣病も、新潟水俣病の裁判運動に刺激を受けて社会問題化されたのである[関 2009: 226]。

新潟水俣病訴訟で、昭和電工は、水銀農薬が保管されていた倉庫が一九六四年の新潟地震で被災し流出したのが原因だと「農薬説」を主張し、加害責任を真っ向から否定していた。新潟水俣病の裁判は法廷内のみならず、法廷外をも意識していた[坂東 2000: 28]。事実とは異なる被告の主張がひとり歩きし、それが判決に影響を及ぼさないとも限らない。被害者を孤立させず、被害者に向けられる好奇や中傷を排し、公正な判決を得るためにも、「闘いの主戦場は法廷の外にあり[2]」と、生命や健康、生活を破壊した企業の犯罪性を訴え続けた。

反公害の風が吹いた一九七〇年末の「公害国会」では、公害関連法一四法が制定・改正された。環境庁が設置された一九七一年、新潟水俣病の地裁判決は、昭和電工が新潟水俣病の加害企業であることを認め、原告患者への損害賠償を命じた。

判決は、公害事件の損害賠償において留意すべき損害の特質として、以下の五点を指摘した。第一は、被害者と加害者の非交代性である。公害は「他の交通事故や通常の生命、身体に対する侵害の場合と異なり、被害者が加害者の立場になり得ない」。第二は、被害の不可避性・非回避性である。自然環境の破壊を伴う公害において、住民は「当該企業から発生する公害を回避することは不可能か、もしくは極めて困難であり、多くの場合、被害者側には過失と目されるべき行為はない」。第三は、公害被害は不特定多数の相当広範囲の住民にわたるという被害の広域性である。第四は、生活環境における被害の同一性である。「公害は、いわゆる環境汚染をもたらすものである以上、付近住民らは、同一の環境のもとで生活している限り、程度の差はあるとしても」、等しく被害をこうむる。第五に、公害の原因となる加害行為は、企業が生産活動を通して社会一般に貢献しているとしても、住民の生活環境の破壊は許されない。企業活動の公益性と生活環境の破壊を天秤にかけることはできず、公害は必要悪として容認することはできないということである。

3 なぜ地域ぐるみで被害を顕在化したのか

◆認定制度と未認定患者問題

公害は環境汚染であるから、同一の生活環境のもとで生活している不特定多数かつ広範囲の住民に、程度の差はあれ、等しく被害が及ぶ。だが、水俣病の場合には、そこに行政上の患者救済のための認定制度が介在する。認定制度は新潟県独自の基準で始まり、一九六九年の「公害に係る健康被害の救済に関する特別措置法(旧・救済法)」で統一され、一九七三年の「公害健康被害補償法(公健法)」に引き継がれた。

一九七一年に、設置まもない環境庁(現・環境省)は、認定基準を明確化し、認定業務の円滑化をはかるために、水俣病の症状のいずれかがあり、その発症や経過に有機水銀に汚染された魚介類の経口摂取の影響を否定できないものとする、という事務次官通知を出した。新潟では、新潟水俣病訴訟の判決確定後、増え続ける認定患者の補償を迅速に行うために、一九七三年に「補償協定」が結ばれた。熊本水俣病でも裁判勝訴ののちに補償協定が結ばれ、水俣病に認定されると自動的に補償がなされることになった。

これで二つの水俣病問題は解決するはずだったが、実際は違った。一九七三年のオイルショックが転機となって公害問題への取り組みは後退し、認定棄却者の数も増加し始めた。これが未認定患者問題である。

基準は対象を定めると同時に、対象以外を排除する。認定基準は、一九七七年の「後天性水俣病の判断条件について」(環境庁環境保健部長通知)、一九七八年の「水俣病の認定に係る業務の促進について」(環境庁事務次官通知)で厳格化された。「認定」されなければ被害はなく、したがって加害もないから補償されない。水俣病の被害の有無の審判は、認定審査会委員の医学的専門知――ただし日本精神神経学会は一九七七年の判断条件には科学的な根拠がないと見解を表明している(3)――に委ねられてしまったのである。

救済・補償のためだったはずの認定基準が、救済・補償を阻むものへと逆機能し、膨大な未認定患者の被害が長期にわたって放置されることになった。この点について、舩橋晴俊(ふなばしはるとし)(一九四八―二〇一四)は、社会的な利害関係や制約条件など認定審査会を取り巻く「構造化された場」が、補償協定の締結により変化し、認定審査会が補償金の獲得資格を判断する役割を帯びてしまったと説明する[舩橋 1999: 211–213]。公健法上の「認定」が補償協定による補償金の支給に結びつき、熊本水俣病の膨大な被害者を認定するとチッソの経営が破綻するという意識が認定数の抑制を生んだというのである。舩橋は、「新潟だけで、自己完結的に認定業務が行われていれば、新潟の未認定患者問題は起こらず、新潟水俣病補償問題はとうの昔に解決していたであろう」とまで論じている[舩橋 1999: 213]。

補償協定から九年を経た一九八二年、「いったい水俣病でなければ何の病気なのか」と、水俣病の認定と補償を求める新潟水俣病第二次訴訟が提起された。被告には、昭和電工だけでなく、第二の水俣病を発生させたうえ被害を切り捨てている国が加えられた。

原告の訴えは、何よりもまず水俣病であることを認めよという点にあった。水俣病の認定を求める場合には、水俣病の疑いがあるという主治医の診断書を添える。特徴的な症状として知覚障害、視野狭窄、運動失調、聴力障害などがあり、症状は日常生活において確実に生活障害として現れる。熱さがわからず火傷をする。箸を落とす。ボタンをうまくかけられない。まっすぐ歩けず自動車にひかれた。あぜ道や狭い道から落ちる。柱や障子にぶつかってよく怪我をする。夜は眠れない。だが、「こうした障害は認定審査のときの検査ではわからないし、話ししても相手にしてもらえない」[新潟水俣病共闘会議編 1984: 12]。

原告は、認定基準の壁を乗り越えるために、その身体的、社会的被害だけでなく、いかに有機水銀に汚染された川魚を多食してきたかを裁判で語ってきた。別の言葉でいえば「疫学的事実」である。それは、阿賀野川とかかわってきた集落の生活を語ることであった。

❁疫学的事実としての「生活」

昭和電工鹿瀬工場から約二〇キロメートル下ったところに位置する千唐仁集落（旧・安田町、現・阿賀野市）は、川戸（川港）があり、九八戸のうち八五戸に船頭経験者がいる船頭集落だった[斎藤ほか 1981: 37]。千唐仁をはじめ阿賀野川の中・上流域の集落は、一九七二年になるまで認定患者が出なかった「遅れてきた被害地」である。新潟県は潜在患者の掘り起こしのために、二度にわたり阿賀野川流域で集団検診を実施しており、この集団検診がきっかけになって、中・上流域から初めて認定患者が出たのである。「下流の問題」だった新潟水俣病が、七年遅れで中・上流域でも身近な問題になった。集団検診の対象者は主に漁業組合員だったため、船頭組合が新潟県に要望して一九七三年に当時の安田町で公的な集団検診を実現させた。これは「船頭検診」と呼ばれている。船頭検診は受診対象人数が限られていたため、千唐仁を中心にさらなる集団検診の実施を求める運動が行われた。だが、要望を重ねても実現しない。そこで、住民らは一九七六年と翌七七年の二度にわたり、新潟水俣病を支援する医療関係者らの協力を得て自主検診を行った。集団検診を求める運動や自主検診運動を通じて、千唐仁は、いわば地域ぐるみで被害を顕在化させてきた。自主検診運動の後には、認定棄却処分に不服を申し立てる行政不服審査請求の運動を展開し、その一部がのちに第二次訴訟の原告となった。

住民参加による汚染地区の汚染曝露の実態調査や健康調査は、「民衆疫学」「地域参加型調査」などと呼ばれる［成 2004］。隣近所や友人、知人と声をかけ合って水俣病の検診を行うことができたのは、第一に水俣病への差別・偏見に抗（あらが）うには集団の力が必要であり、第二に日常生活の中で互いの体調不良を知っており、第三に同じように川魚を多食してきたことが自明であったからだった。

耕作地の少ない阿賀野川の中・上流域の生活は、阿賀野川を向いて組み立てられていた。川の伝統的な利用は「飲用」「洗い」「水運」「農工用」「漁撈」「防災」「遊び」の七つで、こうした利用がなされている身近な川は「里川」と定義されている［荒川・鳥越 2006: 11–12］。表2-1は、阿賀野川とかか

表2-1　動詞でみる千唐仁における阿賀野川との関係性

関係性		関係性の事例（川での仕事，川での用事）	川の利用
稼ぐ・食べる	運ぶ	人の移動，荷物の運搬，筏や大小の船が行き交う風景，船頭仕事	水運
	治める	治水工事，土方仕事，一服する茶屋の賑わう風景	治水・防災
	採る	玉石・砂利採取	資源の商品化
	獲る	サケ・マスの漁場入札，鮭番屋（アンジャ小屋），雑魚漁	漁撈
	耕す	堤外地の耕作，耕作に用いる牛馬のための堤防の草刈り，用水	農工用
飲む		船上での飲用水，お茶を沸かす水，正月の若水汲み	飲用
拾う		大水の後に焚き物（燃料）となる雑木・流木を拾う	エネルギー確保
洗う		洗濯（とくにオムツ），井戸端会議ならぬ川端会議，情報交換・息抜きの場	洗濯
遊ぶ		水遊び，向こう岸まで泳げると一人前，子どもの社会化の場	遊び
送る		末期の水（死に水）*，盆の川送り，彼岸への流れ	葬送儀礼・先祖供養
清める		小動物の死骸や病気の蚕を川に流し清める，良くないものを川に流す	浄化

出所：関［2005: 42–43］を一部改変．*は堀田［2002: 28］による．

わる行為の多様性と反復性を、身体の所作や動作で表現したものである。阿賀野川は大河だが、これら伝統的利用を満たして余る、まぎれもない里川であったし、生業の中には漁撈が組み込まれていたことがわかる（写真2-1・2-2）。

建築資材となる玉石や砂利を運搬して現金収入を得てきた船頭は、上流や集落地先で採取した玉石や砂利を船に積み、朝早くに流れが早い瀬で阿賀野川の水をカメに汲んで新潟市に下った。船の上で泊まり、米や野菜、味噌を持参し、船の上から釣り糸を垂らして魚を釣って自炊した。煮炊きにはカメの水を使った。

河川敷だけでなく、大島と呼ば

れる中洲に畑があり、小舟で川を渡って耕した。大水で畑が冠水することもあるが、上流部から肥沃な土壌が補給されるため、大島は根菜の栽培に適していた。堤防では馬草(まぐさ)刈りをする人の姿があり、洗濯や米とぎをする姿があった。木材や粗朶(そだ)など自然素材を用いて水制(すいせい)や粗朶沈床(ちんしょう)など治水のための構造物を設置する「川仕事」に従事する人もいた。

「阿賀野川に行ったら手ぶらで帰ってくるな」と教えられて育ったくらいである。太公望でなくとも、阿賀野川に足を向けるときにはカゴやツツなどの漁具を仕掛け、畑から野菜をとってくるように阿賀野川の魚をとって食べ、大漁であれば配って歩いた。

阿賀野川の恵みで生きてきた千唐仁では、少なくとも中・上流地域で水俣病の認定患者が出る

写真2-1　祭りの日に花火見物客を乗せた砂利船
写真所蔵・提供：市川美策

写真2-2　阿賀野川での釣り
写真所蔵・提供：西澤喜平

一九七二年までは、当たり前に川魚を食べてきた。一九七四年の公害健康被害補償法施行令の別表で地域指定されていないくらいだから、住民が「新潟水俣病は下流の問題である」として川魚を食べ続けていたことにまったく過失はない。体調不良が「水俣病によるものだとは思っていなかった」としても責はない。千唐仁の人びとにとって、水俣病は個人の問題ではなく、同一の生活環境の中で、食生活を等しくしてきた集落全体にかかわる問題であった。

4　被害構造論から地域被害構造論へ

❁被害の母数としての地域

第二次訴訟の提訴から一〇年を経た一九九二年、第一陣の地裁判決が言い渡された。国の責任は認められなかったが、裁判途中で認定された三名を除く原告九一名のうち八八名が水俣病であると認められ、昭和電工に賠償が命じられた。

注目したいのは、判決が、非客観的で不確実な疫学的事実を水俣病であるかどうかの判断に用いるべきではないという被告の主張を斥け、①居住歴、②被害の地域集積性、③川魚の喫食歴と喫食時期、④職業、⑤犬猫の異常、⑥毛髪水銀値といった疫学的事実は、川魚を食べていた状況を客観的に裏付けると判示したことである。

六つの疫学的事実のうち、①から④が示すのは、水俣病は公害という環境汚染によって引き起こされ、その被害は個人ではなく同一環境下にある広範囲の地域住民に及ぶということである。

すなわち、「同一の生活圏、同一の生活様式にある地域住民の水俣病罹患の有無は、その地域における、食習慣、川魚のメチル水銀による汚染状況」を知り、「ある地域に水俣病症状を呈する者が多数存在することは、そこに居住する原告のメチル水銀暴露（ママ）蓄積の事実を判断する」うえで重要であり、阿賀野川の川魚が「種類を問わず」汚染されており、「種類を問わず」多食することにより水俣病に罹患する可能性がある。また、「阿賀野川を仕事場にするような職業」に就いていたことは、「水銀の暴露（ママ）蓄積の事実を判断するのに有用」である。判決は、端的にいえば、水俣病の被害の母数が阿賀野川とともに暮らしてきた集落の人びとであることを示した。

●「解決」をもたらさない制度設計

環境社会学が公害被害を分析する代表的な枠組みには、個人の身体障害の発生を起点として生活被害や精神的被害の発生をみる被害構造論と〔飯島 1984: 78–82〕、被害を空間的な圏域としてみる受益圏・受苦圏論フレームがあり〔舩橋ほか 1985〕、公害病のように顕著な生命・健康被害がみられる問題には被害構造論による分析が優位に用いられてきた。

だが、認定を棄却された患者は、主治医から「水俣病の疑いあり」の診断を得てはいるとはいえ、水俣病であると公的に認められていない。水俣病の被害の有無を判断するときに、地域集積性や家族集積性が判断材料として加味されるが、「遅れてきた被災地」である中・上流では、そもそも認定申請の時期が遅れており、家族集積性や地域集積性がみえにくい場合が少なくなかった。

第二次訴訟判決は、個人の身体障害の発生に立脚させるとぐらついてしまう被害を、地域が被

表2-2　新潟水俣病の主な訴訟

新潟水俣病裁判	原告	被告	提訴日-判決日・判決内容	解決枠組み
新潟水俣病訴訟（第1次訴訟）	認定患者・患者家族	昭和電工	1967.6.12～1971.9.29（新潟地裁判決．原告勝訴，発生源は昭和電工，過失責任あり）	1973.6.21 補償協定締結
新潟水俣病第2次訴訟	未認定患者	国・昭和電工	1982.6.21～1992.3.31（新潟地裁第1陣判決．水俣病に認定された3名を除く原告91名中88名を水俣病と認める．昭和電工の賠償責任を認める．国の責任は否定．双方が控訴） 1996.2.23（第1陣，東京高裁和解） 1996.2.27（第2～8陣，新潟地裁和解）	1995.12.11 解決協定締結
新潟水俣病第3次訴訟	未認定患者	国・新潟県・昭和電工	2007.4.27～2019.3.5（最高裁上告棄却．国・新潟県の責任を認めない高裁判決確定）	—
ノーモア・ミナマタ新潟全被害者救済訴訟（第4次訴訟）	未認定患者	国・昭和電工	2009.6.12～2011.3.3（新潟地裁和解．「水俣病被害者の救済及び水俣病問題の解決に関する特別措置法〔特措法〕」制定を契機に）	和解条項（特措法を受けての解決）
ノーモア・ミナマタ新潟第2次訴訟（第5次訴訟）	未認定患者	国・昭和電工	2013.12.11～（2022年現在係争中）	
新潟水俣病認定義務付け訴訟（第1次行政訴訟）	未認定患者	新潟市	2013.12.3～2017.11.29（東京高裁判決．原告9人全員を水俣病に認定するよう命じる）	—
新潟水俣病認定義務付け訴訟（第2次行政訴訟）	未認定患者	新潟県・新潟市	2019.2.4～（2022年現在係争中）	

出所：筆者作成．

害の母数であるという地域被害構造の中に位置づけ、九一名中八八名が水俣病患者であると認めた。ただし、第二次訴訟判決は確定判決にはなっていない。国と昭和電工は判決を不服として控訴し、裁判は一九九五年の政府の「最終解決」を受け入れ、一九九六年に和解が成立した。原告らが昭和電工と結んだ「解決協定」では、解決の対象者は、水俣病の認定申請が棄却されるがメチル水銀の影響が否定できない者とされた。

しかし、この解決は最終にならなかった。新潟水俣病第三次訴訟、そしてノーモア・ミナマタ新潟全被害者救済訴訟(第四次訴訟)が提起された。重ねて「水俣病救済特別措置法」による解決がはかられたが、その後もノーモア・ミナマタ第二次訴訟(第五次訴訟)が提起されている(表2-2)。

なぜ、政府の最終解決や水俣病救済特別措置法による救済にもかかわらず、裁判が繰り返されたのか。認定制度を維持しながら、それを補うはずの救済制度を時限的な措置としたからである。救済制度から漏れた人、申請期限に間に合わなかった人は、結局、認定制度を用いて被害を訴えるしか救済される道はなかったのである。

5 被害を軽視する論理に抗う

❁被害を根拠づける生活文化とその否定

こうして二〇二二年現在も新潟水俣病の裁判が争われている。被害の母数は地域であり、メチル水銀で川魚を多食した時期に、自給自足を主とした食生活の均一性が地域にあったならば、その時期にその地域で生活していた人は水俣病の症状を発症してもおかしくない。

だが、第五次訴訟では、そもそも前提となる疫学的事実の主張が食い違っている。国は、公害健康被害補償法上の地域指定がされていない阿賀野川中・上流の居住歴は、「疾病が多発している地域として政令で定める地域」ではないから、水銀の曝露の可能性に関して有意味な事実ではないし、「そもそも、阿賀野川流域において川魚を喫食する習慣のある住民は少なく……阿賀野川産の魚介類を一般的に摂取していた旨の原告らの主張は前提を欠く」と主張している。(4)

つまり、阿賀野川と密接にかかわり、川魚を食べてきた生活そのものを否定しようとしている。歴史的な事実を都合よく解釈して歪めていくことを「歴史修正主義」と呼ぶ。川魚を食べる食習慣がないという主張は、地域の民俗や生活文化を歪める「民俗文化の修正主義」にほかならない。

他方で、一九六五年の新潟水俣病公式発表から二〇一三年の第五次訴訟の提起まで、四八年の月日が経っている。中・上流で認定患者が出た一九七二年から数えても四一年ある。この間、裁判原告の世代は、明治・大正生まれから、戦前・戦後生まれ、高度経済成長期生まれへと徐々に変化してきた。水俣病は差別や偏見にさらされやすく、祖父母や親世代は家族の中でも水俣病だということを隠し、子や孫世代も水俣病の話を避けてきた。過去に水俣病が集落の中でどう問題になっていたか、情報が伝わってない状況も散見される。

もともと大きな河川の流域の文化は民俗学の調査研究の蓄積に乏しい[桜田 1959]。生活様式の急激な変化に加え、新潟水俣病が発生した阿賀野川流域では、川の自然と緊密に結びついた生活文化が継承されず、幼少期もしくは青年期に家族が川魚をどのように入手したかを十分に知らず、水俣病に関連して地域でどのような異変や被害があったか、幼少時の自身のメチル水銀曝露の経緯がどうであったかを、原告自身が詳細に説明できなくなっているのも事実である。

◆集落調査から掘り起こされる疫学的被害の実相

地域社会の生活文化を歪めようとする主張に抗って、被害の蓋然性を説明する場合には、村落の生業歴や食文化など、生活環境や生活文化の調査研究が有用である。水俣病における疫学的事実とは、地域における暮らしのあり方を問題にしているから、こうした調査研究手法は「社会学的疫学」と特徴づけることができるだろう。

千唐仁に隣接するA集落は、阿賀野川の旧河道沿いに位置し、農業を主たる生業としている[関 2019]。一九七〇年代当時、三六戸あったA集落では、自然水界である阿賀野川だけでなく、人工水界である農業用水や水田で漁撈を営んできた。阿賀野川の川魚が汚染されていたのは、「ぬか釜」で飯を炊き、「掘りっこ」で洗濯し、「タバコ屋」で缶詰や豆腐を買っていた頃である。二ドア式冷蔵庫がほぼ全家庭に普及するのは一九七五年であることからもわかるように[家庭電気機器変遷史編集委員会編 1983]、まだ自給自足が一般的であった。川魚がたくさんとれれば、「くれるの当たり前、もらうの当たり前」と、近所で分け合った。

このような食生活を背景に、A集落では二〇〇九年制定の水俣病特措法で一九戸二七名が救済され、四戸六名が第五次訴訟の原告になった。住民が主体的に潜在患者を掘り起こした結果、集落の半数以上の世帯で水俣病の被害が「見える化」したのである。

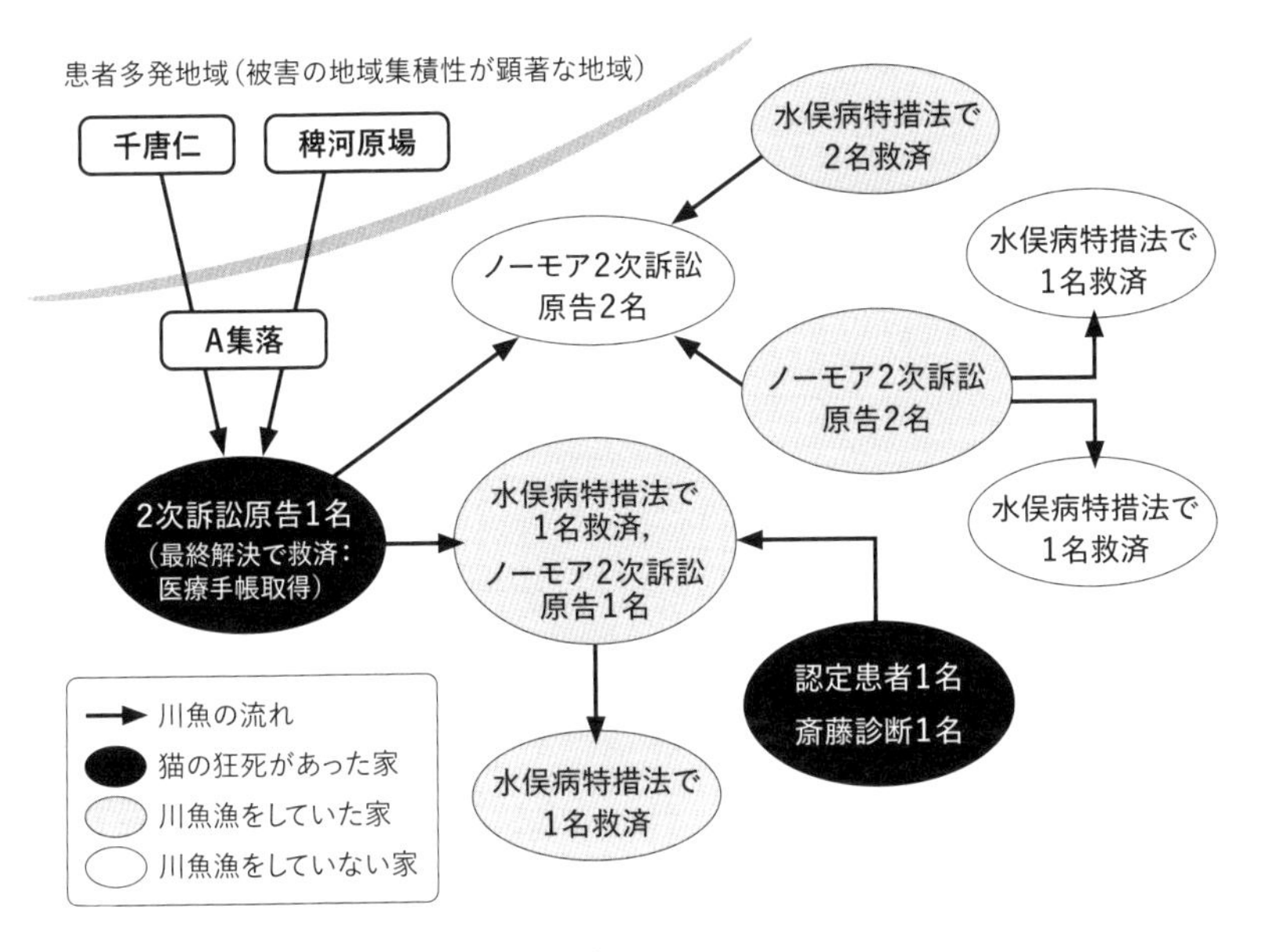

図2-2　犬猫の狂死があった家と川魚の流れ

注:斎藤恒医師の診断(水俣病の診断)結果は不明. 稗河原場集落の中には住所がA集落の家が含まれる.
出所:関[2019: 50]をもとに加筆修正.

それ以前の集落には、認定患者が二名、最終解決で救済された患者が二名いた。しかしながら、うち三名を含む一六戸一九名が千唐仁を中心とした自主検診運動に参加していたことは知られていない。水俣病の疫学的事実として重視される犬猫の狂死があったことも知られていない。

だが、世代をまたぐなかで埋もれてしまった情報をつなぎ合わせると、A集落では三六戸中三二戸(五二名)が何らかの被害顕在化行動をとっており、過去に犬猫の狂死があった家を中心にした川魚の流れから被害の連鎖と蓄積が示される(図2-2)。

個の身体障害から出発する被害

は、認定申請が棄却された場合、存在しないものとみなされてきた。第五次訴訟でも国の主張は冷たく、被害者の症状は「水俣病以外の原因でも生じる」のであって、「公健法以外の行政救済策の対象者が多数いることをもって、直ちに、曝露地域であることが推認されるものではない」と主張している。(5) 自然環境と生活を軽視する開発や産業公害の思想は、自然とともに暮らしてきた人びとの生活文化を軽視する論理となって、今日に引き継がれているのである。

これに対して、新潟水俣病の被害をこうむった集落に着目した社会調査は、疫学的な事実としての水俣病被害のみならず、新潟水俣病が問題になる以前のいきいきとした阿賀野川の生活を提示しうる。そのことが、生活文化を歪めてまで被害を否定する力に抗い、いまだ明確になっていない認定棄却者の〈加害―被害〉関係を考えるために有意味な疫学的事実を提供してくれる。生活者の視点は、生活環境を侵された被害者の視点に通じるのである。

註

(1) 見舞金契約とは、将来チッソが原因とわかっても新たに補償を要求しないという条件のもと、低額の見舞金を支払うというもので、のちに公序良俗違反で無効とされた。

(2) 松川事件(一九四九年に福島県で発生した鉄道脱線・転覆事故をめぐる冤罪事件)の主任弁護人であった岡林辰雄(一九〇四―一九九〇)の言葉。以後の人権裁判に影響を与えてきた。

(3) 日本精神神経学会ウェブサイト「水俣病関連の声明」(https://www.jspn.or.jp/modules/advocacy/index.php?content_id=22)[最終アクセス日:二〇二二年一月三〇日]

(4) 被告国第二四準備書面、二〇二一年三月八日による。

(5) 同右。

第3章

公害対策の進展後における地域環境汚染

日米の産業廃棄物問題と草の根環境運動

藤川 賢

1 四大公害訴訟後の環境法整備と公害の「終わり」

一九七〇年一二月の臨時国会では一四の環境関連法案が一度に成立・改正され、「公害国会」と呼ばれた。翌年に誕生した環境庁(現・環境省)を中心に、日本政府は公害大国から公害防止先進国への脱皮をはかろうとする。公害の発生防止と、訴訟などを起こさなくても問題への対処や被害者救済を速やかに進められる仕組みづくりがその中心であった。だが、今日でも水俣病に関連する訴訟が続くように、公害に関する住民運動や環境訴訟は四大公害訴訟後、むしろ増加した。環境権など、よりよい環境・環境行政を求めての運動や訴訟も一因であるが、公害対策から取り残された問題も重要である。本章では「公害は終わった」という声も高まった一九七〇年代後半以降に残された地域環境汚染の問題と、それに対する住民運動についてみていきたい。

以下、第2節で四大公害訴訟の勝訴後に続いた住民運動としてイタイイタイ病(以下、イ病)問題に触れた後、第3節、第4節ではそれぞれ、廃棄物問題における日本とアメリカ合衆国の代表例を取り上げる。廃棄物問題は、企業活動による有害物が健康被害をもたらした点では公害と重なるが、同時に、公害問題が注目されることで有害物などが反対の声の小さい地域に移動した結果として人知れず拡大したという一面もある。そのため有害廃棄物問題に関する被害住民の運動は、公害被害者運動とはまた別の苦労を伴うことになったのである。第5節では、この経験を踏まえたときに公害のよりよい〝解決〟には何が求められるのか、今日への教訓を探ろう。

2 勝訴後のイタイイタイ病住民運動はなぜ必要だったのか

公害裁判として初めて被害住民が勝訴した一九七一年の富山地裁判決に続き、翌年に名古屋高裁金沢支部は、賠償金額などをすべて請求どおりに認めるイ病原告全面勝訴を言い渡した。被告の三井金属は上告せず、原告団との直接交渉でも全面的に責任を認めて、今後すべての認定患者に原告と同様の賠償を行うことなどを誓約した。だが、それにもかかわらず、認定されるはずの患者が認定されない状況に直面した原告の被害者団体「イタイイタイ病対策協議会」(以下、イ対協)は、その後も長く運動を続けなければならなかった。[1] なぜ認定されるはずの患者が認定されなくなったのか、それは他地域のカドミウム公害問題と深くかかわる。

飲食物中のカドミウムが臓器に長期蓄積されると、近位尿細管異常（別称、カドミウム腎症）と呼ばれる腎障害が生じる。それによって減少する血液中のカルシウムなどを補うために骨軟化症などが生じたものがイ病である。この進行過程は三〇年ほどの長期にわたるため、イ病の原因究明の遅れにも影響したし、訴訟では被告企業がイ病とカドミウムとの因果関係を否定しようとした。その反論は前記判決では否定されたが、イ病の公害病認定を受けて行われた全国調査によってカドミウム汚染地域が全国各地に見つかり、一部では健康への影響も見られたことで、新たな意味が加わってきた。カドミウム汚染地域は広いが、富山ほど激甚なイ病患者は他地域では出ていなかった[2]。そこで、イ病問題が全国的な公害になることを恐れた鉱業界や一部の政治家が、富山のイ病と全国のカドミウム汚染とを分けることなどを求め、関連してイ病カドミウム説への疑いを再び持ち出したのである。

当時「まきかえし」と呼ばれた政財界からの強い主張を受けて、環境庁（現・環境省）は委託研究に再びイ病の原因究明を加え、健康調査も、富山の神通川流域と他地域の慢性カドミウム中毒とは分けて行われるようにした。一九七二年六月二〇日付の環境庁通知では、カドミウム腎症は「要観察」とされていたが、この経緯を受ける形で、富山県の公害認定審査や住民健康調査でも、骨軟化症の症状がなければ「要観察」と判定しなくなった。

さらに同じ時期、イ病の「認定」もほとんど出なくなる。治療の効果で典型的異常から外れた検査項目がある、病理検査の方法が信頼性に欠けるなどの理由をつけて、審査会がまったく疑いようがない症例以外は認定しなくなったのである[3]。こうした審査会の方針転換は公にされず、主治医がイ病と診断したのに認定されない理由は患者本人や家族にもわからなかった。イ対協は、県との交渉やイ病に理解のある医師たちとの相談を重ね、最終的には一九八八年から一九九三年にかけての行政不服審査による公開口頭審理などを通じて、これらを明らかにしていった。

公開口頭審理では、富山県の認定審査会も「厳密な」審査基準に基づいた医学的判断を下したことを主張し、医学者同士の意見交換が行われた。医学的な議論の結果として、不服審査の対象になった患者の過半が逆転認定されたのである。これは、検査方法の選択などについては政治的な要素もあり、それが密室的な状況と公開された状況とでは異なる展開になりうることを示したともいえる。

こうした経緯が可能だったのは、富山ではイ対協が未認定患者を含めた被害患者の代表として運動でき、他方では国内外の研究者による慢性カドミウム中毒研究が進んだことで、被告企業や行政も含めた話し合いができたからである(4)。

反面で、イ対協など各地の被害者団体は全国的にカドミウム腎症を公害病と認めてほしいと要望してきたが、これは実現していない。「病気」や「汚染」の範囲を厳密に決めることが難しいなかで、見えにくいところ、曖昧なところで被害が切られていく過程は今も残る。

廃棄物問題も、ある意味では公害対策にかかわる残余リスク(5)であり、公害対策の後に残された見えにくい問題である。見えにくい場所として選ばれた地域での住民運動は、公害被害者の運動と共通しつつ別種の困難も抱えることになった。

イ病に関する「まきかえし」の歴史は、公害被害が全国問題になった後、顕著な部分についての対応はなされる一方で、対策の範囲が切り縮められていく一例である。見過ごされたリスクの拡大は、公害の歴史に重なる面もある（第1章参照）。似た経緯が、四大公害訴訟後の産業廃棄物問題にもみられた。

3 産業廃棄物をめぐる地域と被害——香川県豊島産廃不法投棄事件

◉産業廃棄物問題の発生と長期化

産業廃棄物（産廃）は、前記の「公害国会」で成立した「廃棄物の処理及び清掃に関する法律」によって生まれた分類で、企業の事業活動によって生じる産業廃棄物は一般廃棄物から区分されて、その処理・処分は排出企業の責任とされた。ただし、実際にはそれまでと同様に収集運搬業者、処分業者に委託される状態が続いた。産廃の処理・処分は人目につきにくく、一九九〇年代までは許可要件が緩かったために、大小さまざまな業者が入り乱れ、暴力団の資金源の一つにもなっていた。全国的な広域移動によって、人目につきにくいところに廃棄物が集積し、かなり後になってから不法投棄・不適正処理が明らかになる事例が多かった。香川県豊島（てしま）の事例もその一例である。

豊島は小豆島の西方に位置し、地下水にも恵まれて産物も多く、豊かな島と呼ばれてきた。

写真3-1　公害調停中の豊島産廃不法投棄現場（1997年4月）
撮影：筆者

一九七五年末にこの島の一角に有害廃棄物処分場が計画されたのが、産廃事件の発端である。事業者は海岸の土砂を販売していたが採り尽くしてしまい、その跡地をＰＣＢ（ポリ塩化ビフェニル）などの有害廃棄物の処分場にしようと計画したのである。豊島の人びとは、以前から事業者に不信を抱いていたこともあって島をあげての反対運動を展開し、「建設差し止め請求訴訟」を起こした。

それに対して、香川県は島民の訴えより事業者の「生きる権利」を擁護する姿勢を示した。ごみ処分場はどこかに必要で、法に従って操業すれば安全であり、島の活性化にも役立つ、それに反対するのは「住民のエゴ」だと、住民を説得したのである。二年ほど続いた紛争は、事業を無害の食品汚泥等を用いたミミズ養殖と土壌改良材化に限定し、香川県が指導監督を徹底すると約束したことで一九七八年に和解する。

だが、この約束は守られず、一九八三年頃からは阪神地方から大量の自動車シュレッダーダスト（破砕くず）を運び込み、廃油をかけて野焼きして埋め立てる行為があからさまに行われるようになった。山火事と見間違えるほどの黒煙で島内にはぜんそくなどの被害が多発し、住民は再三にわたって香川県庁に訴えたが、香川県は耳を貸さなかった。

そのため、搬出側から捜査していた兵庫県警が一九九〇年に摘発するまで不法投棄が継続したのである(写真3-1)。

香川県は、金属回収を目的とした「有価物」なのだから産廃不法投棄にはあたらないと主張していたが、摘発の翌月に不法投棄を認めた[6]。捜査の過程では、香川県の担当職員が問題性を認識しながら放置していたこと、シュレッダーダストを「有価物」として持ち込むために金属回収業の許可を取るよう勧めていたことなども明らかになった。豊島住民は、香川県が責任を認めて投棄産廃を撤去するように求めた。だが、それは簡単ではなかった。

●豊島における住民運動の展開

豊島住民は一九九三年に香川県などを相手とする公害調停を申請した。公害調停は二〇〇〇年に最終合意に達し、香川県によって二〇一七年までに周辺の汚染土壌を含めた九〇万トンが撤去された。無害化処理された産廃はコンクリート原料などとしてリサイクル利用され、技術面でも法制度においても豊島の問題が循環型社会の形成に与えた影響は大きい。

この結果からは、住民の要求が実現し、全国的にも廃棄物問題は解決に向かったようにみえるが、豊島の人たちがたどった道のりはまったく平坦なものではなかった。公害調停で香川県の姿勢を変えさせ、撤去を認めさせるためには、香川県の責任を追及するだけでなく、住民の願いが切実で、かつ、住民のためだけのものではないことを広く世論に訴える必要があった。詳細を記す紙幅はないが、多くの高齢者が島外の家庭を一戸ずつまわるような活動までして、全県、全国に、豊島の願いへの理解を求めたのである[7](写真3−2)。

写真3−2　香川県内100か所座談会の100回目記念集会の開始前（1999年3月7日, 高松市）
撮影：筆者

産廃撤去が自分たちのためだけの要求ではないことを示すために、豊島住民が訴えたのは「第二の豊島をつくらない」であった。「廃棄物は出るものであり、処分場は必要だ」という考え方を変えない限り、過疎地は廃棄物の脅威にさらされる。撤去を通して、「もうごみの捨て場はない」と訴えることが第二の豊島事件を防ぐのだ、という主張である。

実際にも、豊島事件のニュースは全国各地で廃棄物施設や汚染問題への注目を高める役割を果たした。岐阜県御嵩町の処分場計画や東京都日の出町の処分場問題など、豊島の他にも廃棄物関連の紛争が相次ぎ、ダイオキシンへの不安もあって、廃棄物は全国的な問題になり、自治体や企業などの関係者に処分場はつくれないという危機意識を与えた。その結果として容器包装（一九九七年施行）、家電、食品（いずれも二〇〇一年施行）などを対象とする個別リサイクル法がつくられ、二〇〇〇年には循環型社会形成推進基本法も成立した。

廃棄物の最終処分量は二〇〇〇年の五六〇〇万トンから二〇一八年の一三〇〇万トンへと激減している。ただし、リサイクルの拡大が過疎地への環境負荷をなくしているかどうかという問いは今日でも消えていない。

◆住民運動の成果と産廃撤去後の課題

豊島投棄産廃の処理は、豊島の隣の香川県直島（なおしま）で二〇〇三年から開始された。それと並行して香川県と直島町（なおしまちょう）は三菱マテリアル株式会社とともにエコタウン事業の認可も受けて、より積極的にリサイクル業を展開した。エコタウン事業とは、循環型社会形成と地域振興を結びつけるために通産省（経産省）が厚生省・環境庁（環境省）などとともに一九九七年から始めた共同事業で、認可を受けるとリサイクル関連施設などの整備に補助金を受けられる。それについて環境経済学の植田和弘は、直島での豊島産廃処理の開始時に次のように指摘した。

エコタウン事業が経済的に成立するためには、施設の稼働率をあげるためにも「原料」となる廃棄物を確保しなければならない。県外から産廃を搬入することができるよう県の要綱を変えたのはこのためである。……事業の継続・発展のために廃棄物の大量発生を期待するというのは、まことに皮肉であり、本末転倒といわれても仕方がない。（「山陽新聞」二〇〇三年九月一九日）

エコタウン事業はリサイクルを主目的にしたものではないとはいうものの、対象となった事業ではリサイクル関係が多い。また、エコタウン事業に限らず、廃棄物削減のためにリサイクルが盛んになったことで電子機器の基盤などリサイクル原料の獲得競争も生じた。ペットボトルに関しても二〇〇〇年代初めには「ボトル to ボトル」のリサイクル技術が確立されたにもかかわらず、回収されたボトルが高く売れる国外輸出に流れたためにシステムとして確立できなかった。それから二〇年近く経って、アジア地域で再生プラスチック原料の需要が減ると、輸出ボトルが海洋プラスチック汚染の一因になったことは記憶に新しい。このように、リサイクル事業は経済的変化の影響を受けやすく、その結果が環境負荷にもつながりうる。地域振興策としてリサイクル原料が経済基盤の比較的弱い地域に移動・集中する過程は、廃棄物の広域移動にも通じる。その移動の傾向は、豊島の人たちが疑問として提起したことでもある。公害調停が難航していた時期に豊島の申請代表の一人は次のように語った。

(土や砂など)金になるものを島からもっていってですね、……逆に町に不要なもの、あっては困るものを金にするために島にもっていく、いうんですか、人間においてもそうかもわからんですね、豊島では一方的に若い人材は出ていくでしょ。[藤川ほか 1998: 38]

リサイクルやグローバル化によって、排出元では廃棄物が減ったように見えても、それだけではこうした格差の構図は変わらず、新たな問題を生み続けるのかもしれない。

4 有害廃棄物をめぐる草の根環境運動とその展開

豊島の投棄産廃の中にはイタリアから運ばれた毒物のドラム缶も存在したが、その背景にはイタリア経由でヨーロッパからアフリカへの有害廃棄物移動問題があった［曽根 1999: 49］。一九九二年制定のバーゼル条約（有害廃棄物の国境を越える移動及びその処分の規制に関するバーゼル条約）などによる国際規制が進むまで、海洋投棄や輸出を含めた有害廃棄物の広域移動は世界的に見られたのである。それは、有害廃棄物のリスクが長く無視される一因にもなった。

有害物による環境問題や、差別と連動する廃棄物の移動について国際的な運動が展開されるようになるのは一九八〇年代からで、その契機として知られるのがラブキャナル事件である。カナダとの国境に近い米国の小地域で一九七八年に発生した有害廃棄物による汚染問題と被害住民の運動が、全米に衝撃を与えていく経緯は、日本の公害問題や豊島事件などと共通している。

◆ラブキャナル事件と有害廃棄物問題の発見

ラブキャナルは、ニューヨーク州の西端、ナイアガラの滝の近くに位置する。第二次大戦前に掘削中だったまま放置されていた運河跡に、化学企業フッカー・ケミカル社が産廃を埋め立てた。それを覆土した上に一九五〇年代から小学校と住宅が建設されていたが、一九七〇年代に入って有害物が地下水に流出し、広域的な土壌汚染と健康被害が明らかになったのが事件の発端である。

写真3-3　フェンスで囲われたラブキャナル旧運河（廃棄物埋め立て部分）とその外側（2013年8月）
撮影：筆者

被害とリスクを限定的に見ようとする州政府などに対して、周辺地域を含めた約千軒の住民が移転を求めて住民運動を起こしたことが、全米的な社会問題にまで発展した。

地域住民が組織した「住宅保有者協会」のリーダーとなったロイス・マリー・ギブスは、この小学校に通う子どもを転校させてもらおうとした一人の母親である。校長から汚染を理由に転校を認めることはできないと言われたため、近隣の人たちを訪ねて話を聞くところからその行動は始まった。もちろん汚染問題にも運動にもまったくの素人だったが、地域の人たちとともに行政への訴え、集会でのアピール、科学者の協力による市民調査、マスコミへの働きかけなど多様な方法を駆使して活動を続けた。その結果、一九八〇年にカーター大統領の判断で連邦政府の財政補助による地域の住宅買い上げが決まった[8]（**写真3-3**）。

ラブキャナル事件は、多くの人が有害化学物質や廃棄物の問題を知り、身近なリスクとして考える契機になった。アメリカ環境保護庁（ＥＰＡ）は全米的な調査を行って、有害廃棄物のうち安全に管理されているものは一割程度しかなく、危険な状態にある有害廃棄物埋め立て地が数万か所に及ぶことを公表した。一九八〇年には「包括的環境対策・補償・責任法(スーパーファンド法)」[9]が成立するなど、ラブキャナル事件は環境法・環境行政にも大きな影響を与えた。

有害物や廃棄物の関連施設周辺に住む人たちにとっての衝撃は言うまでもない。ギブスたちのもとには全米からの電話が続いたという。ギブスはラブキャナル事件が決着すると一九八一年にワシントン近郊に拠点を移して、全米の住民運動を支援するための団体、CHEJ(The Center for Health, Environment & Justice)を立ち上げる。[10] 草の根環境運動と呼ばれたこれら地域住民による環境への関心は、米国の環境運動を大きく変え、今日でも自然保護運動と並んで環境運動の中心的主題である。それは、身近な環境を守るところから正義や差別の問い直しにつながっていく。

✹草の根環境運動の展開――地理的拡大と要求の普遍化

ラブキャナルは環境正義の出発点の一つといわれる。ただし、本書第7章で紹介されるとおり、環境正義運動においては人種差別への問いが重要な位置を占めているが、ラブキャナルを含めて草の根環境運動の発端には人種差別への意識は希薄であった。運動参加者の当初の関心は個別の廃棄物施設であった[Szasz 1994: 80]。有害物・廃棄物施設を忌避する運動の全米的な拡大に困った関連業界は、反対運動を「NIMBY(ニンビー)イズム」などと批判した。必要な施設であり、安全対策も向上しているにもかかわらず、自分の地域だけは嫌(Not In My Back Yard)というのは地域エゴにすぎない、それは不法投棄の増加や製品価格の上昇など社会全体への不利益をもたらす、という主張である(第8章参照)。草の根運動団体も、自分たちの運動の成果が他地域への押しつけにつながる、というジレンマを感じるようになった。

ただし、NIMBYという批判もまた、差別性を含んでいる。草の根運動の主力となった女性たちには「ヒステリー」などジェンダーにかかわる差別も向けられた[11]。その裏側では、男性労働者に「仕事か環境か」という論理で迫り、運動への参加を牽制する動きも見られた。全米組織化や相互協力が進むとともに運動団体はそれらに対する認識を深め、企業側が求める安価な処理・処分の存続は企業利益の追求にすぎないとして、立地場所ならびに法規制などをめぐる意思決定のあり方や企業と政治家との癒着などへの批判を強めていった[Szasz 1994: 82]。

ラブキャナルの住民運動も、発足時には住宅保有者(Homeowners)の協会と名付けられた。こうした名称は当時の地域住民団体に一般的で、財産権を主張する意味もあったが、ギブスたちはすぐに命名の問題性に気づいたという。地域には公営のアパートなどに住む人たちもいたからである。州政府交渉との関係で名称変更は難しかったが、同協会は希望するすべての住民の移住を求めるものであることを強調するようになる[Blum 2008: 71]。

この経験と問題意識が先記の全米組織CHEJにつながるのだが、その最初の組織名はCCHW(Citizen's Clearinghouse for Hazardous Waste:危険廃棄物市民情報室)だった。有害廃棄物問題に直面した人たちに情報と助言を与える団体としてわかりやすい名前だったが、ギブスたちは、自分はアメリカ市民ではないが助けてもらえるかという問い合わせ電話を受けたことから名称変更の必要を感じるようになったという[12]。そこで、運動の追求目標である「健康・環境・正義」を明示する形で

“CCHW Center for Environmental Justice”と併記されるようになり、一九九七年度から団体名がCHEJに統一される。機関紙名は、一九八二年発行の第一号から“Everyone's Backyard”である。

このようにNIMBYの要素を含んでいた草の根環境運動は、その展開の中で問題意識を深めていく。それは「NIABY（Not In Anyone's Back Yard）」、「EcoPopulism」などと表現された［Szasz 1994など］。情報公開と住民参加を求める運動は建国以来の米国の伝統に根ざしたものであり、環境人種差別への抗議と呼応して環境正義の主張につながっていくのである。

そうした要求の具体例として重要な成果が「知る権利」で、一九八六年に「緊急対処計画及び地域住民の知る権利法」（TRI制度、TRI：Toxic Release Inventory）が成立した。(13) これは、生産段階から地域住民が有害物の移動状況を監視し、発言するための実質的な基盤となった。

◆なぜ知る権利と参加の継続が必要なのか

現在、ラブキャナルの処分場跡地は覆土して芝生を植えた周囲をフェンスで囲み、立ち入り禁止状態で管理されている。周辺の移転住宅跡のほとんどは荒れたままで街区だけが残る。だが、フェンスの北側にはブラッククリークと名付けられた新たな住宅地が生まれている。この地区は、州政府のラブキャナル活性化事業によって一九八八年に「居住可能」として再販売されたのである。CHEJなどが反対を続けたにもかかわらず、経済的な利益はほとんどない再活性化事業が強行されたのは、環境汚染は技術によって克服でき、心配しなくてよいという先例をつくるためと考えられている［Gibbs 1982＝2009: 325］。現在のブラッククリークでは、ラブキャナル事件や再活性化

写真3–4　ブラッククリークの再販売住宅地につくられた公園．木の奥に埋め立て地のフェンスがある（2013年8月）
撮影：筆者

事業の経緯は隠されてもいないが、移り住む人たちに知らされているわけでもない[14]（写真3−4）。

リスクを知らず、知ろうとしないところにリスクが集中する。これは、危険施設の立地と地域差別との関係に直結する。廃棄物処分場立地をめぐる課題が大きくなっていた一九八四年に廃棄物エネルギー施設建設を進めるカリフォルニア州の委員会で、建設コンサルタント会社 Cerrell 社が示したレポートはそれを意図的に示したものであった。そのレポートは、廃棄物エネルギー施設にとって最も恐るべき障害は住民の反対だという認識のもと、経済的利益と環境負荷との間における住民の反対の強弱を分析し、施設の安全性と経済的利益に理解を得やすい対象地の選択方法を示す。それによると、経済的利益への抵抗が弱い地域・人は、人口二万一〇〇〇人以下、農村部、処分場など同様の施設があって働いていた経験がある（もしくは知人がいる）、政治的には保守的傾向、中高年齢層、高卒以下の学歴のグループであり、カソリック、共和党員、低収入などの指標も関係すると整理する。[15]

ＣＨＥＪが有害廃棄物を正義にかかわる問いだと明確に意識するようになったのも、こうした事業者側の姿勢を知ってからだという。ギブスは、安全や利益を一方的に強調しえる意思決定のあり方が正義に反するものであり、それに対するには地域全体が情報と互いのリアリティを大事にする必要があると語る。

> 行政や科学者による安全という説得には信用できないものも多いのです。そのなかで誰かが危険物を引き受けるという前提で進めば、どこかに処分場はつくられ続け、その建設は差別とかかわり合うことになります。……安全かどうかを判断するためにはリアリティが重要だと考えます。そこに住む人びとが危険を感じるリアリティです。もちろんそこには個人差がありますが、コミュニティの中で話し合っていけば共有できる部分があります。ですから、運動の方法としてはワークショップを重視しています。[16]

この言葉が示すように、情報と知識に基づいた話し合いができれば、よくわからないリスクを検知し、地域全体の安全性を高めることができる。草の根環境運動はそれを実証するものでもあった。その延長として、社会経済的に不利な地域などにおいても等しく情報公開と住民参加による話し合い、取り組みをできるよう求めていくことが、環境正義の主張の一面だといえるだろう。

5 公害問題の解決を妨げる要因と住民参加の意味

公害の原因としての差別は、比較と不可視化を伴う。この量(濃度)なら危険ではない、この場所なら影響はない、経済的利益の方が大きい、などの理屈づけによる汚染排出は公害問題の原因として受け止められ、反省されたはずだが、公害対策が進んだ後も根絶したわけではない。声高に主張できない分、不可視化が進んだともいえる。

カドミウムをめぐる「まきかえし」もその一例で、訴訟で終結したはずの議論が審査会や環境庁研究班などで改変された。目につく部分ではカドミウム汚染の対策と規制が進んだ一方、境界部分の少数の被害は取り残されていく経緯があり、イ対協などによるそれへの対抗は長い時間を要した。

有害廃棄物の地域移動では、地理的な差別と不可視化が被害の隠ぺいと放置を助長する。産業廃棄物は、その危険性さえ確かめられないまま遠方に運ばれ、地域住民の抗議の声を聞かないこと、汚染によるリスクの無視が重なっていた。豊島の住民は、それについて次のように訴える。

> 法律とは弱いものの味方ではない。正義の味方でもない。熟知するもののみがその恩恵を享受するものだと思い知らされた。解釈次第で悪とも善ともなり得る両刃の剣なのだ。……力のないものにとっては、法律などないにも等しい。[廃棄物対策豊島住民会議 2003: 24]

この言葉は、住民運動の難しさをも示唆するものでもある。四大公害訴訟の時期における経緯を振り返っても、当初は「地方の問題」という扱いだったが、東京・杉並区で光化学スモッグが初めて確認されたことなどによって「公害」が全国的問題として強く認識されていき、[17]「平和な文化大革命」とも形容される世論の盛り上がりが公害立法などにも影響を与えた［橋本 1988］。その後に産業廃棄物問題が起きたのは過疎地が舞台だったからという一面があり、構造的にいえば大都市は加害側に位置する。その支援を必要とした豊島の住民は、それが自分たちのためだけの問題でないことを訴えるために、主張を普遍化させていく必要に迫られて身を削る運動を展開せざるをえなかった。

豊島やラブキャナルなどからの運動と主張は、実際にも社会全体の環境改善に二つの面で大きく貢献した。一つは、廃棄物やダイオキシンなど有害物質に関する問題を顕在化・可視化する警鐘となり、対策の成果へとつないだことである。もう一つは、広域移動や環境差別など社会構造に関する不可視性が環境リスクをもたらす一因だと示し、それに対抗する住民運動の意味を示したことである。

公害の歴史を踏まえ、また、今日の状況を見たとき、この両者をともに受け継いでいく必要は大きいだろう。大事件によって目についた大きな環境リスクに対応するだけでは問題の根本的な解決にはならず、再発を生みかねない。それは、原子力施設の立地などに関しても当てはまる。また、一九七〇年代に危険性が指摘されて規制が始まったアスベストにおいても、そこから取り残されたところで現在も被害が拡大中である(コラムA参照)。リスクを負うのが建設業など一部の人たちであるという前提が、規制の遅れにも社会的関心の低調さにもつながっていた。

顕在化した被害への対応が部分的な対症療法にすぎないとすれば、問題の発生を予防するための注意は、被害以外のものにも向けられなければならない。知る権利と住民参加はその手段となる。また、不可視化されるリスクを減滅させていくためにも、経済的利益との間で環境リスクが相対化される動きや、少数の弱い人たちのもとへのリスク集中などに対する「正義」「公正」の視点が求められる。

註

(1) 公害発生源対策や土壌復元事業の必要から、住民運動の継続は訴訟中から予定されていた。汚染地域の農業者による被害者団体とイ対協は一体となって運動を継続している。

(2) 対馬など他地域でも骨の異常を示す慢性カドミウム中毒の症例があり、公害病認定が求められていた。この経緯については、渡辺[2007]、鎌田[1970]、松波[2015]などを参照。

(3) 一九七七年に審査会長に就いた梶川欽一郎金沢大学教授は、訴訟で被告側証人に立とうとしていた人物で、会長就任後の審査会でも「患者一名を認定すれば、企業はいったいいくら負担しなければならないか知っているか」と発言するほどであった。富山県厚生部によるこうした人選の偏りなどについても、被害住民団体は繰り返し抗議しなければならなかった。

(4) 富山では住民団体、企業、行政などの協力によって公害発生源対策と土壌復元に成果を挙げ、二〇一三年には住民団体と被告企業との間で「全面解決」の確認書が交わされている。その際には、富山県の住民健康調査で腎臓障害が認められた場合に企業から健康管理費用としての一時金が出される仕組みもつくられた。住民運動は今日でも流域全体の健康維持と認定漏れ防止などの活動を続けている。あわせて、食品中カドミウム濃度の国際基準に関する議論が日本国内のカドミウム規格に与えた影響も確認しておきたい［渡辺 2007］。

(5) 残余リスクとは、リスク低減のための制御によって残るリスクである。それはリスクの内容や負担者の変化を伴い、例えば公害輸出は途上国にもたらされた残余リスクともいえる［Beck 1986＝1998; 池田 2001］。

(6) 制定以来二〇年ほど改正されなかった廃棄物処理法は、一九九〇年代に改正が繰り返され、廃棄物の定義も変わり、不法投棄の厳罰化も進んだ。

(7) 豊島住民の活動については、曽根［1999］、大川［2001］、石井［2018］などを参照。

(8) ただし、一三〇〇人の住民が健康被害を訴えて企業を相手に提起した訴訟は二〇〇〇万ドル以下の和解に終わった。州政府が汚染と健康被害との関係を認めなかったことが大きく影響した。ちなみに、州政府は住宅移転と汚染除去事業に関して企業を提訴し、一億ドルあまりを受けている。土地の売却時に汚染の存在を警告し、汚染について責任はとらないことを契約した、という企業の主張は退けられた。

(9) 国による有害物質汚染調査の実施と費用負担責任者が特定されるまでの信託基金（スーパーファンド）の創設などを定めた法律で、一九八六年の「スーパーファンド修正および再授権法」とあわせてスーパーファンド法と呼ばれる。

(10) 同団体のウェブサイト(https://chej.org)を参照されたい。

(11) 一九八四年にインドのボパールで起きた史上最大の産業災害でも、被害者運動を持続させているのは女性たちである［藤川 2016］。家族の生活を支える役割や差別を受けやすいこともあって、草の根環境運動においては女性が重要な位置を占める。ラブキャナルの住民運動も女性が重要な位置を占めていた。フェミニズムに対する反家族的という偏見もあって初期には一線を画していたが［Blum 2008: 48］、のちに草の根運動が進むなかでジェンダー課題への敏感さを共有していく。

(12) Lois Gibbsさんへのヒアリング(二〇一三年九月)による。

(13) 企業などが取り扱う有害物質の情報公開を求めるTRI制度には産業界の反対が強かったが、註11のボパール工場災害の発生源が米国の化学企業ユニオン・カーバイド社(現在はダウ・デュポン社の一部)の現地企業だったことが、法制化への大きな引き金になった。なお、ボパール災害に関する「不正義」を問う運動は現在でも世界的に続いている。そのネットワークとして、International Campaign for Justice in Bhopal を参照されたい(https://www.bhopal.net/about-icjb/)。

(14) 問題発生当時にラブキャナルに居住していたLuella Kennyさんの話による(二〇一三年九月)。住宅地に隣接する運動公園には小さな石碑があって年譜が刻まれているが、それに関心を示す人もほとんどいないだろうとのことであった。

(15) Cerrell Associates, Inc. による一九八四年のレポート、"Political Difficulties Facing Waste-to-Energy Conversion Plant Siting, California Waste Management Board, State of California" の付属資料Cによる。

(16) 註12と同じ。

(17) 光化学スモッグが確認されたのは一九七〇年七月一八日である。「朝日新聞」東京本社版で「公害」の記事検索ヒット数は、一九六八年二八七件、一九六九年四三四件、一九七〇年二二一七件、一九七一年一二五二件、一九七二年一三六二件、一九七三年九二〇件、一九七四年六九〇件と、一九七〇年がピークとなる。

コラムA

複合公害としてのアスベスト問題

◆堀畑まなみ

魔法の鉱物といわれたアスベストは、二〇〇六年九月に全面禁止になるまで、加工しやすく、熱に強く、酸・アルカリにも強い特性を持ち、安価であったことからさまざまなものに利用されてきた。しかし、その繊維は髪の毛よりも非常に細く、吸引すると肺の奥深くまで入り込み肺胞に達し、数十年の長い潜伏期間を経て、肺がん、石綿肺(せきめんはい)、中皮腫(ちゅうひしゅ)などの深刻なアスベスト関連疾患を引き起こしてきた。二〇二〇年の世界疾病負荷(GBD：Global Burden of Diseases)推計によると、アスベスト関連疾患の死亡者数は一九九〇年から二〇一九年までで二万人を超え、アメリカ合衆国、中国に次いで日本は三位となっている。[1] 現在、日本では、労災での救済と、石綿健康被害救済法での救済がなされており、労災認定者も救済法認定者もそれぞれ毎年一千人を超えている。[2]

進学先の健康診断で中皮腫に罹っていることがわかったTさんは、当時一八歳。二〇〇八年のことだ。家族も本人もアスベストとは無縁の生活であり、どこで罹ったのかも明確ではない。アスベストの健康被害は、潜伏期間が数十年もあるといわれながらも、若い人も罹る可能性があり、身近に考えておかなくてはならない問題であることがわかる。

アスベストによる健康被害は、労働衛生の世界では一〇〇年以上前から指摘されていたが、その社会問題化は二〇〇五年六月の「クボタショック」といわれる報道からである。[3] クボタの旧神崎(かんざき)工場(兵庫県尼崎市)では、クリソタイル(白石綿(しろいしわた))のみならず、毒性の強いクロシドライト(青石綿(あおいしわた))も使って水道管をつくっていたが、排気口から工場周辺に漏れ出て

いった。(4)

世間一般に、クボタショック以前は、アスベストは労災・職業病の問題と認識されていた。アスベスト由来の労働者の健康被害は戦前から存在し、アスベストの有害性は認識されていたにもかかわらず、長期にわたって使用禁止の措置はとられなかった。国は管理使用をしていれば問題がないとして業界の自主規制に任せていたため、被害は潜在化し、拡大していった。クボタショック以降、危険性の認知は進み、一年を経ずに、職場以外で被災した被害者を救済するために、石綿健康被害救済法が制定・施行された。

公害問題では、公害発生以前に労災・職業病が発生していることがしばしばある。いわば工場原因型であり、アスベスト問題はその典型例であるが[堀畑 2011]、視点を変えると別の特徴も見えてくる。それは、アスベストは鉱物であるため、採掘時に現場作業員が被災したり、風に乗って周辺地域が汚染され住民が被災したりする被害の拡大があることだ。日本にも二つのアスベスト鉱山、北海道のノザワ富良野鉱山(白石綿：クリソタイル)と熊本県の松橋鉱山(現・宇城市、角閃石族アンソフィライト石綿)があった。ノザワ富良野鉱山は一九四二年から一九六九年まで、松橋鉱山は一九六五年の閉山まで八三年間、採掘をしていた。ノザワ富良野鉱山においては、かつて働いていた人の国家賠償の和解が成立している。(5)

海外においても、アメリカ合衆国のモンタナ州リビーやオーストラリアのウィトヌームといった、鉱山とそれに隣接していた工場からの汚染が激しい事例がある。リビーは、土壌改良材に使われるバーミキュライト(ひる石)を一九一九年から一九九〇年まで採掘していた。ここで産出されたバーミキュライトには不純物としてアスベストが含まれていた。リビーはW・R・グレース社の企業城下町で、グレース社は商品にならなかったバーミキュライトを住民に寄付することもあり、寄付されたバーミキュライトは野球場や小学校の運動場などに使用され、町のあらゆるところに堆積していった。リビーのアスベスト災害は、米国史上最大の産業災害といわれており、健康被害は採掘作業や工場の労働者だけでなく、労働者の家族やグレース社の社員以外にも及んでいる[森 2008]。

また、町そのものが消滅した事例もある。西オーストラリア州にあったウィトヌームは、クロシドライトを一九四三年から一九六六年まで採掘していたが、二〇〇七年には公式地図から消えた。採掘に従事していた人に限らず、町の住民や、運搬作業に従事していたアボリジニの女性が中皮腫を発症している[Musk et al. 1995]。

このように、アスベスト問題は採掘、製造、使用、廃棄を通して健康被害が発生するため、宮本憲一は「複合ストック型公害」であると指摘している[宮本 2009]。

日本では、一〇〇〇万トン以上のアスベストが使用され、そのうちの多くが建築材であった。アスベストが使用されていた建物が老朽化で解体される時期になっており、今後は解体作業、建設廃棄物の運搬、処理・処分に伴うアスベスト飛散をどう予防するかが課題となってくる。また、アスベストは数十年の潜伏期間があることから、使用していた工場がなくなることもある。工場の使用実績などの情報開示とアスベスト吸引リスクの徹底した周知徹底も同様に課題になる。

アスベストは、どこで被災するかわからない、誰でも当事者になりうる、自分の問題として考えていかないといけない問題なのである。なお、先のTさんは、治療後、「中皮腫サポートキャラバン隊」の一員となり、講演など中皮腫患者のサポート活動を積極的に行っている。(6)

註

（1） 日本労働安全センター連絡会議ウェブサイト(https://joshrc.net/archives/7116)[最終アクセス日：二〇二二年一月四日]。推計は中皮腫、肺がん、卵巣がん、咽頭がん、石綿肺の合計で行われており、卵巣がんと咽頭がんは国際がん研究機関によって認められている。

（2） 「朝日新聞」二〇二一年一二月一六日、東京本社版。

（3） 「毎日新聞」二〇〇五年六月二九日、東京本社版夕刊。クボタでは旧神崎工場の社員が大半ではあるが、過去一〇年で五一名の社員や出入り業者がアスベスト関連疾患で死亡。旧神崎工場周辺住民五名も中皮腫に罹患し、二名が亡くなっていた。

(4) クボタは、アスベスト疾患と工場との因果関係は認めていないが、一定の要件に当てはまる被害者に対して救済金を支払うことで合意しており、救済金申請者は三八六名、そのうち三六〇名が亡くなっており、三五五人が支払いを受けている(「毎日新聞」二〇二一年六月二七日、大阪本社版、二〇二一年六月二五日、大阪本社版夕刊)。

(5) 全国労働安全衛生センター連絡会議ウェブサイト(https://joshrc.net/archives/5352)[最終アクセス日:二〇二二年一月九日]。一九四九年から一九六四年まで採掘・運搬作業に従事していた男性は、二〇一八年四月に東京地裁にて国家賠償請求裁判を起こし、二〇一九年一月に国と和解が成立している。

(6) 「朝日新聞」二〇二〇年二月一四日、西部本社版夕刊。

II

環境的不公正の潜在と拡大

長期化・グローバル化する被害

第4章

食品公害問題の長期化

なぜカネミ油症被害者は被害を訴え続けなければならないのか

宇田和子

1 被害者運動の継続

商店で購入した食品に有害物質が混入していた。なにも気づかずにその食品を食べ、体調が悪化し、医者にかかってもよくわからないといわれる。今後自分の身体がどうなるのかわからず、治療の展望もない。しかも同じ食品によって被害に遭った者が多数いる。こうした事件を食品公害と呼ぶ。食品公害とは、有害化した飲食物の摂取によって多数の消費者に治癒困難な健康被害が生じることである。

その典型例の一つは森永ヒ素ミルク中毒である。一九五五年に森永乳業株式会社の徳島工場が製造した粉ミルクにヒ素が混入し、約一万三五〇〇人の乳幼児らがヒ素中毒になった。翌年、旧厚生省は後遺症の心配はほとんどないと判断し、一九六九年に保健師らの追跡調査によって脳性まひなどの後遺症が明らかになるまで、一四年にわたり被害は放置された［森永ミルク中毒事後調査の会編 1988（1969）］。被害児の親たちは裁判や森永製品の不売買運動を展開し、一九七三年に「三者会談確認書」を結び、森永乳業が被害救済のために努力することを約束させた。

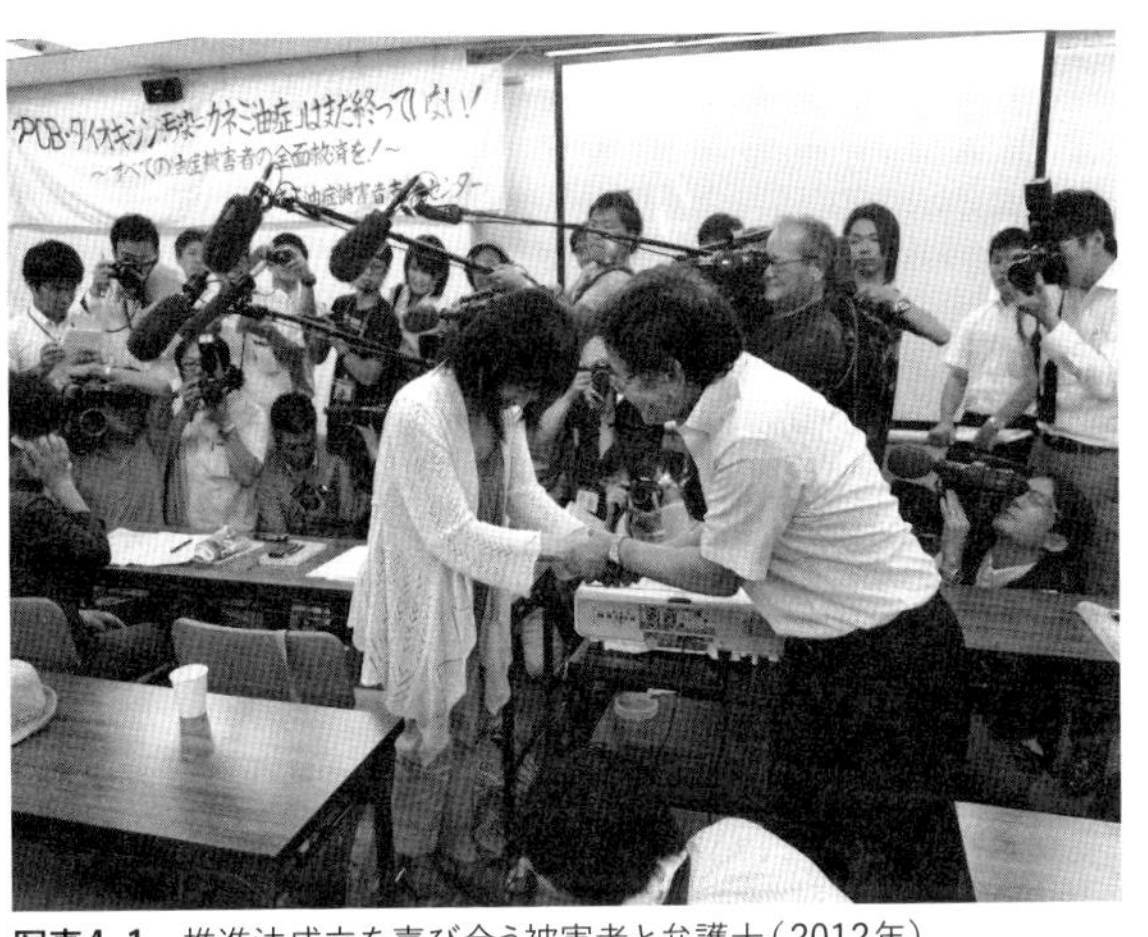

写真4-1　推進法成立を喜び合う被害者と弁護士（2012年）
撮影：筆者

もう一つは一九六八年に発覚したカネミ油症（以下、油症）である。福岡県北九州市のカネミ倉庫株式会社が製造した食用の米ぬか油にポリ塩化ビフェニル（PCB）とダイオキシン類が混入し、それを食べた者に吹き出物や肝機能障害などの症状が現れた。約一万四〇〇〇人が被害を保健所に届け出た。汚染物質は親から子に引き継がれ、皮膚の色が沈着した「黒い赤ちゃん」が各地で生まれた。肌の色に対し差別意識のある社会で子が差別されることを恐れた親は、被害を隠した。各地の被害者が加害企業や国に損害賠償を求めて計九件の民事訴訟を提起してもなお解決に至らなかったことから、国による救済が求められ、二〇一二年に「カネミ油症患者に関する施策の総合的な推進に関する法律」（以下、推進法）が公布された（写真4-1）。

以上のように、病に冒されることだけでなく、被害がなかったことにされたり、必要な治療や補償を受けられなかったり、家族関係に負の影響を受けたりすることもまた被害である。したがって食品公害とは、より正確には「有害化した飲食物による生命と生活の破壊」と定義される。

被害発生から被害者運動が一定の救済を獲得するまでに、森永ヒ素ミルク中毒では一八年、油症では四四年の歳月が費やされた。人間の生涯にとって短いとは言えない期間である。しかも、現在も被害者らは救済を求めて運動を続けている。被害者として運動するということは、病を押し、私費を投じ、ときに名前と顔をさらさなければならないということであり、身体的・経済的・心理的負担が大きい。被害を周囲に知られることで新たな差別を招いてしまう可能性もあり、子や孫の就職や結婚をも脅かしかねない。にもかかわらず、一定の救済策を実現させた後も、なぜ被害者は被害を訴え続けるのだろうか。食品公害の被害は、なぜ、どのように長期化しているのか。被害軽減のためにはなにが必要か。本章では油症事件を事例に、これらの問いを解明する。

2　油症の被害

●社会的被害の派生

一九六八年の事件発覚から五〇年あまりが経ち、油症被害はどうなったのか。二〇二一年一二月末現在、認定患者数は死亡者を含めて累計二三五五人である。認定患者の居住地は三五都道府

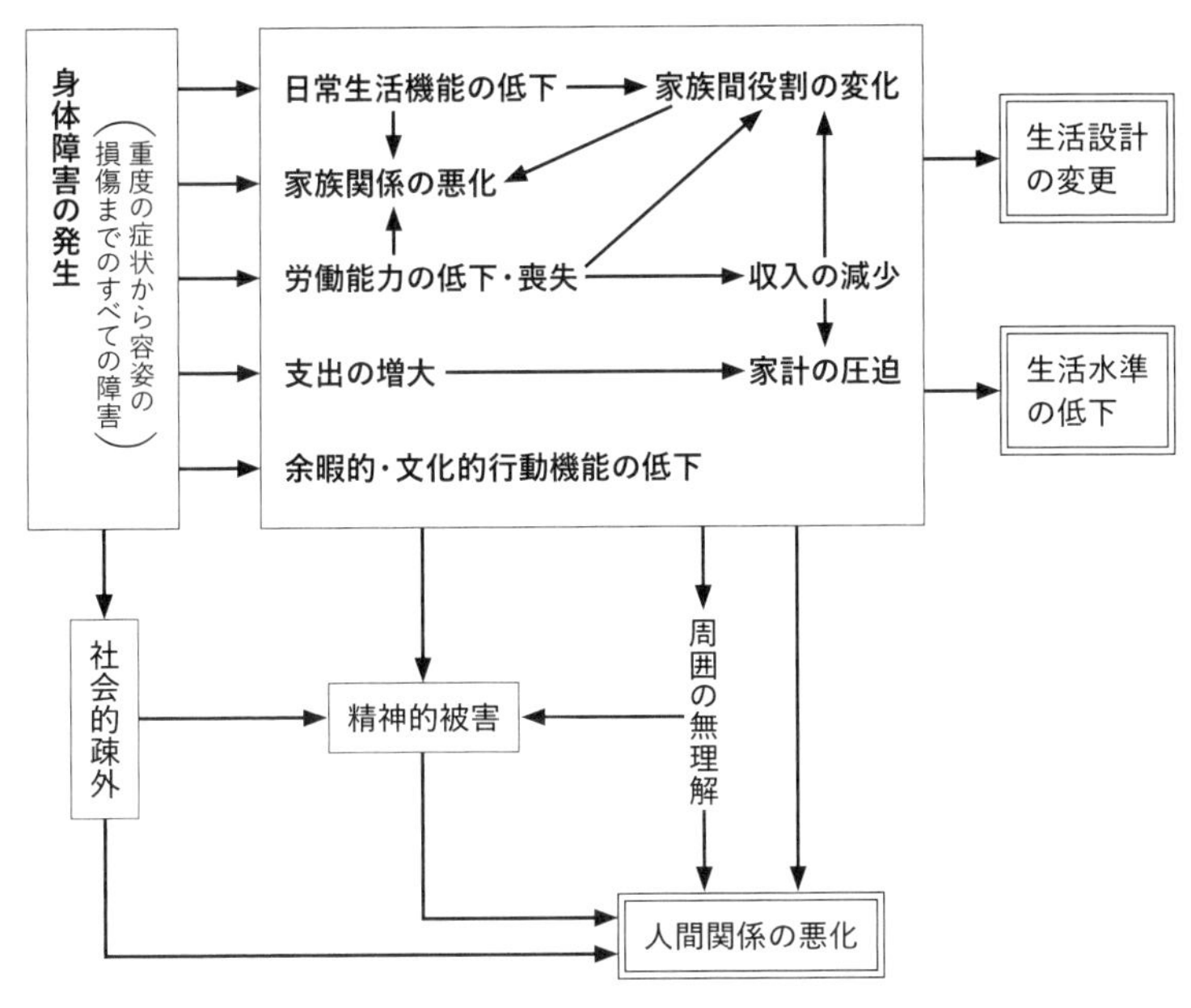

図4-1　発病に伴う生活被害関連図

出所：飯島［1979: 65］.

県に広がり、福岡県、長崎県、広島県の順で人数が多い［厚生労働省医薬・生活衛生局生活衛生・食品安全企画課 2022］。近年も新たに認定される者がおり、患者数は増加し続けている[1]。

油症の身体的被害には、クロルアクネ（塩素にきび）なる吹き出物ができるなど、PCB中毒特有のものもあるが、全体として「特徴のないのが特徴」［原田ほか 2011: 25］で、誰でも罹患するような病に数多くかかる。このことから油症は「全身病」や「病気のデパート」［原田ほか 2011: 25］とも呼ばれる。

健康を破壊された被害者は、家事や仕事を従前どおりには担えなくなる。スポーツなどの趣味が続けられなくなる。治療のために経済的・時間的負担が生じる。次々に病気にかかるが、医師にも今後の状態は予測できず、療養の方針が立てられない。進学を断念したり退職を余儀なくされたり、将来設計の変更を強いられる。家族や家庭外の人びととの関係が悪化する。病気に対し差別を受ける。加害企業との交渉や認定申請の場で被害を否定される。このように身体的被害からさまざまに被害が派生することは、飯島伸子が薬害・公害・労働災害の調査を通じて発見した被害派生の共通図式(図4−1)と重なる[飯島 1979, 1993(1984)]。

❁未認定問題の広がり――家庭内タブーと差別

油症の健康被害が慢性的かつ次世代に続くものであることは、事件発生から数年後には明らかになっていた[小栗ほか編 2000]。しかし、その発症メカニズムや治療法は今なお解明の途上にあり、被害が何世代先まで続くのかも不明である。患者の子女(二世)の中には検診を受けて認定された者もいるが、多くは未認定である。未認定問題、すなわち認定を申請しても診断基準に照らして棄却されるという問題が、本人が油を食べた一世、そして食べていない二世にも生じている。

油症の診断基準は血中のダイオキシン濃度を主とするものだが、その妥当性に対してはさまざまな批判がある[宇田 2020a]。根本的な問題として、認定の根拠となる法律がない。法的責任の所在が不明なまま、医学者らが組織する「油症治療研究班」が作成した診断基準に基づき、検診・認定が行われてきた。一九七二年当時に内閣総理大臣だった田中角栄は、診断基準は「患者のは握の促進を図るために……作成されたものであり、これによつてカネミ油症患者の範囲を制限しようとするものではない」と述べている。[2] しかし、診断基準を用いた認定が続けられるうちに、それがあたかも油症患者の範囲を定める制度であるかのように機能するようになった。実際、救済の対象となるのは認定患者のみである。

未認定問題の中には、そもそも被害の自覚がない、または認定を望まないなどの理由で認定申請を行わない「未申請問題」がある［宇田 2020a］。油症被害は、特定の地域の環境悪化を介して生じる公害病一般とは異なり、地域集積性が低い。そのため、周囲に被害者がおらず、事件の情報に触れる機会のない者は、自らの被害を認識できない。被害の自覚のない被害者は度重なる体調不良を生まれつきのものと解釈し、自身の体質を恨む。不調が続くのは気力がないせいだと周囲の者から責められることもある。

また、親が被害者であり、子が油症について情報を知ることができるように見えても、家庭内で油症の話題がタブーになっていることは珍しくない［宇田 2015］。親には、わが子を油症二世として産んでしまった、あるいは汚染油を食べさせてしまったという自責の念があるためである。子が認定を申請しても棄却される可能性が高く、治療法も存在しないのであれば、告知は子に不安しか与えない。しかし、被害を隠したまま親が亡くなれば、子は自身の体調不良の原因を知ることができず、被害者として権利要求を行うこともできない。

仮に子が認定されて補償が得られたとしても、差別の問題は残る。結婚差別は二世にも及ぶ。二世の認定患者であるA氏は、結婚を考えていた恋人に油症であることを告げたところ、「私はいいんだけど、母がね。子どもに本当に影響がないのか心配してる」と言われ、離別した。[3] A氏は「被害者は、それだけでずっと永遠に差別される」と述べる。また、一世の認定患者であるB氏は、自身の子が急に恋人と別れたことについて、「私がカネミの被害者ってことがばれたんじゃないかなって。あまりに突然だから」と推測している。[4]

このような差別を恐れ、自身あるいは子が被害者として認定されない方がよいと考える者がいる。未申請という行為自体は個人の選択である。しかし、認定されて得られる利益よりも、それによりこうむる不利益の方が大きいと思われるような状態にあること、すなわち被害者の権利が保障されず、十分な補償やケアが存在しないことは問題である。

未認定問題のすそ野は広い。認定された後の補償やケアがどのようなものか、認定されることで差別のリスクが高まると感じるような状況にあるのか、多数派と同じ肌の色や健康さをもった子が生まれない可能性を自身や周囲が否定的にとらえるのか否か、といったことも認定申請に関わる。したがって、未認定問題は診断基準をゆるめたり別の認定方法をとったりしさえすれば解決することではない。認定されることで受けられるケアや補償が十分でなければ、被害者は認定申請に消極的になる。また、被害者自身を含めた社会が病や障害に対する差別意識を抱く限り、被害者は申請をためらうことになる。

3 油症問題の未解決状態

これまでに被害者運動はなにを獲得してきたか。そもそも事件当時、カネミ倉庫は事件に対する責任を否定し、被害者との交渉を拒否していた。そこから同社に加害責任を認めさせ、謝罪させ、医療費の支払いを約束させたこと自体、運動がなければ実現しなかった(写真4-2)。一九九〇年代の運動の成果はほかにもあるが、ここでは二〇〇〇年代に絞って検討する。

写真4-2
被害者らがカネミ倉庫前で30年以上続けてきた座り込みの記録集
撮影:筆者

この時期の代表的な成果は四つある。第一に、仮払金返還問題すなわち裁判で生じた国への「借金」返済問題の解決である。裁判で事件の責任を問われた国は、地裁と高裁で有責と判断され、原告である被害者に損害賠償金を仮執行(仮払い)した。しかし、最高裁で原告敗訴の可能性が高まり、やむをえず原告は国への訴えを取り下げた。これにより原告には国に対して総額約二七億円、一人約三〇〇万円の債務が生じた。原告の多くは経済的困窮の中で仮払金をつかいきり、返還が困難だった。この問題は裁判終結から約二〇年にわたり被害者運動を封じる重石となってきたが、二〇〇七年に「カネミ油症事件関係仮払金返還債権の免除についての特例に関する法律」が成立したことで大部分は返還免除となった[宇田 2015]。

第二に、診断基準の改定である。二〇一二年の推進法施行に伴い、「カネミ油症患者に関する施策の推進に関する基本的な指針」が制定され、診断基準に「同居認定」を加えることが要請された。同居認定は、事件当時に認定患者と同居し、汚染油を摂取し、治療その他の健康管理を継続的に要する者を患者と認める新たな認定の基準である。同じ油を食べた家族の中で認定／棄却が分かれる「家族内未認定」が長らく問題となってきたが、これにより二〇二一年一二月末までに三三五人が新たに同居認定され、後述する問題を残しつつも、家族内未認定問題は解決の緒に就いた。

第三に、補償の拡大である。従来、認定患者にはカネミ倉庫から認定時の見舞金二三万円と、その後は医療費の一部が給付されてきた。推進法施行後はこれに加えて、カネミ倉庫から一時金という名目の五万円、さらに厚生労働省の健康実態調査に協力した患者に国から調査支援金として一九万円が毎年給付されるようになった。

第四に、交渉の場の獲得である。推進法施行に伴い、被害者、カネミ倉庫、厚労省および農林水産省は、施策について協議するために定期的に三者協議を開くことになった。それまで被害者は関係者に対して個別に交渉を申し入れるしかなかったが、初めて公的な協議の場が設定された。

◆カネミ倉庫の資力不足から要求の封じ込めへ

被害者運動は二つの立法を実現し、問題を解決に近づけてきた。とはいえ、これらは派生的被害が生じていなければ行わなくてよかったはずの運動である。そもそもカネミ倉庫や国が事件の責任を認めていれば、被害者が裁判を提起する必要はなく、「借金」も生まれなかった。通常の食中毒事件と同様に診断基準を用いずに症状のある者全員を認定していれば、家族内未認定は生まれなかった。最初から適切な補償が行われ、当事者が交渉に応じていれば、法律まで作る必要はなかった。このように被害者は身体と生活を元に戻せという根本的な要求以前に、派生的被害の軽減に取り組まざるをえなかった。

では、今なお残される課題とはなにか。一つは未認定問題である。先述したとおり、診断基準は同居認定の開始により緩和されたが、まだ認定から排除される者がいる。それは、そもそも同居家族がいない者、同居家族の中に認定患者がいない者、および当時生まれていなかった二世である。同居認定は、一見すると医学的診断を必要としない認定のように見えるが、医学的に認定された同居家族のいることを条件とする以上、依然として医学的な判断を前提としている［宇田2020a］。

もう一つは補償問題である。たしかに補償は拡大されたが、カネミ倉庫は裁判の和解金を現在まで支払っていない。同社は自身の資力不足から、原告が和解金の支払いを請求しない代わりに医療費を給付し続けることを和解条項において約束したからである。その医療費給付について被害者との間に合意は存在せず、カネミ倉庫が示した方針に基づき給付の可否が判断される。被害者は繰り返し合意書や協定の締結を求めてきたが、実現できていない。また、被害者は入院中の食費の給付も要望してきたが、カネミ倉庫の社長C氏は「その分、『この部分（ほかの医療費）を減らす』とかバーターでないと出せない。パイの大きさは限られているから」と拒否している。[5]

カネミ倉庫による医療費給付を支援するために、推進法の施行以前から、農水省はカネミ倉庫に政府米の保管事業を優先的に委託し、年間約二億円の保管料を支払ってきた。他の倉庫業者にしてみれば、犯罪企業が優遇され、国から恒久的に事業を委託されるという非合理な状況である。さらに推進法の施行後、認定患者による医療費請求が増加し、同時に一時金の給付が始まったことで、カネミ倉庫に課される費用負担はより重くなった。この負担を支えるために、国は二〇一二年度から政府米の保管料を増額し、二〇二〇年度には年間二億三九〇〇万円まで引き上げた。とはいえ、カネミ倉庫の敷地はすでに飽和し、保管数量を増加させるにも限界があった。そこで国は、カネミ倉庫を通じて他の倉庫業者に保管事業を委託し、その手数料をカネミ倉庫に支払うという迂回的な方法をとるようになった。その年間総額は約二億八〇〇〇万円(二〇一八年度)で、大部分は他の倉庫業者に渡り、カネミ倉庫に残る約四七〇〇万円が一時金給付に充てられる。その一方、国が被害者に支払う調査支援金の年間総額は推定二億五四六〇万円である。[6]つまり、推進法施行により国から被害者への支援は調査支援金というかたちで拡大したが、同じかそれ以上にカネミ倉庫に対する支援も強化されている。

カネミ倉庫による医療費給付の年間総額は約一億円で、同社社長のC氏は「うちができるのは一億円がぎりぎり」と繰り返し述べている(「長崎新聞」二〇一六年一月一七日)。国がカネミ倉庫に支払う委託料の年額約二億三九〇〇万円および約二億八〇〇〇万円、合計すると五億円超を被害者に直接給付するとしたら、現在の医療費給付総額の五倍以上となる。被害者が要求している入院時の食費は年間総額約七〇〇〇万円と見積もられており、これにも十分に対応できる。つまり、被害者救済を一義的に考えるのであれば、現在の補償システムには改善の余地がある。

しかし、カネミ倉庫に言わせれば、同社は資力の範囲内で最大限に医療費と一時金を負担している。また、国に言わせれば、国は被害者から訴訟を取り下げられ、自らに法的責任があるとは明言できない状況で、迂回的な方法をとってまでカネミ倉庫を通じて被害者を支援している。このように両者は、「すでにベストを尽くしている」と主張することで、被害者からのさらなる要求を封じ込めてきた［宇田 2020b］。

推進法には、カネミ倉庫が倒産した場合の補償に関する規定はなく、もしそうなれば補償の責任主体は不在となる。そのため、被害者はカネミ倉庫の財政状況に配慮し、要求を縮小せざるをえない。もし二世を含めた未認定者が新たに認定されても、カネミ倉庫からの補償額に上限がある以上、個々の補償は薄くなる。そうなれば親世代は、自らの子や孫に医療費が行き渡るよう、医療費請求を自粛しかねない。現在の補償は、補償額そのものの低さや医療費に関する協定の不在だけでなく、被害者が被害者として当然認められるべき権利要求を控えるように構造化されている［宇田 2020b］という点において問題がある。以上、油症問題の未解決状態とは、被害者として認定されうる者が認定申請を控えたり申請を棄却されたりすること（未認定問題）、カネミ倉庫に補償費用の負担能力が欠如していること（補償問題）、それらゆえに被害者が被害者としての権利を認められていないこと（権利侵害問題）を指す。

4 加害企業の存続を前提とする救済

◆汚染者負担原則の限界

なぜカネミ倉庫は存続できるのだろうか。それは第一に、国が「汚染者負担原則」を遵守しようとするためである。この原則は、環境汚染の予防および事後の対策にかかる費用については原因者に負担を課すべきだという環境政策上の基本的な考え方である。油症の場合はカネミ倉庫の資力が十分でないため、この原則を守ることには無理がある。にもかかわらず、国は原則遵守に拘泥し、被害者からの要求の実現よりもカネミ倉庫を存続させることを優先してきた。それゆえ、同社は加害者の立場でありながら、国から支援を受け、「無い袖はふれぬ」と被害者の要求を拒否することが許されてきた。国は実際には被害者救済においてカネミ倉庫よりも多くの費用を負担しており、原則を歪めて適用していると言わざるをえない〔宇田 2020b〕。

第二に、カネミ倉庫のほかに補償の責任主体が存在しないためである。そもそも食品公害は法的に存在しない事象であり、厚労省は食品公害という問題定義を否定してきた。なぜなら、環境基本法（旧・公害対策基本法）において定義される公害は大気汚染や水質汚濁などのいわゆる典型七公害のみに限られ、飲食物の摂取による被害を含まないからである。法的には、飲食に起因する事件はすべて食中毒となる。食中毒に適用される食品衛生法には、被害救済に関する規定がない。そのため、被害者は公害のように「公害健康被害の補償等に関する法律」に基づく公的救済に頼ることができず、医療費の唯一の負担者であるカネミ倉庫の言い分を受け入れざるをえない。

　これまで食中毒の発生防止のために食品衛生法などの法改正が重ねられてきたが、その一方、被害発生後の救済は制度化されてこなかった。それゆえ、被害者は自力で救済を獲得しなければならず、長年の運動の末に補償を獲得できても、それは汚染者負担原則に基づき加害企業の存続

写真4-3　2008年に提起された
カネミ油症新認定裁判の原告弁護団
撮影：筆者

写真4-4　2022年に72号に達した
「カネミ油症被害者支援センター」会報
撮影：筆者

を前提としたものであるため、加害企業が補償を維持するよう圧力をかけ続けなければならない。だからこそ、被害者は今なお被害を訴え続けざるをえないのである（写真4-3・4-4）。

食品公害という問題認識

そもそも社会で食品公害という用語が広く使われるようになったのは、森永ヒ素ミルク中毒や油症のような深刻な被害に対し、消費者運動やマスメディアが「これは一種の公害だ」と感じ、食品公害と問題を名指したからである。社会学的にみても、公害と食品公害の被害には異質な点もあるが、いずれも人為的に引き起こされた社会的災害であり、基本的な被害の構造と加害のメカニズムにおいて同質性がある［宇田 2023］。すなわち、被害構造においては被害の集合的発生と社会的派生があり、加害メカニズムにおいては資本主義下の経済成長の優先、大量生産・大量消費・大量廃棄を可能にする工業化、被害の軽視と無理解、および被害者の権利の否定がある。

このように公害と同質性があり、かつ典型的な食中毒から区別される事象として、食品公害という問題があることを認識すべきだろう[7]。その認識のもと、有害な飲食物に起因する被害をいかに救済するかという包括的な視点から、適切な補償の費用負担原理の探究［宇田 2020b］、および食品公害被害を救済するための制度形成［宇田 2015］が行われる必要がある。さもなければ、油症問題は解決しない。また、将来に発生しうる食品公害の被害者も救済が受けられず、これまでの被害者同様、長期の運動を行わざるをえないだろう。

5 救済制度の形成と被害図式の反転——食品公害被害の軽減に向けて

◆食品公害被害者救済基金制度の提言

食中毒の中には、病因物質を特定できないケースがある。また、食品の有害化やその恐れが確認されても、被害が明確でない事例もある。例えば、二〇〇七年に中国製の冷凍餃子に農薬が混入したり、二〇〇九年に特定保健用食品に指定されていた食用油に発がん性リスクがあることが報告されたりしたが、これらの健康影響は不明なままである。原因物質に曝露してから長い潜伏期間を経て被害が生じる「ストック（蓄積性）公害」［宮本 2007（1989）］のように、食品公害の被害が晩発的なものである場合、原因食品や加害企業の特定はより難しくなるだろう。

また、日本の食品産業の特徴は事業者の地方分散性と零細性であり、構造的に中小企業が多い［加瀬 2009; 日本経済調査協議会編 1966］。よって、多くの事業者は被害を発生させても補償費用を十分に負担しえない可能性が高い。さらに、被害が大規模かつ世代を超えるような長期にわたるものとなれば、大企業であっても独力で補償を完遂することは難しい。熊本水俣病事件でチッソ株式会社が被害補償や環境復元の費用を負担しきれず、国や県から金融支援を受けてきたことは、その一例である。こうした状況を踏まえると、食品公害の原因者が特定できなかったり補償費用を負担できなかったりする場合に消費者を救済するための仕組みが必要である。ここでは食品公害被害者救済基金制度を提言する。

この制度は、有害な飲食物によってもたらされた死亡、難治性の疾病、および生活上の持続的困難を迅速かつ確実に救済することを目的に、間接的・潜在的加害者を含めた広範な責任主体の拠出金により基金を形成し、そこから被害補償を行うというものである。費用の負担者は、第一に食品および食品容器、食品製造機器の製造・輸入・保管・販売に関わる事業者、第二に食品添加物または食品の製造工程で用いる化学物質を製造販売する事業者である。第一の負担者については、食品衛生法における営業許可施設と狭く定義しても二〇二〇年度末で約二四〇万の事業所があり[厚生労働省 2022]、各施設が年に一〇〇〇円納付したとすると、一年で約二四億円の基金を造成することができる。さらに、食品公害を起こした企業が免責されることを避けるため、第三の負担者として、既存の食品公害の発生に直接的・間接的・潜在的に関与した者が責任を遡及して果たすよう、懲罰的・追加的徴収を行う。

このように広い範囲の主体に費用負担を課すのは、汚染者負担原則とは異なる費用負担原理として「応責原理」を採用するからである。応責原理とは、汚染に直接的に関与した者と間接的に関与した者の間の構造的一体性に注目し、汚染問題になんらかの関係性をもつとされる主体に費用負担を求めるものである[寺西ほか 1998; 除本 2007]。責任者の範囲はどこまで広がるだろうか。油症でいえば、直接的汚染者はカネミ倉庫である。また、被害発生に間接的に関与し、裁判でも責任を問われてきたのが、当時PCBを製造販売していた株式会社カネカ(旧・鐘淵工業株式会社)である。さらに、PCBの用途を拡大し、食品の製造工程で使用することを認めた旧通商産業省、PCBを用いた油脂製造技術をカネミ倉庫に提供した三和油脂株式会社も間接的汚染者と考えられる。

加えて、偶然そうはならなかったが、一歩違えば加害者になっていたかもしれない潜在的汚染者もいる。カネミ倉庫のようにPCBを油脂製造に利用していた事業者、カネカのように国内でPCBを製造していた三菱モンサント化成株式会社（現・三菱ケミカルアグリドリーム株式会社）、および食品製造に関わる化学物質を製造していたメーカーなどである。

補償給付の流れは、飲食に起因すると思われる被害が起きたら、因果関係が解明されておらずとも、被害者に基金から医療費などを給付する。原因者が特定された後は、その者が被害を補償し、また補償の先払いにより生じた基金の欠落を補塡する。原因者が特定できない場合、あるいは特定できても補償能力がないか倒産していたなどの場合は、基金から継続的に補償を行う。この基金が実現できれば、被害者は長年の運動をせずとも補償を得られるようになり、かつ加害企業を延命させるような配慮なしに権利要求を行えるようになる。

◆被害関連図の照らす希望

しかし、これだけで十分な救済とは言えない。被害は経済的損失に限らず、生活全体に及ぶからである。飯島［1993（1984）］によれば、被害を増幅させる内的要因には、被害者の家庭内での役割分担や地位、社会的階層、所属集団などがある。また外的要因には、加害企業、行政、医療関係者などがある。例えば経済的に余裕があり、医療やリハビリについて的確な情報を得られるだけの学識や知人を有している者は、そうでない者に比べて早く適切な回復をはかることができる［飯島 1993（1984）: 86］。

油症被害者の中には、こうした要因から被害の派生を抑止できた者がいる。認定患者のD氏は、婚約者に油症であることを告げる際、結婚をあきらめることになると思っていた。しかし、婚約者は「カネミの患者さんと会えるとは思っていなかった。いろんなことを知りたい、聞きたいと思っていた」と受け入れた。[8]また、認定患者のE氏は、婚約者の母親に油症のことを明かしたところ、「自分も原爆症だから、そんなの気にするな」と言われた。[9]さらに、ある患者グループにおいて「あなたに出会えたから油症になってよかった」と言い合う関係がある。[10]いずれも家族となる者や周囲の理解によって、被害の派生が食い止められた例である。

これらの例が示すように、社会関係を通じて増幅される被害は、それゆえ社会関係を通じて軽減されうる。被害に対していかなる療養環境があるか、どのような制度が適用されるか、どのような補償を受けられるか、医師や自治体がどう対応するか、周囲が理解を示すか否かによって、被害は重くも軽くもなる。たしかに、不可逆的で社会が回復させようのない被害はある。しかし、被害者運動、環境政策、および周囲の人びとの取り組みによって、「周囲の無理解」を「理解」に、また「収入の減少」を「適切な補償や生活保障」に代えていくことで、部分的であれ、被害は軽減させられる。[11]環境社会学がさまざまな事例について描いてきた被害の派生図式は、悲劇の連鎖の描写ではなく、それを反転させることによって解決を論じるための手引きである。

註

（1）新たに認定される者の中には、診断基準を満たさないとして申請を棄却され続けた末に認定された者もいれば、何十年も自身が被害者であるという自覚をもたなかった者もいる。
（2）内閣参議院質問六九第一号「参議院議員小平芳平君提出カネミ油症患者の救済に関する質問に対する答弁書」。
（3）二〇二一年七月三一日、第一七回三者協議の後で開かれた記者会見における発言。
（4）二〇二一年七月三一日、第一七回三者協議の後で開かれた記者会見における発言。
（5）二〇一八年一月二〇日、第一一回三者協議および記者会見における発言。
（6）二〇二一年度の調査回答者数約一三四〇人から概算。
（7）自然毒や細菌、ウイルスなどを原因とし、短期間で軽快するような中毒を指す。
（8）二〇〇六年九月九日のヒアリングより。
（9）二〇〇八年七月二〇日、長崎市で開かれた被害者集会における発言より。
（10）二〇〇九年七月一五日に行ったヒアリングより。
（11）飯島がつねに個別事例の記述と図式とを併用したように［友澤 2012］、被害の具体的記述があってこそ、図式は意味をもつ。個別の被害を記すことも必要である。

第5章

熱帯材と日本人

足下に熱帯雨林を踏み続けて

金沢謙太郎

1 アジア社会と環境問題

一九九三年七月、環境社会学会は、初の国際シンポジウム「アジア社会と環境問題」を開催した。中国、韓国、フィリピン、タイ、インドネシアの各国から環境問題の研究者や運動家を招き、「公害輸出」と呼ばれる事象のほか、日本人の過剰な消費がアジアの農林水産資源の乱用を招いている実態について論議が交わされた。シンポジウムを主催した飯島伸子のねらいは、「公害輸出国としての日本の責任」と「生活や被害の現場からの問題把握」という二つの点にあった[堀川 2002:205]。

◆東南アジアへの公害輸出

いわゆる貿易自由化の流れは一九六〇年代後半から一九七〇年代にかけて加速した。一九七〇年代になると、安全基準や衛生基準などを含む環境規制が相対的に厳しくなってきた欧米や日本などの先進諸国から、それらの規制が比較的ルーズな発展途上国への企業進出や直接投資が増えていく。公害輸出とは、環境に関わる規制基準が実質的に緩やかな国や地域に危険物質ないし有害物を含む汚染物質を移転させる事態またはその行為を指す。そこには、有害物質や危険物質の対外輸出だけではなく、それらを取り扱う工程や施設(例えば、有害廃棄物の処理・処分場やその途中段階の中間処理施設など)の対外移転なども含まれる[寺西 2018: 128]。一九八四年、北米資本のユニオン・カーバイド社がインドのボパールに建設した農薬工場から有毒ガスが漏れ出した。化学工場における史上最悪の惨事は公害輸出の典型例であった。

日系企業が引き起こした事例もある。川崎製鉄の千葉工場は、日本国内の公害紛争の激化を受けて、硫黄酸化物(SOx)や窒素酸化物(NOx)を大量に発生させる鉄鉱石の焼結工程を一九七七年にフィリピンのミンダナオ島に移転させた。また、三菱化成(現・三菱ケミカル)が出資してマレーシアに設立したエイシアン・レアアース社(ARE)は、放射性物質の不適切な管理によって汚染被害を引き起こした。スズ鉱山から出るモナザイト鉱石にはレアアース(希土類金属)が含まれているが、その精製過程で放射性物質のトリウムが発生する。日本国内では一九六〇年代後半に法規制が強化され、一九七一年を最後に、モナザイト鉱石からレアアースを取り出す工程は行われていない[小島 1997: 171]。現地のブキメラ村の人びとは、「なぜ私たちがこんな目にあわなければならないのか」、「なぜ日本でできないことを他国でやるのか」と訴えた[日本弁護士連合会公害対策・環境保全委員会編 1991: 60]。

一方で、消費者は今やスーパーで世界の食材を手にしたり、インターネットでさまざまなものを取り寄せたりすることができるようになった。他方で、巨大になり複雑化した生産・流通システムによって、生産者と消費者の距離は広がっている。とりわけ日本人は、自分たちの身体を支える物質的条件である食糧や資源の六割以上を海外からの輸入に頼っている。日本が輸入する一次資源は、もともと海を越えた遠い地域に存在する経済の「シャドウ・エコロジー」であり、世界で最も大きなシャドウ・エコロジーを抱えているのは日本ではないかといわれている[Dauvergne 1997: 5]。

◆貿易を通じた環境破壊

先の国際シンポジウムの趣旨に戻りたい。飯島によれば、アジアの熱帯雨林破壊は、部分的には日本人の浪費に起因しており、それによって住居や生計手段を奪われた先住民族の運命は悲劇であるという[Iijima 2000: 14]。東南アジアから輸入された高品質の熱帯材は、日本では安い家具材料として、あるいはコンクリート建築の型枠用の使い捨てパネルとして使用されていること。そこでは、環境破壊の負の影響をこうむるのは、社会的、経済的、政治的に弱い集団である一方、利益を享受するのは数少ないエリート集団である。飯島は、環境問題の加害—被害関係(強者—弱者関係)を近代化諸国—近代化途上諸国、第二次産業—第一次産業、都市—農村、支配人種・民族

―先住民族・少数民族、軍事大国―軍事弱小国、エリート―非エリートという六つの格差に着目して論じている［飯島 2001］。

この数十年間、日本は世界屈指の熱帯材の輸入国であり続け、その多くを東南アジアから調達してきた。昨今では人工衛星による観測データの精度向上に加えて、人工知能（AI）を用いた森林伐採の検知・予測技術の活用により、違法性が疑われる森林伐採や乱伐の事態が報道されるようになった。二〇一八年に日本の住宅産業サプライチェーンに関する評価レポートを国際NGOが作成しているが、そのタイトルには「足下に熱帯林を踏みつけて」と付されている［マーケット・フォー・チェンジ・熱帯林行動ネットワーク 2018］。日本の住宅産業はフローリング建材に使っている合板が環境・社会的影響をもたらしていることを認識しつつも、調達改善に及び腰であると指摘されている。飯島の問題提起以来、貿易を通じた加害―被害の関係の追究は環境社会学の重要な課題の一つとなった。

平岡は、先進国と途上国の資本力・技術力の差異によって、途上国の企業は価格の切りつめ、品質の確保といった先進国企業側の要求を飲むしかなく、結果として環境破壊的な生産を行わざるをえない場合があるといった現地の見えにくい実態を明らかにしている［平岡 1993: 187–188］。宮内は、「みなが等しく加害者でもあり、被害者でもある」といった言説の流布を批判的に分析したうえで、「環境問題」の向こう側を見据えること、すなわち何が問題なのか、誰にとっての問題なのかを改めて問う［宮内 1998: 163–164］。環境問題と差別の関係を考察する細川は、環境問題を「社会に内発する病理の顕現」と措定し、環境保全と反差別の連携のあり方を模索する［細川 2001］。池田は、環境の不正義は環境に関する法や規則への違反のみに還元できないという視点に注目している［池田 2005］。被害者が直面している不正義が社会の中で気づかれ、是正されなければならないにもかかわらず、気づかれもせず、よしんば気づかれたとして何らの対処もされずに放置されてしまうようなことがある。米国の政治哲学者J・シュクラーは、それを「受動的不正義（Passive injustice）」と呼んだ［Shklar 1990］。池田はこの概念を環境問題に援用し、「受動的環境不正義」と呼ぶ。

違法伐採はなぜ続くのか

本章は加害―被害関係の分析枠組みをベースとしながら、社会に内発する病理とも呼ぶべき違法伐採問題を事例として、被害拡大の社会的メカニズムを追究しつつ、受動的環境不正義を是正する糸口を探っていく。違法性の疑われる木材の伐採は、どこで、誰によって、どのように行われているのか。その材は日本国内に輸入され、どのように流通・利用されているのか。参考とする手法は、特定の産物の川上から川下までの流れとその

写真5-1
上空から見た森林伐採とプランテーション開発の様子（サラワク州）
撮影：筆者

歴史を紐解きながら、モノにつながる人びとの関わりを明らかにしていく「モノを辿るアプローチ(Follow-the-thing approach)」である〔鶴見 1982〕。

調査対象地は、ボルネオ島に位置するマレーシアのサラワク州である。サラワクは無数の河川と急峻な地形を特徴にもつマレーシア最大の州である。筆者はこれまでサラワクの先住民族、とりわけ狩猟採集民の集落において、彼らの資源利用に関するフィールドワークを行ってきた〔金沢 1999, 2012, 2021〕。そこは同時に伐採の最前線でもあり(写真5-1・5-2)、現地での参与観察とともに、関連する木材企業や関係者、環境NGOなどへの聞き取りを行った。

写真5-2
トラックで運搬される木材(サラワク州バラム河流域)
撮影:筆者

2 熱帯材と日本人

◈輸入大国、日本

マレーシア、サラワク州の木材生産量のピークは一九九〇年代であった。その時代の主力は丸太であり、現在は中国やインドが多く輸入している。二〇〇〇年代に入ると、日本は丸太から合板に形を変えて、今日まで輸入している。合板とは、丸太を薄く剝いたもの（単板）を乾燥させ、五枚ほど木目を一枚ごとに直交させて接着剤で貼り合わせて作られる板のことである。二〇二〇年の統計においても、サラワク州からの合板の輸出総量の六五％（六七四・一八五立方メートル）、金額ベースでは六九％（およそ三六七億円）を日本が占めている［STIDC 2021: 6］。合板の輸出入を通じたサラワクと日本との結びつきは依然として強い。

日本が熱帯材を輸入するようになったのは、一九一四（大正三）年の第一次世界大戦勃発を契機とする。当時、熱帯材は造船・建艦の甲板用材として使用された。一九四一年に始まる太平洋戦争により熱帯材輸入は一時ストップするが、戦後まもなく、占領軍の要望によって、フィリピンのミンダナオ島から熱帯材の輸入が再開する。以後、日本の熱帯材輸入は拡大の一途をたどる。従来は、コンクリート建築の型枠パネルに国産のマツが使われていたが、熱帯合板の方が安い、使いやすい、筋が出ないという理由により、置き換わってきた［日本海運集会所調査広報部編 1983: 219］。並行して、木材を輸入する総合商社の再編が進んだ。膨大な資金力と情報力をもつ総合商社は、東南アジアの生産国に対して、資金や技術情報に加え、チェーンソーやブルドーザー、道路建設に必要な機械類などを提供する一方で、日本国内では、総合商社→木材卸会社→建築設計会社（ゼネコン）・住宅メーカー→建設施工会社という木材流通の系列化を確立した。

熱帯材の輸入先は、一九六〇年代を通じてフィリピン、一九七〇年代にはインドネシアであった。この間、日本の商社はどこから来るものであろうと、使い勝手のよい木材をできるだけ安く買うことを最優先にしてきた[Westoby 1989＝1990]。一九八〇年代以降、マレーシアは熱帯木材の最大の生産国となった。マレーシアの主要な木材生産地は、マレー半島部から始まり、ボルネオ島のサバ州、サラワク州へとシフトした。三菱商事は、一九七〇年代後半からサラワクでの伐採を開始した。一九八〇年代後半になると、林道(木材運搬用の道路)の封鎖という、商業伐採に対する先住民族の抗議行動に直面する。また、伊藤忠商事と現地のリンバン・トレーディング社との合弁会社の林区に連なる道路上では、一九八七年に七か月に及ぶ大規模な先住民族による林道封鎖が行われた。日本は当時の国際協力事業団(JICA)を通じて、伊藤忠商事に対して、サラワク州の林道建設向けに二億円の融資をしていた。国会でこの問題が取り上げられ、JICAによる林道開発事業は国内外から厳しい批判を受けた。

◆顧客の判断を優先

サラワクから輸入される合板の大半はコンクリートの型枠に使用され、また新しい住宅の床材に使用されている。コンクリート型枠としての合板利用が始まったのは、一九五二年頃からである。その一〇年後には合板型枠工法の技術開発が始まっている[渋沢 2020: 236–237]。熱帯材の型枠合板の特徴として、コンクリートの打ち放し表面の均一性が挙げられる。それに比べて、国産材型枠は釘(くぎ)を打つと針葉樹の節が抜けやすい、また夏目・冬目の木筋が打設面に表れやすい、といったマイナス面を指摘しうる。コンクリートの主成分であるセメントは大量のカルシウムを含むため、水に触れるとアルカリ性を呈する。合板からアルカリ可溶成分が溶出し、セメントの硬化を阻害したり、コンクリート表面の変色を生じさせたりすることもある。ただし、一九六七年には原料樹種がコンクリート表面に与える影響についても検討されており、国産材においても塗装による表面処理により一定の効果があることが確認されている。コンクリート谷止工(たにどめこう)で行った国産針葉樹の型枠用合板と熱帯材の型枠用合板を使用した比較試験においても、総合的判断として遜色なく使用できる〔東北森林管理局山形森林管理署 2016: 6〕。二〇一五年、東京都は「持続可能な資源利用に向けた取組方針」の策定を公表した。当時の舛添都知事は、コンクリート型枠の熱帯材使用から国産材等使用への転換を提唱した。日本合板工業組合連合会も、二〇二〇年の開催が予定されていた東京オリンピック・パラリンピックの各種施設の建設に際して、国産材の型枠用合板の積極的な使用を要望している〔川喜多 2015: 8〕。

国産材の型枠合板に関して、ある建設施工会社は、「品質的にはまったく問題ない範囲だが、顧客によって嫌われる」と述べている〔鹿島建設 2016: 37〕。また、日本型枠工事業協会会長の三野輪氏は次のように語る。

お得意様がOKといってくださるか、駄目といってくださるかの判断がこのコンパネが使われるかどうかのポイントなのです。我々に主導権がないわけで、お客さんの判断が非常に重要なのです。長年かけて技術もよくなってきているわけで、合板とか金物とか相対的によくなってきた。新しい素材を使うのであるから、それなりにお客さんのご理解をいただけるようなものでないと駄目ということです。〔日本合板工業組合連合会 2018: 40〕

ここでいわれている「顧客」とは発注者である。発注を受けて、元請けのゼネコンは下請けの建設施工会社へ指示を出す。国産材型枠合板の品質でも十分に使用できる場所や機会はあるはずだ。コンクリートの打ち放し表面がそのまま使われることはむしろ少ないだろう。現場の建設施工会社は「南洋材（熱帯材）型枠に使用されている木材の合法性・持続可能性に懸念があることは認識して」おり、「ソフトロー的に何らかの対応は必要だと考えている」[鹿島建設 2016: 37]。しかしながら、そうした認識をもっていたとしても、現場では熱帯材で対応せざるをえない。そこでは、〝お客様〟の判断が優先される。

3 違法伐採問題

❁NGOからの問題提起

一九九九年、インドネシアの国立公園において、違法な木材伐採が行われていることがイギリスのNGOのEnvironmental Investigation Agencyと現地NGOのTelapakの現場への潜入調査によって明らかになった。また、近年では人工衛星の観測データの精度向上によって、違法伐採の跡は格段にとらえやすくなった。違法伐採とは、国などから許可を得ていなかったり、許可された区域や量を超えていたりする伐採行為を指す。森に住む先住民族の権利を不当に侵害しているケースも含まれる[Tacconi 2007: 4]。

人口の半数以上が先住民族であるマレーシアのサラワク州では、土地法に先住慣習地(Native Customary Land)という土地区分が設定され、彼らの慣習的土地権は一定程度尊重されている。しかし、森の中で移動生活を続けていたり、一九五八年の法の施行以後に定住したりした者には先住慣習権は認められていない。狩猟採集を主な生業とするプナン人は、サラワク州政府に対して、繰り返し自分たちの先住慣習権を求めてきた。バラム河上流域のプナン人たちは、二〇二二年現在も三件の裁判に訴えている。一つ目は原生林地帯のスルンゴ川流域であり、二つ目はスルンゴ川の南東に位置するロング・ラマイ村であり、三つ目はスルンゴ川の南に位置するバ・ジャウィ村である。サラワク州では、「合法」とされる木材の中に、こうした先住慣習権をめぐって係争中の土地で伐採されたものが入り込むリスクがある。

ノルウェー政府年金基金がイギリスのアースサイト社(Earthsight)に委託した調査結果において、サムリン社(Samling)の操業実態の違法性が指摘された。サムリン社はサラワクで最大規模の一六〇万ヘクタールの木材伐採権を保有する木材企業である。同調査によると、サムリン社の操業場所の一部は伐採禁止区域にもかかわらず、二〇〇八年から二〇〇九年にかけて集中的に伐採された。また、伐採許可を得ている境界の外側や伐採が禁じられている急斜面でも操業していた。さらに、規定直径を下回る小径木や保護樹種の伐採も見つかっている。同基金は、マレーシア国外で最大の株主としてサムリン社株を一六〇〇万株保有していたが、二〇一〇年八月に同社株をすべて売却した。また、サムリン社が伐採施業に入った箇所には、プナン人が先住慣習権を主張する土地ならびにスンガイ・モー野生生物保護区が含まれていた。環境、人権、汚職等の問題に取り組む国際NGOのグローバル・ウィットネスは、独立した調査により、サムリン社が伐採ライセンスをもつ複数の区域において、急斜面および川岸の近くで違法伐採が行われており、土壌侵食と水質汚染を引き起こしていると報告している［グローバル・ウィットネス 2013: 9–10］。また、サラワクの別の木材企業であるシンヤン社（Shin Yang）が急斜面で違法伐採していることやダナム・リナウ（Danam-Linau）国立公園候補地の境界線内でも大がかりな伐採を行っていることも衛星画像で確認されている［グローバル・ウィットネス 2013: 8］。

◆輸入国の対応

二〇〇五年、イギリスのスコットランドで開催されたグレンイーグルズ・サミット（先進国首脳会議）では、環境関連の行動計画の中で、「違法伐採の問題に取り組むことが、森林の持続可能な管理に向けた重要な一歩であることに合意する。この問題に効果的に対処するためには、木材生産国および消費国双方の行動が必要である」と謳われた。その後、米国では、二〇〇八年「レーシー法（Lacey Act）」が改正され、その対象に木材および木材製品が追加された。これにより、連邦法、規則・条約、州法および外国の法律に違反して採取、売買された木材および木材製品の取り扱いが禁止され、違法伐採と知りながら取引した場合、ないし過失の場合にも刑事罰が科せられることとなった。EUでは、二〇一三年から「EU木材規則」が施行され、違法に伐採された木材をEU市場へ出荷することが禁止された。また、EU内の取引業者に対して、デュー・デリジェンス（Due Diligence：適切な注意）を払うよう義務づけられた。

日本では、二〇〇六年に木材業者の自主的な行動規範と活動による証明に基づいて木材の優先購入を進める「合法木材制度」が導入された。しかし、その制度は政府調達に限定されている。日本の木材需要の九割は民間が占めている。そのため、国際NGOグローバル・ウィットネスのメンバーがたびたび来日し、国内で活動するNGOのFoEジャパンや地球・環境人間フォーラムなどと国会議員へのロビー活動を行った。グローバル・ウィットネスの資料はもともと英語だが、日本語の翻訳版を作成した[グローバル・ウィットネス 2013]。国際人権NGOのヒューマンライツ・ナウも二〇一六年一月に報告書を公表し、マレーシアのサラワク州において、州政府と企業の癒着により先住民族の権利を無視する形で伐採ライセンスが乱発されていることや、先住民族の権利に対する保護は十分ではないことなどを明らかにしている[ヒューマンライツ・ナウ 2016]。日本政府に対しては、違法木材の輸入を実効的に規制できておらず、日本企業は輸入木材の伐採プロセスにおける合法性をチェックする努力を怠っていると批判している。先に記したオーストラリアのNGOであるマーケット・フォー・チェンジも報告書や映像を作成し、国内NGOの熱帯林行動ネットワークの翻訳協力を得て、相次いで公表した。

こうしたNGOの活動や新聞報道などを受けて、日本の国会において「他の先進国での取組が進むことによって、規制のない日本が、違法伐採木材の受入国になる可能性が高まる」といった懸念が示された[石黒 2017: 23]。自民党、民主党(当時)の双方で違法伐採問題への対策が検討され、その後、与野党共同での法案提出を目指し協議が重ねられていく。そして、二〇一六年五月一三日の国会において「合法伐採木材等及び利用の促進に関する法律」が議員立法として成立し、同月二〇日に公布された。同法は通称「クリーンウッド法」と呼ばれ、二〇一七年五月二〇日に施行された。ただし、同法により、合法木材を扱う企業は登録木材事業者となるが、違法伐採木材の取引禁止は盛り込まれず、罰則はない。取り組みは企業の自主的な努力に任されている[1]。

全国木材組合連合会の常務理事は、たとえハイリスクな地域で生産された木材であっても「自由に貿易可能な商品」であるとする[森田 2016: 65]。また、森林開発における先住民族の問題については、他国が簡単に意見を述べられる問題ではないとも述べている。

4 熱帯雨林コネクション

自由貿易の影

サラワクの熱帯材輸出に絡む汚職やマネーロンダリングの問題が詳(つまび)らかになったのは、二〇〇七年のことである。サラワク州からの木材輸送に関して、日本の海運会社が州政府関係者と関係の深い香港のブローカーに「仲介料」を支払っていることが明らかになった。東京国税局はこの「仲介料」は便宜を図ってもらうためのリベートだったと認定し、海運会社に対して追徴課税を課した。指摘を受けた海運会社は、商船三井近海(現・商船三井ドライバルク)、関西ラインなど南洋材輸送協定に加盟する九社で、支払われたリベートは一九九六年から二〇〇五年までの一〇年間で少なくとも二五億円を超えた(「朝日新聞」二〇〇七年三月二七日)。リベートの支払いは、日本側とサラワク州側で木材輸送協定が結ばれ、木材輸送の船舶代理店が一元化された一九八一年から二六年間にわたるとみられる。海運各社はそのリベートを現地での荷積み費用などの「輸送原価」として経費計上していたが、東京国税局はこれを所得隠しとして摘発した。日本郵船は、一九九九年から二〇〇一年の間、サラワク州のタイブ・マハムド元州首相の弟らに贈ったリベート約一億九〇〇〇万円について、所得隠しを指摘された。

スイスの環境NGO、ブルーノ・マンサー基金を主宰するルーカス・シュトラウマンは『熱帯雨林コネクション』を公表する[Straumann 2014＝2017]。同書によると、タイブ元州首相は、商業的木材伐採に絡む利権の配分や汚職を通して、一五〇億ドルもの巨額の資金をマネーロンダリングや北米への資産逃避に流出させたとみられている。二〇一四年にタイブは突如、州首相を辞任したが、汚職や不法資金の流れが明るみになったことが一因ともいわれている。

◆輸出国の対応

タイブの退陣後に、アデナン・サテムがサラワクの新州首相に就任した。彼は、就任直後に、サムリン社やシンヤン社をはじめとするサラワク州の木材大手六社に対して異例の警告を発した。それは、木材産業における汚職や許可地域外での違法伐採の問題を認めたうえで、大がかりな取り締まりに乗り出すというものであった。違法伐採が改善されるまで伐採ライセンスの新規発行も停止すると発表した。しかし、二〇一七年一月にアデナンは病死し、新たな州首相にアバン・ジョハリが就いている。

輸出国側のマレーシア、サラワクにおいても、持続可能な森林管理という目標を掲げ、さまざまな対応を行っている。しかしながら、中央政府や企業本社のかけ声にとどまっているところがある。筆者はある木材会社の元従業員に聞き取りを行った。車両整備士の彼の月収は約二万一六〇〇円と固定給であったのに対して、トラック運転手の報酬は積み込んだ木材の重量に応じて支払われる（一トン当たり約二七〇〇円）という。そのため、往々にして過積載になっている。伐り出された丸太には生産管理のために一本ずつ識別タグが付けられている（写真5–3）。だが、それら輸出用とは別に、タグが外されて国内加工に回される材もあるという。後者は生産管理の

写真5–3　識別タグが付けられた木材と筆者

写真5–4
マレーシア汚職防止委員会のポスター
撮影：筆者

対象外である。肉体労働者が多い木材キャンプでは、頻繁に酒を飲んだりドラッグをやったりする光景が見られる。その脇にはマレーシア汚職防止委員会のポスターが貼られている（写真5-4）。「誰かがどこかで通報しているかもしれない。賄賂を渡すな、受け取るな」と記されている。

二〇二一年一〇月八日付のオンラインニュース「Malaysiakini」が報じたところによると、バラム河上流域のロング・パカン村やロング・アジェン村の村人は、サムリン社が彼らの土地に侵入し、伐採を始めていることに抗議し、二〇二一年九月から林道封鎖を始めた。サムリン社の執行役員ジェイムス・ホー氏は、二〇二一年一二月八日付の同ニュースに反論を寄せている［Ho 2021］。それによると、伐採した一〇〇本あまりの丸太は橋や道路の建設用に必要なものであったという。サムリン社は森林局から伐採許可を得ており、操業地にプナン人の先住慣習地は含まれないと主張する。

❁内閣総理大臣への手紙

二〇一七年四月二〇日、ＦｏＥジャパンやブルーノ・マンサー基金など国内外七つのＮＧＯは、東京オリンピック・パラリンピック競技大会組織委員会に対し、緊急調査を要請した。東京五輪・パラリンピックの新国立競技場の建設現場において、違法伐採が問題視されているシンヤン社製の型枠合板が使われているという懸念が表明された。

同年九月、一通の手紙が日本に発送された。宛名は日本国内閣総理大臣（当時）の安倍晋三氏だった（オンラインニュース「Cilisos」二〇一七年一〇月一九日）。

親愛なる日本国総理大臣殿

私はロング・ジェイ村というプナン人村の村長です。私たちはボルネオの熱帯雨林の奥深くに住んでいます。あなたに手紙を出すのは、日本が新しいオリンピック競技場の建設にサラワク産の木材を使用していることを知ったからです。競技場の建設に使われている木材はシンヤン社という木材会社のものです。私たちはその会社をよく知っています。なぜなら、およそ二〇年間にわたり、私たちの同意なしに私たちの土地で操業し、森や生活文化の基盤を破壊してきているからです。私たちが敬意をもってあなたに求めたいことは、私たちの訴えを受け止めて、シンヤン社の木材使用を停止するよう動いてほしいということです。

（中略）

シンヤン社は私たちの許可あるいは同意なしに私たちの祖先の森を伐採しています。彼らは私たちの意見や要望を聞いてくれません。だから、私たちは林道封鎖という形で、また法廷で闘っています。法廷での審議はいまだ継続中です。その間、シンヤン社は私たちの森での伐採を止めません。彼らはできる限りのものを奪い取ろうとしています。

親愛なる日本の総理大臣殿、シンヤン社が私たちから盗んだ木材を受け入れないように約束してください。日本が輸入を続ければ、シンヤン社は日々私たちの森で操業し、丸太を伐り出すでしょう。私たちの森や木々は減少し、破壊されます。そして、私たちの生活はさらに困難になります。

最後まで読んでいただき、ありがとうございます。私たちの願いが届きますように。

マトゥ・トゥガン
サラワク州ブラガ地区ロング・ジェイ村

二〇一八年七月、筆者はこの手紙を書いたマトゥ・トゥガン氏に会った。彼は村人二人とともにマレーシアのペナン島で開催された世界狩猟採集民会議に参加し、窮状を訴えていた。マトゥ・トゥガン氏によれば日本の首相からの返事はまだないという。

東京都オリンピック委員会はＦｏＥジャパンなどＮＧＯの要請に対して、供給元は適切な基準を適用しており、使用する木材が適法で環境および人権の基準を満たしていると回答している。この回答に対して、環境ＮＧＯ側は、当局の調達基準は脆弱な認証制度に依存しており、認証を受けた合板の中には非認証材が混ぜられていると主張している。また、木材輸入業者は工場の検査、または供給業者へのアンケート送付によって、調達基準の遵守を確認するだけでは疑念が残る。加えて、国産合板の積極的な利用が認められない点も批判している。

5　常に最初に聞かれなければならない声

違法伐採された木材を含む熱帯材貿易の事例研究を通してみると、飯島伸子の提起した貿易を通じた加害—被害関係の基本的な構図は今も変わっていない。さらに、加害主体ともいうべき日本国内の熱帯合板の流通系列の中にも強者—弱者の関係があり、熱帯材輸入の削減を困難にしている。現状では、表面の均一性を重視する発注者やその元請け会社の要求に合わせて、下請けの建設施工会社は熱帯合板を使用している。熱帯合板の抱える課題について、広く業界で認識を共有すると同時に、違法性の疑われる木材を扱う海外企業との取引を一時停止するなどの措置が必要であろう。また、企業間でガイドライン等を作成して、設計の要求品質を見直していくことも求められる。

サラワク州政府と伐採企業の癒着により、乱発されてきた伐採許認可には問題点が多い。事実、その権限により巨万の富を得ていた者に商業伐採を停止するというインセンティブは働かなかった。いわゆる違法伐採が見つかっても、伐採ライセンスの停止や無効化などの規制が及ぶことはこれまで皆無であった。木材会社の監視を強化するとともに、汚職排除の徹底は当然のことである。今後、サラワクの木材企業は、現場の作業員に対して、環境保全や人権尊重を周知するとともに、彼らの労働条件をチェックし、改善をはかる必要がある。政府と木材企業は先住民族の慣習的な土地の権利を尊重し、施業計画を作成する際に彼らの同意を得ることは必須である。

サラワクの違法伐採や木材貿易に絡むさまざまな問題が明らかになった背景に、ブルーノ・マンサー基金やグローバル・ウィットネスのようなグローバルな環境正義を求める運動がある。同時に、現地で抗議を続けてきた先住民族の長年の行動を見逃すことはできない。先に引用したシュクラーのことばのとおり、「被害者の声は常に最初に聞かれなければならない」[Shklar 1990: 81]。違法伐採による被害者とは、その森に暮らす先住民族である。彼ら、彼女らの声が真っ先に取り上げられなければならない。とりわけ狩猟採集を生業としてきたプナン人たちの土地の権利はいまだに認められていない。こうしたなかで、二〇一一年にプナン人自ら、「平和の森──プナン人からの意見と行動計画、すべての人びとの利益のために」という構想を発表した[Penan 2011]。バラム河上流域の一八のプナン人集落は、これまで守ってきた原生的な森林を関係者で共同管理していきたいと提案している。この提案に関して、二〇一六年からサラワク州政府との協議が始まり、二〇二〇年一二月には国際熱帯木材機関(ITTO)も支援を表明している。今後、注目すべき動きである。

違法伐採問題に関しては、生産国と消費国の双方で対策をとる必要がある。EU、米国、オーストラリアでは、違法に伐採された木材の流通を禁止する法律が施行された。日本ではクリーンウッド法が制定されたが、その有効性には疑問符が残る。より効果的なリスク管理プロセスを義務づけて、違法木材の取引には罰則を科すなどの措置が求められよう。また、ある国が違法伐採に厳しく対応しても、別の国が甘ければ、違法性が疑われる木材は甘い国へと流れてしまう。違法伐採木材がどこから来てどこへ行くのか、問い続ける必要がある。

註

(1) 二〇二二年一二月、農林水産省など所管官庁はクリーンウッド法の見直しを表明した。二〇二三年の通常国会において改正案が審議される。

第6章

重層化する核被害のなかで

マーシャル諸島発「核の正義」を求めて

竹峰誠一郎

1 はじめに

一九四三年、米国南西部ニューメキシコ州の標高約二〇〇〇メートルの段丘(メサ)の上に、現在の「ロスアラモス国立研究所」の前身にあたる研究所が、原爆の設計と製造を目的に秘密裏に整備された。土地と先住民族との間に育まれてきた精神的かつ身体的なつながりが、広島、長崎の原爆投下に連なるマンハッタン計画で引き裂かれたのである[鎌田 2018]。広島、長崎に投下された原爆の原料となったウランは、アフリカのベルギー領コンゴ(現在のコンゴ民主共和国)とカナダや米本土から集められた。米国の北西部ワシントン州のコロンビア川上流にあたるハンフォードが、プルトニウム製造施設を集積した場として切り拓かれ、長崎原爆のプルトニウムが製造され

写真6-1　先住民族の土地を奪って建てられたロスアラモス国立研究所を見据えて語る，ベアタ・ツォーシィ・ペニャ（2019年11月）
撮影：筆者

た。ハンフォードはその後も冷戦期の米国の核兵器開発を支え、製造停止後の今も、終わりなき除染作業が続けられている［石山 2020］。ニューメキシコ州のトリニティサイトでは、広島への原爆投下に先立ち一九四五年七月一六日に核爆発実験（以下、核実験）が実施され、周辺住民は今も米政府に補償要求を続ける［TBDC 2021］。「ヒロシマ・ナガサキは原爆の最初の犠牲者だというのは誤りだ」［Tsosie-Peña and Coghlan 2020］と、ニューメキシコ州で環境正義運動に取り組む先住民族のベアタ・ツォーシィ・ペニャは語る（写真6−1）。

広島、長崎に原爆が投下されてわずか半年後の一九四六年三月、中部太平洋のマーシャル諸島ビキニ環礁の人びとは、「人類の幸福と世界の戦争の終結のため」と米軍政長官から説明され、自らの土地を離れることを強いられた（写真6−2）。そして、建設されたのは核実験場であった。広島、長崎への原爆投下後も核兵器開発そのものは本格化し、さらに「平和利用」という名で核発電（原子力発電）が促進された。広島、長崎への原爆投下以後も「核兵器は使われた」と、長崎の原爆資料館は、核兵器開発のもとで犠牲になった人びとの声を展示の最後に伝える。被爆地広島に本社を置く中国新聞は特別取材班を編成し、「際限のない核実験、核兵器製造、ウラン採掘、原子力発電所事故などによる被害が続発し、『ヒバクシャ』は増え続けた」［中国新聞「ヒバクシャ」取材班 1991: 1］現実を、被爆地広島から鋭く問いかけた。

写真6-2　広島・長崎への原爆投下のわずか半年後，核実験場建設のために移住を強いられるビキニ環礁の人びと（1946年3月）
写真所蔵：米国立公文書館

のべ二〇〇〇回を超える核実験[1]や旧ソ連のチェルノブイリ（チョルノービリ）をはじめ原発事故によって生じた核分裂生成物は、地球上の大地や動植物、そして人びとの上に降り注ぎ、北極の氷塊にもその痕跡が遺されている。「地球は被ばくしている」［豊崎 2022: 244］と、世界の核被害者の調査取材に先駆的に取り組んだ豊崎博光は指摘する。

「われらみなヒバクシャ」［ISDA JNPC 編集出版委員会編 1978: 29］ともいわれる。だが、核被害は世界に等しく広がったわけではない。「ニュークリア・コロニアリズム」［Endres 2009］や「ニュークリア・レイシズム」［豊崎 2022: 8］と称される、核被害を取り巻く地球規模の不公正な差別構造のなかで、核被害がとくに重くのしかかる地域や人びとがいる。二〇二一年に発効した核兵器禁止条約にも、「核兵器の活動が先住民族に過重な影響を与えたこと」が前文で述べられている。

広島、長崎とともに、世界各地の核開発が生み出した被害(以下、核被害)を訴える人びとの存在を視野に収めるとともに、甚大な環境汚染が地球規模で引き起こされてきた現実を見据え、「グローバルヒバクシャ」という概念が提起されている[竹峰 2015: 26–28]。グローバルヒバクシャは、核開発の中で顧みられてこなかった世界各地の核被害を浮き彫りにしていく可視化装置である。小さな島々が相互につながり合い、海面にネックレスを広げた「環礁」のように、不可視化されている世界各地の核被害という問題群を緩やかに結び、水面下から浮かび上がらせ、核被害を抱える各地の個別具体性を探求しながら、相互のかかわりを探求していこうとする発想が、グローバルヒバクシャにはある。

グローバルヒバクシャの観点から地球規模の核被害の広がりを見据えつつ、この章では、太平洋諸島のマーシャル諸島共和国(図6–1・6–2)に焦点をあてる。太平洋諸島は世界システムの「最周縁」に位置づけられ、米・英・仏といった核開発の「中心」国と直接的に結びつけられ、核実験をはじめとした核開発が集中した地域である[アレキサンダー 1992]。核と太平洋の密接なかかわりを象徴するマーシャル諸島は、一九一四年から三〇年にわたり、「南洋群島」として日本の統治下に置かれた地でもある。(2) そして、太平洋戦争を経て米国の統治下に置かれ、一九四六年から五八年にかけて、「第二次世界戦争とは異なる戦争が、マーシャル諸島の人びとのもとで続いた」[MIJ

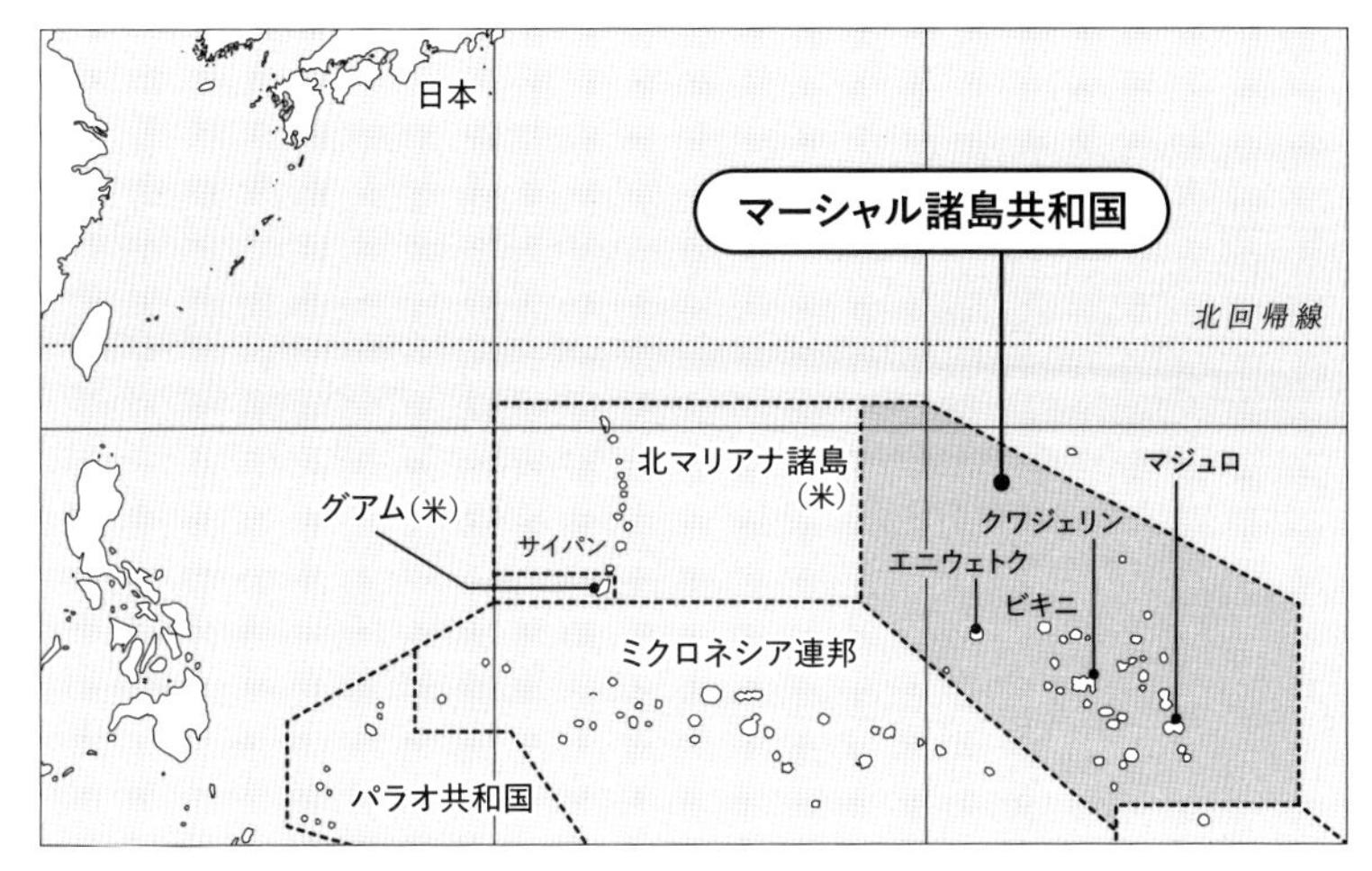

図6-1　マーシャル諸島の位置
出所：竹峰[2015: 16–17].

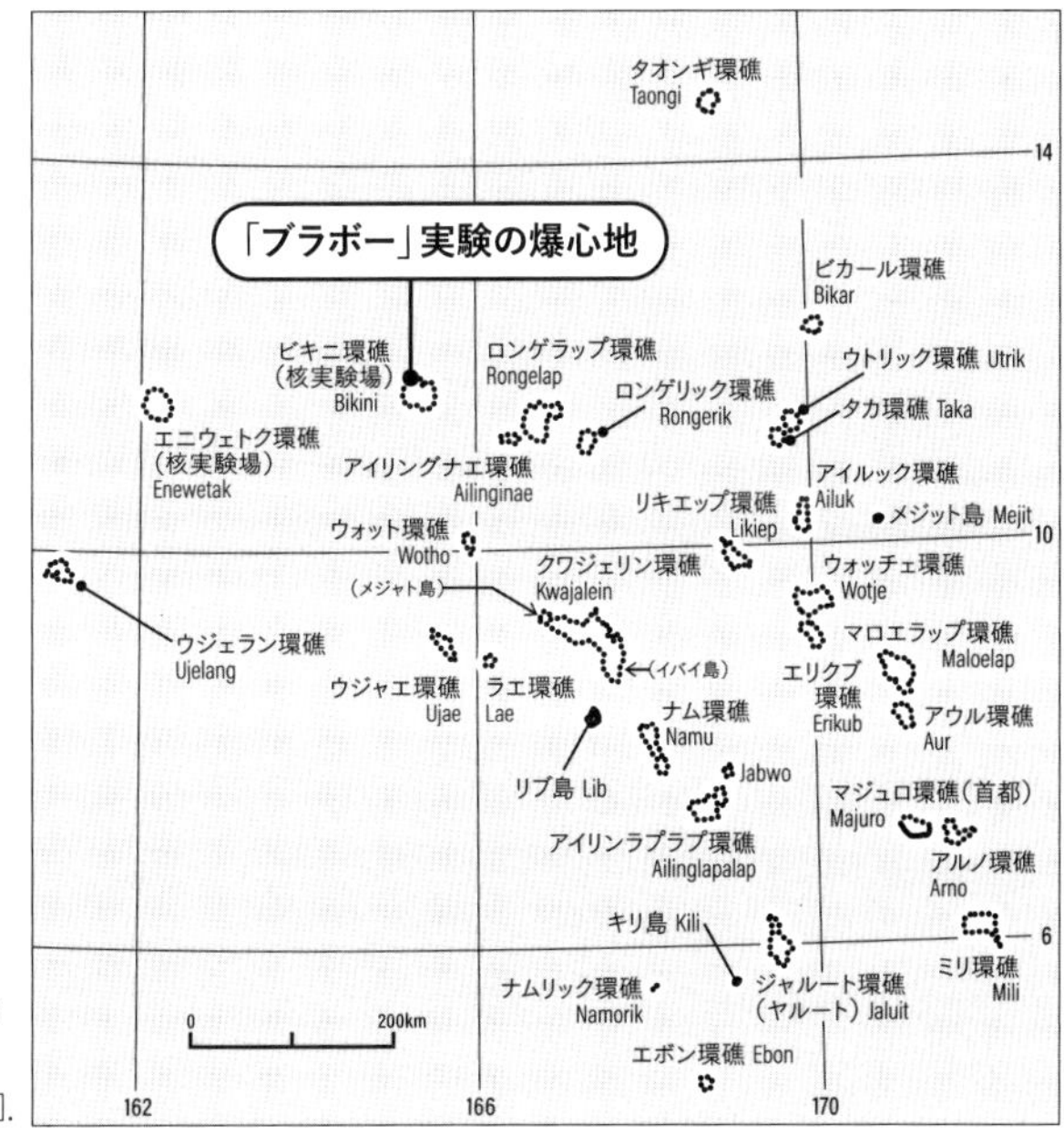

図6-2
マーシャル諸島の地図
出所：竹峰[2015: 18].

2004]。一九四七年からマーシャル諸島をはじめとする旧「南洋群島」の地域は、国連の太平洋諸島信託統治地域に組み込まれ、米国が施政権を握り、国連憲章第八二条に規定された「戦略地区」に世界で唯一指定された。マーシャル諸島で実施された核実験は六七回におよび、その総威力は、広島型原爆の七〇〇〇倍にも達した。核実験が地域にもたらし続けているものをマーシャル諸島共和国(米国との自由連合協定のもとで一九八六年に独立)[3]での現地フィールド調査を踏まえ、核被害とは何なのか、その被害をどうとらえていけばいいのか、日本社会とのつながりも掘り起こしながら、この章は探求していく[4]。

2 「私たちの生命を実験台にした」

一九五四年三月一日、マーシャル諸島のビキニ環礁で実施された「ブラボー」と名付けられた米国による水爆実験は、第五福竜丸などの日本漁船[5]が放射性降下物を浴び、「ビキニ事件」や「ビキニ水爆被災」あるいは「第五福竜丸事件」などという名前で日本では記憶されている[三宅ほか 1976;第五福竜丸平和協会編 2014]。太平洋から帰港する漁船が持ち帰った魚からも放射能が検出され、「原子(原爆)マグロ」という言葉が新たに生まれた。核実験に由来する放射性物質を含んだ雨は日本各地に降り、「放射能(の)雨」という言葉が日常語となった。第五福竜丸の被災を機に、「死の灰」という言葉も生まれ、放射能の脅威が高まり、原水爆禁止を求める署名運動が燎原の火のごとく全国各地に広まり、署名数は国内で三二〇〇万を超え、世界的な広がりもみせた[丸浜 2011]。翌一九五五年八月には原水爆禁止世界大会が原爆投下から一〇年目にして広島で初めて開催された。

水産庁は、国内世論の高まりや水産業界への打撃の大きさを前に、一九五四年五月一五日から七月四日にかけて、ビキニ海域とその付近の海の放射能影響調査に踏み切った。俊鶻丸（しゅんこつまる）調査団の結成である。「実験場のごく近くをのぞいては、ビキニ海域の放射能はない」［三宅 1972: 60］と、米原子力委員会のルイス・ストローズ委員長は公言していた。しかし、「ビキニ環礁から一五〇〇キロメートル以上離れたサイパン島の近くでも、一リットルあたり七六・三ベクレルと、爆心地に近いところの一五分の一程度と高い汚染となっていた」［奥秋 2017: 75］ことを俊鶻丸は突き止めた。海の汚染は簡単には薄まらなかったのである。さらに俊鶻丸調査によって、海水から、プランクトン、さらにイカ、マグロなど「食物連鎖が上位に行くと、放射能が濃縮されることも世界で初めて明らかになった」［奥秋 2017: 78］。

核実験で被曝したのは、日本の漁船や海洋生物だけではない。核実験場とされたマーシャル諸島の現地でも住民に被害が及び、マーシャル諸島から一九五四年四月、「破壊的兵器の実験

写真6-3 マーシャル諸島住民の国連への請願はAP通信が配信し，「琉球新報」（1954年6月11日付）などでも報じられた

を即時停止することを求める請願」が国連信託統治理事会に提出されていた（写真6－3）［竹峰 2015：243-249］。核実験場とされたマーシャル諸島の住民にも当然ながら甚大な影響を与え、「われわれの人生を永久に変えた」とも語り継がれていることを忘れてはなるまい。マーシャル諸島共和国では、三月一日は核被害を思い起こし追悼するための国の公休日に指定され、"Nuclear Victims Remembrance Day" と呼ばれる。マーシャル諸島現地では、三月一日は、ブラボー実験だけでなく、六七回に及んだ核実験とその被害を思い起こす日となっている。

「三月一日には、ロンゲラップの島のさえずり、波の音、そして亡くなっていった人たちのことが心に浮かぶのよ」と、水爆ブラボー実験の爆心地から東南東に約一八〇キロメートル離れたロンゲラップ環礁で被曝したレメヨ（一九四〇年生まれ）は語る（写真6－4）。

当時一一歳だったヒロコは、あのとき、朝食の準備を手伝っていた。ヒロコは、日本統治下の一九四二年にロンゲラップで生まれ、Hiroko と名付けられたが、現地ではHは発音しないため、Rokko（ロッコ）と呼ばれる。「とても眩（まぶ）しい光だったわ。大きな雷のような音がありとあらゆるところから聞こえたのよ。ココヤシに吊るしていたジャガルの瓶が木から落ちてきた。地面も揺れていた。パターンとすごい音をたててドアが閉まった」。

その日、ヒロコらは普段どおり小学校に登校し、そのおおよそ三時間後のことである。島は濃い霧に包まれて暗くなり、「『雪』は止むことなく降り続き、地面や木々の葉、屋根の上に、白い粉が積もった」［Congress of Micronesia ed. 1973］。その「白い粉を手に取り、遊んだ」とヒロコは語る。「白い粉」とは、サンゴ礁の微粒子に放射性物質が付着して生成されたもので、核実験の爆発で粉々になり、上空に巻き上げられ、風に運ばれロンゲラップに降下したものであったが、住民は無意識のまま被曝していたのであった。

「家に帰ると、とても疲れが出た。水浴びをしてすぐ横になりました。その晩、体じゅうがとても痒くなりました。水浴びをしても効き目がなく、ますます痒くなりました」とヒロコは振り返る。翌朝も「下痢に吐き気、痒みなどを訴え、みんな元気がなく学校は休みになった。泣いている人もいた」と証言する。

写真6-4 レメヨ
（2015年9月，移住先の首都マジュロ環礁）
撮影：筆者

水爆ブラボー実験から二日が経った三月三日朝、米駆逐艦がロンゲラップに到着した。避難措置が事後にようやくとられたのだ。乗り込むとき、汚染除去作業が着手された。「私たちをめがけてホースで放水してきたのよ。まるで豚や動物のように扱われたのよ」と、ヒロコは語気を強める。ロンゲラップ住民は、ウトリック環礁の住民とともに、米軍基地があるクワジェリン環礁に輸送された。「住居の周りはロープで囲まれていた。警備の人が銃を持って立っていた」と

振り返るレメヨは、「脱毛し、足が火傷（やけど）をしたように腫れて痛みを訴えていた」。

ブラボー実験で被曝をした現地の住民は、ロンゲラップの人びとだけではない。爆心地から東南五二五キロメートル離れたアイルック環礁で漁に出ていたテンポーは、日本統治下の一九四一年に生まれ、その名は「電報」に由来する（**写真6−5**）。閃光と「ボーン」という爆発音を海で聞いて、「急いでカヌーを止め、逃げるようにその場を後にした。神に救いを求めて"Jesus Show Me the Way"という歌を歌い、カヌーはスピードを上げ、漂着できる小島を目指した」と、テンポーは証言する。「あの日」、アイルック住民にとって核実験は「正体不明の爆音や閃光」であった。あれはいったい何なのか、キリスト教の信仰から、閃光から終末の日を思い起こした住民もいた。また、ブラボー実験の約一〇年前に体験した太平洋戦争の空襲の記憶が住民の脳裏に鮮明に残っており、爆音から「戦争の開始」あるいは「戦争が終わっていなかったのか」と恐怖を覚えた住民もいた。

実験から数日経つと、「米国の船がやってきた」とアイルックの人びとは証言する。当時一三歳

写真6–5　テンポー
（2013年8月，アイルック環礁）
撮影：筆者

だったテンポーは、「初めて見る船の大きさに驚き、走ってラグーンの浜辺に向かったんだ。米兵らは小さなボートに乗り換え、教会近くの浜辺に上陸してきた」と証言する。テンポーは、その様子を「恐る恐る見ていた。すると、米兵は飴、チョコレート、ガム、キャンディを配り始めた。米兵の後ろにずっとついていった。（当時は珍しかったお菓子をもらい）恐怖心はすっかりなくなり、とても幸せなひとときだった。（米兵は）トランシーバーを持ち、何か話をしていた」。

核実験を実施した米第七統合任務部隊は、ブラボーの爆発から「二七・一時間」後に、放射性降下物がアイルックにも達したことを把握していた［Maynard 1954］。さらに実験後、米駆逐艦がアイルックにも立ち寄り、サンプル調査をし、「何らかの影響がある」と、住民の避難を検討していたことが、当時の記録には記されている［House 1954］。しかし、「雨水は飲まないように」と住民に警告したものの、避難をさせることはなかった。

それ以来、アイルック環礁の人びとが放射性降下物を浴びたり、呼吸により大気中の放射性物質を体内に吸い込んだり、飲食により放射性物質を体内に取り込んだりして被曝したことは顧みられず、米原子力委員会の視野の外に置かれ、放置され続けた。ブラボー実験から半世紀を迎えた二〇〇四年三月一日、アイルック環礁の人たちが手にしたプラカードには、「私も被曝した」「アメリカよ／なぜ無視をする」「無視された半世紀」などと書かれていた。

「何らかの影響がある」と、核実験の実施部隊の中でも一時注目されたアイルックの被曝は視野の外に置かれる一方、移送措置がとられたロンゲラップの人びとの被曝は、米原子力委員会の関心の的となっていった。アイルックとは異なり、核実験でロンゲラップとウトリックの人びとが被曝したことを、米政府は認めている。ただし、「偶発的」な事故であったとの弁明を繰り返す。米政府とともに研究や報道でも、住民の被曝は「予測を超えたもの」と繰り返されてきたが、マーシャル諸島現地では、住民の被曝は「意図したもの」との主張も聞かれる［竹峰 2015: 291–294］。「私たちの生命を実験台にした」ともロンゲラップのビリアムは訴える。

米軍基地に収容されたロンゲラップ環礁の人びとは、「プロジェクト4・1」と名付けられた研究に組み込まれ、データ収集の対象にされた［Cronkite et al. 1954］。プロジェクト4・1の正式名称は当時、機密であったが、「偶発的に放射性降下物に著しく被曝した人間の作用にかかわる研究」である。「この状況は過去に照らしてほかに類を見ない」、「医療情報の観点から非常に重要になってくるであろうし、また軍事的観点から、放射性降下物の影響を考察するうえでも拠りどころになることは疑いないだろう」［AEC 1954: 2–3］。米原子力委員会生物医学部門の会合で、部長のジョン・クリフォート・ビューガーが発した言葉である。

三年あまりの移住生活の末、一九五七年六月、ロンゲラップ環礁の人びとは帰還させられた。住民の帰島は、「遺伝調査を行ううえで理想的な状況をつくり出す。これまで広島、長崎で得てきた知見にも勝る重要なものになる」［AEC 1956: 21］と、原子力委員会生物医学部諮問委員会で生物学者のH・ベントレー・グラスは発言している。

「マーシャル諸島の人びとは今も病気に苦しんでいる。十分な治療を受けられないばかりか、年一回やってくるAEC（米原子力委員会）派遣の医師たちによって恰好の研究対象になっている」［豊﨑 2005: 下19–20］。一九七一年八月、当時のミクロネシア議会でマーシャル諸島選出の下院議員を務めていたアタジ・バロスは、原水爆禁止世界大会に参加し、そう訴えた。原水爆禁止世界大会は、マーシャル諸島のビキニ環礁で実施された米核実験「ブラボー」で被曝した第五福竜丸の存在が公になったことに端を発して、一九五五年以降、毎年開催されてきた。だが、核実験場とされた地域の人が参加するのは一九七一年が初めてのことであった。

翌一九七二年の原水爆禁止世界大会には「プロジェクト４・１」の調査対象とされてきたジョン・アンジャインが参加し、広島と長崎を訪れている（**写真6-6**）。ジョンは日本統治下の一九二二年生まれで、当時の小学校にあたるヤルート（ジャルート）公学校で三年間にわたり、日本語だけで教育を受けた。学校ではマーシャル語の使用が禁止されていた。そのためジョンは来日したとき、日本語で会話することができ、カタカナを綴ることができた。長崎の原爆資料室（当時）を見学したとき、ジョンは原爆の後遺症を持って生まれた無脳児の写真を前に、しばらくの間、足を止めて見入った。「これ、ロンゲラップでも、できたことあるよ。……これと同じだね……。普通なら生まれないよね」と、ジョンが記者に語りかけたことが、当時の新聞で報じられている（「朝日新聞」一九七二年八月一一日）。また広島では、

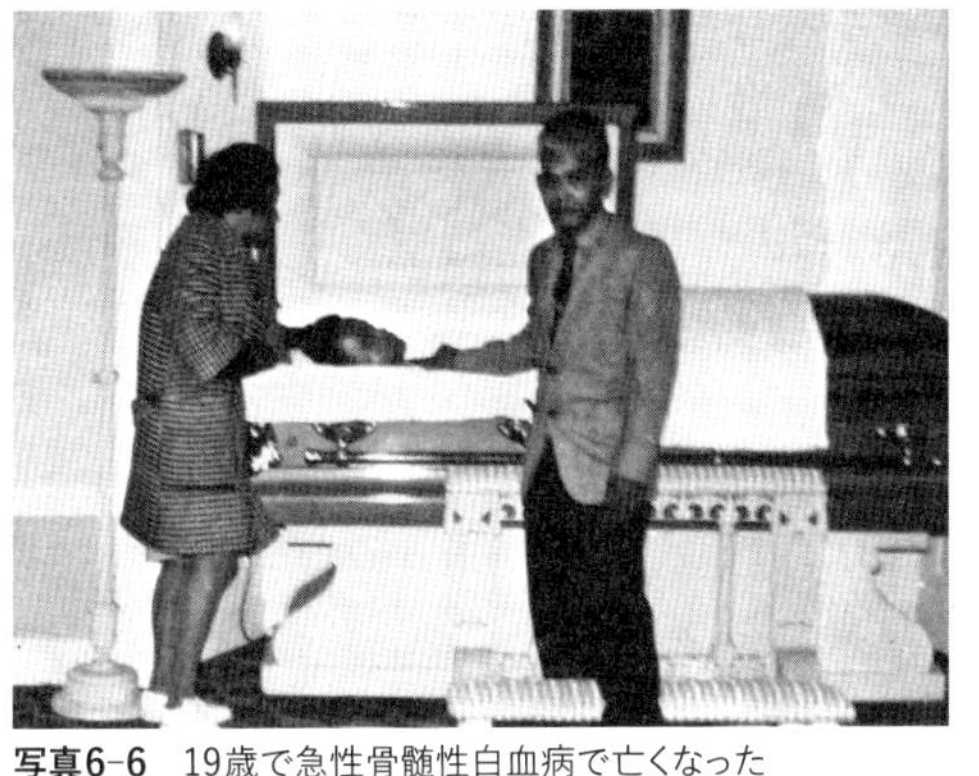

写真6-6　19歳で急性骨髄性白血病で亡くなった息子レコジの亡骸に寄り添うジョン・アンジャイン（1972年, 米メリーランド州）
写真提供：John Anjain

被爆者が追跡されていた原爆傷害調査委員会（ABCC）の実情もジョンは知った。「血液を採るだけだ。死亡すれば、すぐに解剖をするために飛んでくる」という話を聞いて、「AEC（米原子力委員会）と同じだ。やっぱり治療なんか、していないのじゃないか」ともジョンは記者にもらしている。核実験場とされたマーシャル諸島からの訴えは、日本人にとどまらない核被害者の存在に目を向けていく起点となっていったのである。

3 「日本の核のゴミ、わが無人島へ」

二〇一七年三月、核実験場とされたビキニ環礁の人びとの移住先であるマーシャル諸島南部のキリ島で「ビキニデー」の式典が開催された。「ビキニの人びと　見捨てられて七一年」と立て看板に記されていた（写真6-7）。ビキニの人びとが、核実験場建設のために自らの土地から立ち去ることを余儀なくされた一九四六年三月からの時の経過が示されている。

核実験が終了した一九五八年のその後も、ビキニの人びとはキリ島での移住生活が続いた。そうしたなか住民の要請もあり、米国は一九六八年からビキニの再居住計画に着手し、除染作業も行われ、時のジョンソン米大統領の名で「帰島しても安全である」との宣言が出された［DOI 1969: 2］。

米政府から「安全宣言」が出され、一九七二年から一部のビキニの人びとは帰還を始めた。しかし、帰還者を対象にした同年の調査で、複数の人の尿からプルトニウムが検出された［Ray 1976］。

さらにセシウム137の体内蓄積の増加が確認され、一九七八年にはビキニ島での食糧採取が禁止された[McCraw 1978]。第三者の目も入り始めるなか、一九七八年八月、ビキニはついに再閉鎖された。

写真6-7　「ビキニの人びと　見捨てられて71年」と書かれた立て看板（2017年3月，キリ島）
撮影：筆者

　一九七四年から七八年までビキニに家族で帰還したアルソン・ケレンは、「パパイヤ、バナナ、ココナッツ、パンノキの実、ヤシガニ、魚を食べ、井戸水も利用していた」と当時の暮らしを振り返る。「アメリカ人はチョコレートをたくさん配ってくれた。『蜂がいるからこっちには行かない方がいい』とは言った。けれども、放射能のことは何も教えてくれなかった。核問題はわれわれに見えなかったのだ。放射能に味もないし、情報も伝えてくれなかったから」と訴える。

　ビキニの人びとは再びキリ島に戻ったが、アルソンの親たちをはじめ、キリ島での移住生活を拒んだ人たちがいた。かれらはマジュロ環礁のエジット島に移住し、ビキニのコミュニティはキリ島とエジット島に分かれることとなった。

住民の再居住が失敗に終わった後、ビキニをどうしていけばいいのか。核廃棄物の受け入れをめぐる話が持ち上がった。核廃棄物は、米国と台湾、さらに日本からも受け入れる計画があった。一九九四年一一月には、『日本の核ゴミ、わが無人島へ』汚染されたマーシャル諸島が誘致」と日本で新聞報道もなされた(6)。同新聞記事は、マーシャル諸島が日本側に誘致を呼びかけたと報じる。しかし、当時外務大臣を務めたトニー・デブルムは、その事情を筆者に次のように明かした。「日本の核廃棄物を受け入れる話は、中川一郎代議士や東京電力がアマタ・カブア大統領に持ちかけたのが始まりだ。親書が届き、日本側の様子を探るために、私は日本に行った。田中、竹下、中曾根らとも会った」。

中川一郎は科学技術庁長官在任中、原発のさらなる推進を打ち出し、放射性廃棄物の海洋投棄を太平洋で進めようとしたことで知られる[横山 1981]。一九七九年、北マリアナ諸島北端から約八〇〇キロメートル離れた公海上の水深六二〇〇メートル地点が投棄予定地であることが知られると、サイパン島、テニアン島、グアム島などから反対の声があがった。一九八〇年のハワイでの非核太平洋会議やキリバスでの南太平洋フォーラム(SPF)などを経て、「太平洋を核のゴミ捨て場にするな」など、反発は太平洋一円に広がった。日本国内でも、宇井純主宰の自主講座「公害原論」の中から誕生した原子力グループが、放射性廃棄物の太平洋への投棄計画に反対し、太平洋諸島の人びとともに同計画の白紙撤回を要求する国際署名活動を展開した(7)。太平洋諸島からの粘り強い反対を受け、日本の放射性廃棄物の太平洋への投棄計画は、一九八五年に無期停止、すなわち事実上の中止という結末を迎えた［小柏 2001: 24–28］。

放射性廃棄物の太平洋への投棄計画を進めるなかで、日本政府は当時のマーシャル諸島の自治政府関係者にも接触していた。一九八一年七月、日本政府は、アマタ・カブア大統領やトニー・デブルム外相を日本に招き、中川科学技術庁長官らが接待工作を行い、そのとき同長官はビキニ環礁に関して注目し質問を繰り返したことが、自主講座原子力グループの手で告発されている［非核太平洋国際署名運動 1982］。一九八一年九月、太平洋の九地域の首脳がグアムに集まり、後藤宏原子力安全局次長らが説明したが、海洋投棄反対決議が突きつけられた。そうしたなか、マーシャル諸島のカブア大統領は、海洋投棄ではなく、すでに核実験で汚染されたマーシャル諸島の島での受け入れを提案したが、他の首脳たちの反対に遭った［自主講座実行委員会 1981］。

マーシャル諸島では、核廃棄物の処分場建設をめぐり、一九九五年、ビキニの人びとが集う大規模な住民集会が開かれた。住民集会を経てビキニの住民は、核廃棄物の受け入れに反対することを選択し、翌一九九六年、ビキニはスキューバ・ダイビングの観光スポットとして開放されることになった［Niedenthal 2001: 185］。マーシャル諸島政府は一九九九年、核廃棄物処分場計画の検討は、自国内で今後行わないことを閣議決定した。二〇一〇年、ビキニは世界遺産（文化遺産）に登録された。しかし、「どうせ放射能汚染されていて、元に戻すことは容易にはできず、ビキニの土地は使いものにならないのだから、放射能で汚染された物質を世界から受け入れる」という発想が、今もビキニ自治体の一部から聞かれる。

ビキニの人びとのコミュニティは、移住先のキリ島やエジット島、さらに首都マジュロ、そしてハワイ諸島や米本土のアーカンソー州などにも拡散している。核実験場とされたビキニも、住宅地周辺の土壌表面を一五センチメートル剝ぎ取り、カリウムを散布すれば再居住は可能であるとの見解がローレンス・リバモア米国立研究所からは示されている［LLNL 2010］。しかし、再居住の兆しはまったくない。

世界遺産に登録された当時に市長を務めていたアルソン・ケレンは、「安全」とはいったい何なのかと問いかける。「アメリカ側は私の顔を見て、『今は安全だ、戻れる、なぜ戻らないのか』と言う。『きれいになった』と言うけど、『ヤシガニは食べられない』とも言う。『子どもたちは、茂みで遊んではならない、北部の島々には行けない』とも言う。出てくる話は、『診療所を建てる』『学校を建てる』など、インフラ整備の話ばかりだ。汚染がなくなり、きれいになる（Clean）とはいったい何なのか。辞書を引いたりもした。でも、その言葉の定義は、私にはわからない[8]」。

アルソンは、マーシャル諸島の首都マジュロでNGO「WAM（ワム）」を創設し、マーシャル・カヌーをはじめ海洋民族の生活の技を活かした社会教育活動を展開する。同時に、二〇一七年にマーシャル諸島政府が設立した核問題委員会（NNC）の委員長もアルソンは務める。「ビキニはマーシャル・カヌーの発祥の地だとされている。しかし今やビキニのコミュニティの中で、カヌーを作り、操縦できるのは自分だけになった」と、アルソンは核実験が文化に与えた影響も語る。土地が被曝すること、その影響は、美しい自然環境が汚染されることだけに収まらない。自分たちの土地の上で築いてきたすべてが傷つけられることであり、その土地で築かれてきた文化にも影響は及ぶ。

4 核実験と重なる太平洋戦争、ミサイル実験、気候危機

「ところで、もう一つの爆弾の話はどうなんだ」。ビキニ環礁から西方三二〇キロメートルに位置するエニウェトク環礁のクニオという名の男性は、「私は足を傷つけられ、大量の出血をした。死にそうになったのだ。誰がこの足を傷つけたのか、誰が治してくれるのか」と、次第に声を高ぶらせた。しばらくの沈黙のあと、「日本の人に伝えてくれ」とつぶやいた。エニウェトク環礁はブラウン環礁と呼ばれ、一九四四年二月に日米の地上戦が展開されて現地の住民が巻き込まれ、クニオはそのとき負傷したのである。

戦火を生き延びた住民は、戦争が終わっても繰り返し移住を強いられた。一九四七年一一月、クリスマスを目前に控えた頃であった。「信託統治領政府の人が、マーシャル人を連れてやってきた。(南西に約二一〇キロメートル離れた)ウジェランにわれわれは行くことになったと言う。詳しい説明はなかった。ただ移動するということだけだった」とメアリーは振り返る。住民には知らされなかったが、地上戦の舞台となったエニウェトク環礁も、ビキニに続いて核実験場に選定され、住民は移動を強いられたのである。

エニウェトク環礁には米軍の太平洋の核実験本部も置かれ、一九四六年から五八年まで、ビキニの二三回に対し、エニウェトクでは四四回の核実験が実施された。核実験が終了した後もエニウェトクには米軍基地が置かれ、大陸間弾道ミサイル開発、さらに生物兵器の実験場ともされた。

そうしたなか、「これ以上の実験はやめろ」と住民は反対の声をあげ、ハワイの連邦地裁に実験停止を求める仮処分申請を出したりした[竹峰 2015: 216–217]。住民側は裁判にも勝訴し、エニウェトクの土地の軍事利用はついに幕を閉じ、核実験が終了して一八年を経た一九七六年に住民のもとに返還された。

そして同年五月から米国防総省原子力局が中心となり、「クリーンナップ」という名の除染が着手され、再居住計画が動き出した[豊﨑 2005: 下137–139, 197–198]。三年間で六〇〇〇人あまりの米兵らが投入され（写真6–8）、およそ一億ドルの経費がかけられ、一九八〇年四月、住民はようやく帰還を果たした。(9)

しかし、「クリーンにはなっていない」とエニウェトクの自治体首長代理を務めていたジェームスは指摘する。「米軍がやってきてクリーンナップをやり、泥が盛られ、塩水がたまっているところが島のあちこちにあった。鉄の残骸が残っているところもあった」。「よくない」からだ、とジェームスは語る。核実験の実施はもちろんのこと、続くミサイル実験の実施、さらには再居住計画や除染の過程でも、エニウェトクは変えられていった。「もう以前のようには戻らない」とクニオは語る。そうしたなか、ハワイ諸島のハワイ島に移住するエニウェトクの人びともおり、同島にはエニウェトクの人びとが暮らすコミュニティが形成されている。

住民が帰還できたのはエニウェトク環礁の南部に限定された。エニウェトク環礁北部のエンジェビ島の人びとは、ビキニの人びとと同じく今なお自分たちの土地に戻れてはいない。エニウェトク北部のエルゲラップ島は一九五二年、人類初の水爆実験「マイク」の爆心地となり、蒸発して影も形もなくなった。

エニウェトク環礁中部のルニット島には、直径約一一一メートル、高さ約八メートルの「ルニット・ドーム（Runit Dome）」と呼ばれる巨大なコンクリート製のドームが、「クリーンナップ」の末に出現した（写真6−9）。エニウェトク環礁の除染で集められた汚染土壌が格納されている。「幸運にして戻ることができたが、そこは放射能の島だったんだ」とクニオは語気を強めた。

写真6−8 エニウェトク環礁の除染作業．
米兵たちは防護服を着ることなく，
酷暑のなか上半身裸で作業したりして被曝した
写真所蔵：米国立公文書館

写真6−9 エニウェトク環礁の除染で集められた汚染土壌を格納し，
コンクリートで封印した核の墓場「ルニット・ドーム」
写真所蔵：米国立公文書館

「ルニット・ドームに汚染物質は流し込まれたが、その底に遮蔽するものは何も敷かれなかった。汚染物質は漏れ出している。表面にひび割れもある。アメリカのリバモア国立研究所もこれらは認めている。でも『レベルは低くて、害を及ぼすほどではない』とリバモアはいつも言う。アメリカ政府のもとにある研究所が言うことなんか信じられない」と、エニウェトク環礁選出の国会議員ジャック・アーディングは憤る。ルニット・ドームの中身、さらには核実験そのものに関して、「重要な情報を隠していたことがわかった」[Rust 2019]と、ロサンゼルス・タイムズ紙は二〇一九年一一月に報じた。一例として同紙は、米国はネバダ州の核実験場から一三〇トンもの土壌をマーシャル諸島のエニウェトク環礁に輸送していたことが、調査の結果、明らかになったと報じた。

エニウェトク環礁では気候危機による海面上昇も重なり、老朽化するルニット・ドームの浸水や破壊が憂慮されている。二〇一九年五月、「核の棺(ひつぎ)」だと国連のアニトニオ・グテレス事務総長はルニット・ドームを呼び、放射性物質の漏出に懸念を表明した[Swenson 2019]。

移住先の「私たちの島は沈むかもしれない」。二〇一七年三月のビキニデーで、ビキニ選出の国会議員エルドン・ノートが演説で語った言葉である。移住先となっているエジット島は二〇一四年に高潮と大潮に襲われ、キリ島は二〇一五年には島のほぼ全域が浸水し、住民は高台にある教会に避難をした。核実験場とされたビキニとエニウェトクの人びとの移住先には、マーシャル諸島全体がそうであるが、住民の暮らしを脅かす新たな脅威が重なってきている。「新たな『核』が徐々に近づいている」ともアルソン・ケレンは気候変動のことを表現する。

現在、マーシャル諸島で核実験は実施されてはいない。しかし、マーシャル諸島のクワジェリ

写真6-10　今なおミサイル実験が続けられているクワジェリンの米軍基地（2014年9月）
撮影：筆者

ン環礁には、米軍ミサイル基地「ロナルド・レーガン戦略ミサイル防衛実験場」が置かれる（**写真6-10**）。クワジェリンの米軍基地は、日本統治下で、日本海軍がマーシャル諸島防衛の拠点となる基地を置き、地上戦の舞台にもなった場所である。その場所は二〇二二年現在、核弾頭搭載可能な大陸間弾道ミサイル「ミニットマンⅢ」の実験が行われ、米本土のカリフォルニア州のバンデンバーグ空軍基地からクワジェリン環礁のラグーンをめがけてミサイルが発射され続けている。「実験を安全に行うため、人があまりいない広大な空き地が必要でした。クワジェリンは、この種の実験が行われる完璧な場所だったのです[10]」と、米軍基地の司令官（二〇〇九年当時）は説明する。「アメリカは、日本にはミサイルは打ち込めない。ロシアや中国にもミサイルは打ち込めない。でも、マーシャル諸島だからできるんだ。クワジェリンのミサイルに、いったいいくら使っているんだ。それならなぜ、ビキニの汚染除去をしないんだ」と、ある住民は悔しそうに語る。

マーシャル諸島をはじめ太平洋諸島地域が、自らの歴史を踏まえ注視する新たな核問題がある。それは二〇二一年四月、東京電力福島第一原子力発電所で発生し、タンク貯蔵されている「汚染水」を太平洋の海に放出する計画を日本政府が正式に発表したことに由来する。直後に太平洋諸島フォーラム（ＰＩＦ）のメグ・テイラー事務局長は、太平洋諸島地域の代表として、南太平洋非核地帯条約(ラロトンガ条約)が放射性廃棄物の海洋投棄の禁止を謳っていることを想起し、同計画に深い憂慮を表明した[Taylor 2021]。翌月、マーシャル諸島政府は、海は暮らしの源であることを述べ、同計画への懸念を表明し、日本政府に代替策の検討、海洋環境保全のための国際的な義務の履行、独立した調査、対話の実施などを求めた[RMI 2021]。北マリアナ諸島では、一九七九年の海洋投棄計画の再来だととらえられている。マーシャル諸島での核実験をはじめ、核と太平洋の歴史を想起して、反対する決議が北マリアナ諸島議会において全会一致で採択されている[竹峰 2022]。

5 まとめ――重層化する核被害と日本社会とのつながり

核兵器や原子炉に着目して国家の動向のみを追うこと、さらに広島、長崎への原爆投下を「人類初」「最後」「唯一」という「被爆ナショナリズム」[長岡 1977: 288]の枠内でとらえていては、核問題の輪郭は十分とらえられない。本稿は、核開発のもとで生み出されてきた世界の核被害者の姿をとらえるべく、グローバルヒバクシャの視点をもって、核実験場とされたマーシャル諸島とそこで生きた人びとの体験を追ってきた。かれらがたどった歴史的な経験を踏まえ、核被害をどうとらえていけばいいのか、まとめていく。

二〇一四年三月、水爆ブラボー実験から半世紀を目前に、核被害者団体「エラブ」が創設された。「エラブ」とは、マーシャル語で「破壊」を意味する。「破壊」といっても、核実験による目に見える物理的破壊の延長線上でとらえられるものだけではない。癌などの「ポイズン」がじりじりと島や住民の身に忍び寄り、健康とともに、文化や暮らし、心にも連鎖し、目につきにくい「破壊」も含まれている。「甲状腺の手術はした。しかし、すべてを取り除いたのではない。悲しみは心の中にある。外からは見えない」ともレメヨは語る。物理的損害や疾病の有無など、目につきやすいもの、表面化するものをなぞるだけでは、とうていとらえることができない奥行きを核被害は持っている。

マーシャル諸島の米核実験は、実施されていたのは一九四〇年代から五〇年代にかけてであるが、核被害は過去形で語れるものではない。核被害は、月日の流れのなかで必ずしも緩和されていくものでもない。核実験の実施時だけでなく、その後、データ収集の対象にされたロンゲラップの人びと、放置され続けたアイルックの人びと、「安全宣言」が出されて帰島したものの再び島を離れたビキニの人びとなど、核被害が折り重なっていったことを、マーシャル諸島の人びとの体験は教えてくれる。

二〇一七年、マーシャル諸島共和国大統領ヒルダ・ハイネ(当時)は、次のように述べている。「米核実験によって生じた「慰めることができない深い悲しみ、恐怖、怒り、それらは時が解決しうるものではない。適切な補償がなされず、残留放射能の汚染除去の問題にアメリカが対応する意思を示さないこと、そして、われわれの生命、海、土地に対する米核実験による終わりなき影響に真摯に向き合わない姿勢は、問題をより深刻化させている」[Heine 2017]。

放射能がもたらす被害は、気候変動などとともに、社会的に認知されずに、見えないところで時空を超えて徐々に広がる「スロー・バイオレンス」であると、米環境文学者ロブ・ニクソンは指摘する［Nixon 2011］。なぜ、核被害は社会的に認定されない、あるいはされにくいのであろうか。それは放射能が五感ではとらえられないからだけではない。マーシャル諸島のトニー・デブルム元外相は、自分たちが核実験とその後に受けてきた体験を踏まえ、加害者は核被害を「否定し、嘘をつき、機密にする」と指摘する。核被害は知覚しがたいだけでなく、政治的、社会的要因でも幾重にも潜在化し、不可視化させられているのである。

見えない核被害は疾患だけではなく、生活、文化、心など多方面にも広がり、かつ歴史的にも折り重なっている。「安全保障」を推進すれば、逆に安全が奪われる人びとがいるという「安全保障の逆説」を、核被害をこうむった人びとの経験は鮮明に映し出す。

線量数値でもって一律に定義できるほど核被害は単純なものではなく、個人単位だけでなく、コミュニティ全体にも広がる。被害は多角的かつ重層的に、将来への影響も視野に入れてとらえていく姿勢が不可欠である。核被害は歴史を反映しつつ、日々新しく更新されているものでもある。

終わりなき核被害の上に、気候危機がマーシャル諸島では重なってきている。「核から気候変動へと、問題は転換されたわけではない」とトニー・デブルムは指摘する。核も気候危機もともに、暮らしの根源である土地と海に損害を与え、住民の日常生活を根底から揺るがすものである。かつそれらの原因は自らが招いたものではなく、外から持ち込まれたものだ。マーシャル諸島の詩人のキャシー・ジェトニル＝キジナーは、「気候変動と核兵器の問題は関連している。これらは、最も広範で破壊的な環境人種差別の副産物であり、数十年にわたる国家の行動が、数千年にわたる悲惨な結末につながる」［Jetñil-Kijiner 2020］と指摘する。

　終わりなき核被害のなかで、核被害が折り重なるなかでも、そこで暮らし、生き続けてきた現地の人たちがいることは忘れてはなるまい。核被害者団体「エラブ」で代表を務めたヒロコとレメヨは、自らを「サバイバーズ（survivors）」と規定する（**写真6-11**）。サバイバーズは、単に生存者を意味する言葉ではない。核被害を受けたが、被害の前に泣き寝入りせずに立ち向かってきた。その生き抜いてきた軌跡が、サバイバーズの言葉に込められているのである。

写真6-11　被害の認知や補償を求め，米大使館前に集まった「エラブ」のメンバー（2003年9月）
撮影：筆者

　マーシャル諸島政府は、二〇一七年に核問題委員会（NNC）を立ち上げた。米国と対等な立場で補償交渉をするために、米国に情報開示を求める声が繰り返し聞かれる。現地で訴えられるのは、「再生」や「復興」ではなく、「核の正義（Nuclear Justice）」に基づく不公正の是正である。

　二〇一八年二月、レメヨは七七歳でこの世を去った。故郷のロンゲラップに帰ることはなく、首都マジュロにつくられた墓にレメヨは埋葬された。レメヨの葬儀のとき、「私はロンゲラップのヒバクシャだ」と筆者に近づいてきた男性がいた。マーシャル諸島と日本は、ともに核被害者としての共通する経験がある。そして核実験場とされたその場所は、南洋群島として日本が三〇年間支配してきた土地であり、日本の統治が終わるとすぐに、『戦後』という休息期すら与えられ」ず[前田 1979: ii]、核実験場が建設されたのである。「戦後」の日本社会が享受してきた平和と繁栄は、「核抑止」という名で、マーシャル諸島の人びとの犠牲の上につくられた米国の核兵器に依存してきた。日本とマーシャル諸島の間には、核廃棄物を放出する側と押しつけられる側という不均衡な関係性もある。

この章で述べてきたマーシャル諸島の人びとの核被害は、「小さな島」の「かわいそうな話」ではとうていとらえきれない。日本社会とも密接につながる問題としてとらえていく必要がある。

註

(1) 世界の核実験に関する概要は、世界各地の核実験の歴史、核実験場の場所、核実験の種類、核実験の各国別概要などがまとめられた、包括的核実験禁止条約機関準備委員会(CTBTO)の公式サイト内にある「核実験(Nuclear Testing)」の項目を参照されたい[CTBTO 2012]。

(2) 一九一四年に第一次世界大戦が勃発すると、日本海軍はヨーロッパでの総力戦に乗じて、西太平洋のドイツ領であった、現在の北マリアナ諸島、パラオ、ミクロネシア連邦、マーシャル諸島を占領し、臨時南洋群島防備隊を配備し軍政を敷いた。第一次世界大戦の戦後処理で新たな植民地獲得を認めないことが合意され、一九一九年に「南洋群島」は国際連盟委任統治領となった。日本海軍は順次撤退し、代わって日本の外務省の管轄下で設置された南洋庁が委任統治を行った。満州事変後の一九三三年、日本は国際連盟を脱退したが、引き続き南洋群島を統治し、一九三八年、日本政府は国家総動員法を公布し、南洋群島にも施行した。

(3) 旧「南洋群島」地域を統治していた日本が戦争に敗れると、米軍による占領が始まり、その後、一九四七年からは国連の太平洋諸島信託統治領として米国が統治した。米国の信託統治下において、一九六五年にミクロネシア議会が発足。一九七八年には住民投票の結果、マーシャル諸島は統一ミクロネシア構想から脱退し、翌一九七九年にマーシャル諸島自治政府が発足。憲法も制定され、アマタ・カブアが自治政府大統領に就任した。そして一九八六年一〇月、米国との間で自由連合協定(防衛・安全保障について米国が権限と責任を有する一方、財政支援を行う取り決め)が発効し、マーシャル諸島共和国として独立を果たした。一九九一年には国連に加盟している。

(4) 本章が論じるマーシャル諸島の米核実験の中で現地の人びとがどう生きてきたのか、また米政府側の公文書記録は、より詳しくは竹峰[2015]を参照されたい。

(5) 汚染魚を廃棄した船舶は第五福竜丸だけでなく、一九五四年末までに一〇〇〇隻あまりにのぼった。しかし第五福竜丸以外の乗組員には見舞金すら渡ることなく、健康診断すら行われず放置された。高知県では太平洋の核実験に遭遇した地域の船員を掘り起こそうと、「太平洋核実験被災支援センター」が地道に活動を続ける。当時、米国の統治下にあった沖縄の船や、台湾や韓国の船も視野に収めて展開され、さらに核兵器禁止条約の核被害者援助と国際協力の規定を見据え、マーシャル諸島やキリバスなど太平洋の核実験被害者ともつながろうとしている。

(6) 「朝日新聞」一九九四年一一月三日朝刊。

(7) 日本政府が進めた放射性廃棄物の太平洋への投棄計画に反対する署名運動は、一九八〇年八月から『土の声、民の声』(自主講座)の号外として刊行された「核廃棄物海洋投棄反対署名運動特集」(一九八二年一月発行の一七号は「非核太平洋国際署名運動特集」、同年二月発行の一八号以降は「反核太平洋国際署名運動特集」に改題)に詳しい。一九八三年三月までに二九号刊行された。

(8) 二〇一七年三月一日、首都マジュロで開催された「核の遺産国際会議」で登壇し語られたことである。

(9) 「日本経済新聞」一九八〇年四月八日「水爆にふるさとの島追われ　三三年ぶり、やっと帰島」。

(10) ABC News, "Rocket Island," in Foreign Correspondent, August 4, 2009.

第7章

環境正義運動は何を問いかけ、何を変えてきたのか

原口弥生

1 はじめに

広く知られているように、環境正義（environmental justice）の主張は、一九八〇年代のアメリカ合衆国南部での有色人種による有害廃棄物処分への反対運動に端を発するが、現在に至るまで学問的にも社会的にも運動論や環境政策、環境倫理に影響を及ぼし続けている。環境正義は今やアメリカ国内のみの議論ではなく、気候変動政策における気候正義、あるいは食糧へのアクセスに関する「食の正義」運動、エネルギー正義など、世界規模で多様な環境問題における社会的公正の問題提起の基盤となっている。

一九八〇年代初頭の運動の誕生から四〇年が経過する現時点で、環境正義運動はアメリカ社会

に何を問いかけ、アメリカ国内外の政治・経済・社会においてどのような影響を及ぼし、何を変えてきたのだろうか。

一九八二年九月、ノースカロライナ州ウォレン郡でのPCB汚染土壌の搬入阻止のために、アフリカ系住民や公民権活動家たちが大規模な抗議運動を展開した。土壌汚染の責任者を特定するまでの間、基金を通して浄化費用を潜在的当事者に負わせる「スーパーファンド法」(第2節で後述)の適用により、州政府が撤去した有害廃棄物の搬入先として選ばれたのは、州内で最も黒人人口割合が高く、多くの家庭が井戸水を使い、地下水汚染が懸念される地域であったのである。最後は、搬入路に横たわってトラックを止めようとする数百名の人びとを逮捕して汚染土壌が強行搬入されたこの出来事は、人種差別と環境リスクの意図的な結びつきを多くの人に印象づけることになった。

その後の一連の調査により、人種的・民族的マイノリティ地域は環境リスクや環境負荷という負担を不平等に強いられていることが明らかとなり、環境人種差別(environmental racism)という問題が提起された。低賃金労働や大規模な企業優遇措置などを背景に「サンベルト(Sunbelt)」と呼ばれる工業地帯を形成したアメリカ南部が中心で、本章で紹介するルイジアナ州も、その重要な拠点となっている。ルイジアナ州でも、経済力の弱いアフリカ系や先住民族コミュニティに環境負荷が集中する構造が、経済社会システムの中に組み込まれている。

本章では、一九九四年の「環境正義に関する大統領令」などの成果にもかかわらず、なぜ環境差別的な分配が解決されないのかを事例をもとにみていく。また、この四〇年間で環境正義の問いがどのような変容を遂げているのかも指摘したい。

2　州間環境格差の犠牲

ルイジアナ州グランボアでの健康被害と州議会の対応

〝知識は力なり〟だと教わってきたし、そう思ってきましたが、すぐに知識は力になりえないことを学びました。残念ながら、お金こそが力でした。……州議会で議案が否決されると、傍聴席に座っていた住民たちはひどく失望して、泣いている人もいました。でも誰もあきらめていなかった。みんな、こう言うんです。「今回はダメだったけど、また戻ってくるし闘い続けるしかないでしょう」と。[1]

この言葉は、ルイジアナ州南部の石油系有害廃棄物の投棄問題に取り組んだネイティブ・インディアンの女性（四〇代）の言葉である。当時、この地域のホーマー・インディアン部族連合（United Houma Nation）の総代表でもあった。州都バトンルージュまで自宅から二時間かけて住民とともに州議会の傍聴に出かけ、当時、ルイジアナ州には存在しなかった石油系有害廃棄物の処理規制に関する州法案が議会で却下されたため、深い落胆のなか振り返っての言葉である。

この州法案の契機となったのは、アラバマ州の油田掘削に際し発生した石油系の有害廃棄物が、その処理基準が緩いルイジアナ州で投棄され、周辺住民に健康被害をもたらした事件であった。ホーマー・インディアンとケイジャン(Cajun)と呼ばれるフランス系の子孫が住むグランボア(Grand Bois)は、さとうきび畑や湿地、水路に囲まれた住民三〇〇人の小さな農村コミュニティである。一九九四年三月、この集落に隣接する敷地に、一〇日間で合計八一台のトラックが運んできた石油スラッジ(原油タンクに堆積した沈殿物)が投棄されたことによって、一帯は強烈な臭いに包まれ、子どもを含む住民に頭痛、下痢、めまい、呼吸器系などの健康被害が数日間にわたって引き起こされた。エクソン社の石油系廃棄物の処分に関わった従業員は、全身を覆う防護服を着用しており、数百万バレルの有害廃棄物には、ベンゼン、キシレン、硫化物、ヒ素などが含まれていることがのちに判明している。

二人の子どもを持つ三〇代の女性が住民リーダーとなり、この地域で代々続く開業医で、地域住民からの信頼も厚いマイク・ロビーショー氏がこの問題を受けて州議員となり、立法などの面で政治的に住民を支えた。州内の環境団体とも協力し運動を展開したが、前述したとおり、州議会は石油化学産業界からの政治的圧力行使といったロビー活動の影響を強く受けており、住民たちは落胆せざるをえない状況に直面した。ロビーショー州議員(当時)は、州議会の自然資源委員会で孤軍奮闘したが、州全域の石油系廃棄物の規制を目指すことは「自殺行為」だと思われたために、グランボアの問題に絞っての規制を提案した[Roberts and Toffolon-Weiss 2001: 146]。それでも法案は採択されなかった。

✹州間での環境格差と犠牲の集中

同じく石油化学産業がメキシコ湾岸に集中するテキサス州では、一九八〇年半ばに有害廃棄物の動きを追跡できるマニフェスト制度を独自に導入しており、また、油田の貯油施設には州の許認可を必要とし、漏水対策も必要とするなど、一万二〇〇〇の油田廃棄物の圧入井（あつにゅうせい）と六七〇〇の廃棄物ピットを対象に規制を行っていた。同じ時期にカリフォルニア州では、採掘時に出る石油系廃棄物で一定レベルの重金属や有害化学物質を含むものは「有害廃棄物」と定義されており、今回の事件の発生源であるアラバマ州では、油田で発生する廃棄物処理に関して、住宅地との距離確保などを求める規制が存在した。アラバマ州では有害廃棄物となる石油系廃棄物を処分するためには、一バレルあたり八五ドルかかるのに対し、ルイジアナ州のこの施設は一バレル六・五ドルで請け負った。輸送費は別として、処理費は一三分の一であった。

ラブキャナル事件などを受けて一九八〇年に制定された通称スーパーファンド法「包括的環境対策・補償・責任法」の策定時に、石油系廃棄物についても規制対象とすることを環境活動家は求めたが、業界団体のロビー活動によって連邦レベルの規制の対象外とされた。そのため、石油や天然ガスの鉱物採鉱に伴い発生する有害廃棄物の処理規制は、連邦レベルではなく、州政府に任されていた。前述のとおり、一般的に一定基準以上の有害化学物質が検出されると「有害廃棄物」と定義されて管理下に置かれ、処理が進むが、油田等から出た廃棄物はルイジアナ州では無条件に規制対象外となっており、他州から運び込まれた石油系廃棄物も同様だった。

住民は廃棄物排出業者のエクソン社と処分場運営企業（USリキッド社）を相手取り、裁判に踏み切ったが、「有害廃棄物」と定義されていない廃棄物投棄が合法的に行われた結果の健康被害であり、投棄と被害の因果関係の立証を含めて困難な状況に直面した。裁判のプロセスも、住民にとっては公平とは言いがたかった。民事の陪審裁判として進んだが、住民が信頼したルイジアナ州立大学医学大学院の労働毒性学のパトリッシア・ウィリアムズ博士が行った住民の健康調査結果を採用しないなど、不信感が残る結果となった。

環境正義の追求において、地域のしがらみが強い農村コミュニティでは司法も時に大きな壁となりうる。アメリカの裁判官は選挙によって選出されるため、農村部では地域社会のマジョリティを刺激したり敵に回す判断をすることは難しい。同じく陪審員も、石油化学産業に対して抵抗することに大きな躊躇があるこの地域の住民から選任される。陪審員は地域社会のマジョリティの意見を反映することになり、このケースでは、石油化学産業に地域経済が依存するなか、周囲の地域よりも経済レベルが低いグランボア住民の苦悩や被害に陪審員が共感するかどうかが鍵であった。住民代表だったクラリス・フリールーは、陪審員に対する不信感と怒りを隠さない[(2)]。結果的には企業に賠償を命じる判決が一九九八年に出たが、州内で圧倒的な政治・経済力を誇る石油メジャーの一角であるエクソン社を相手に闘うことは、州議会という政治だけではなく、司法の面においても住民にとっては容易ではなかった。

スーパーファンド法の規制の穴に起因する州間でのダブル・スタンダードともいえる環境規制格差を背景に、ルイジアナ州の住民は脆弱な環境のもとに置かれていた。そのなかでも、なぜ有害廃棄物の投棄先がグランボアだったのか。健康被害が発生してもなお、他州では運用されている環境規制をルイジアナ州議会は却下しえたのか。環境規制が緩いことによって発生するリスクは州内で等しく存在するのではなく、そのリスクは一部のコミュニティに集中することを示している。

◆被害の放置

ルイジアナ州内において、油田地帯での有害な石油廃棄物によって地下水や井戸水、湿地が汚染されていることが一九八〇年代に全米紙でも報道されていたが[3]、一九九〇年代になっても改善はされていなかった。約半世紀近く、州内の環境問題に関わってきた環境科学家のウィルマ・スブラは、一九六〇年代や一九七〇年代においても石油・ガス産業によって汚泥が発生し、畑地の井戸が汚染されたことがあったが、企業から賠償金を得ることで住民は納得しており、とくに抗議を行うことはなく、むしろ声をあげることには躊躇がみられたという[4]。社会問題というよりは、個人的な問題としてとらえられており、企業側も住民側も、汚染自体を大きな問題とはとらえず、金銭的補塡で解決がなされてきた。

ところが、一九八〇年代後半以降、とくに一九九〇年代以降、汚染による環境や健康への影響について住民の意識は大きく変化してきた。しかしながら、直面したのは、被害が発生してもなお、企業や産業界の利益を優先し、住民の被害を無きものとして対応を続ける行政や政治リーダー(州議会)であった。住民は汚染に対し、以前と比べて著しく厳しい目を向けるようになっていたにもかかわらず、産業界や政治リーダーにとっての汚染の許容度は、以前と変らないままだった。とくに、周囲と比べ経済レベルが低く、人種的・民族的マイノリティが住むグランボアのような農村地域、あるいは工業地帯の地域住民の良好な環境を享受する権利の主張が低く評価されている結果、被害の放置と犠牲の集中が生まれている。

3 繰り返される環境正義運動

がん回廊での住民運動

筆者がフィールドとするアメリカ南部ルイジアナ州では、一九九〇年代以降、毎年のように州南部の各地で新しい環境問題が浮上し、住民たちはそれに対して格闘してきた。ミシシッピ川河口のニューオーリンズから州都バトンルージュの間には、約二〇〇以上の石油化学・化学産業関連施設が林立し、「がん回廊(Cancer alley)」とも呼ばれる地域である[5](写真7-1)。二〇一〇年四月にはメキシコ湾で大規模な原油流出事故が発生したことが記憶に新しい。一九八九年のエクソン・バルディーズ号原油流出事故を超え、米国史上最悪の被害をもたらした。

ルイジアナ州南部では、一九六〇年代以降、ミシシッピ川から供給される水道水の石油系の臭いやまずさ、環境面での有害化学物質による汚染が散発的には問題とされていた。一九八一年には、バトンルージュのアフリカ系コミュニティのアルセンで、廃棄物処理業大手のローリング環境サービス社に対して集団訴訟を起こすなどの動きもあった。環境正義運動の第一声として有名な一九八二年のノースカロライナ州ウォレン郡での大規模な抗議運動より以前から、この地で

写真7-1　ミシシッピ川沿いに点在する工場群
（2010年，ルイジアナ州セントジェームス郡）
撮影：筆者

の活動は展開されていた。一九八六年には、州内の草の根環境団体をネットワークで結ぶ「ルイジアナ環境行動ネットワーク（LEAN：Louisiana Environmental Action Network）」が結成され、前記のグランボアをはじめとして、各地の住民団体の活動を三五年以上にわたって支えている。他には、シエラクラブの地域支部は、一九八〇年代から環境正義運動に深くコミットし続けており、地域環境運動の主要な役割を果たしている。

ルイジアナ州の環境正義運動の一連の展開は、問題多発地帯であることが背景にはあるが、それだけではなく、住民のエンパワーメントをサポートする運動ネットワークの存在が大きく関わっている。住民運動を技術面で支えるウィルマ・スブラ、ネットワークで支える環境団体LEAN、そして行政手続きや司法の面で支える地元大学（テュレーン大学ロースクール・クリニック）など、行政や大企業を前に十分な社会資源とは言いがたいが、一つのケースの解決に数十年かかることもあり、各地で提起されている住民運動の拠り所として安定した運動ネットワークの存在が大きい。他にも住民団体からの信頼を得続けるシエラクラブ地域支部も、積極的な活動を展開している。これらの存在がなければ、この地域での長年にわたる、また州内各地での環境正義運動の展開はまったく別のものとなっていただろう。

環境正義運動の誕生に、公民権団体が重要な役割を果たしたことはよく知られている。ルイジアナ州でも、公民権団体である「メキシコ湾借家人組織(Gulf Coast Tenants Organization)」や「全米黒人地位向上協会(NAACP：National Association for the Advancement of Colored People)」が、一九九〇年代中頃まではローカルな環境正義運動に関わることはみられた。だがそれ以降、理念重視の活動が重要となる全米レベルの組織は別として、NAACPをはじめとする地域の公民権団体が州内の各地域の住民運動を支援している様子はみられない。環境正義運動は、人種的マイノリティの中でも比較的、低階層の住民による運動である。アフリカ系住民ビジネスやアフリカ系議員からの支援は、必ずしも得られるとは言いがたく、むしろ経済開発を支援するケースも珍しくないことは付言しておきたい。

◆日本企業の進出と環境正義運動の展開

グランボアのケースと同じ時期に、ルイジアナ州では信越化学工業の子会社Shintech社が環境正義運動の批判対象となり、連邦環境保護庁(EPA：U.S. Environmental Protection Agency)の環境正義政策のテストケースとなるなど注目を集めていた[原口 1999]。それから約二〇年が経過し、再度、日本の化学企業デンカ(Denka)の進出に対して、ほど近い地域で強い抗議運動が展開されており、連邦EPAはこのケースを環境正義の調査対象としている[6](写真7-2)。

今回、争点となっているのは合成ゴムの原材料であるクロロプレンという物質である。米化学大手デュポン社から日本企業デンカが、ルイジアナ州セントジョン郡リザーブのクロロプレン工場を買収するという売買契約が正式に成立した翌月の二〇一五年一二月に、連邦EPAはクロロ

写真7-2　1990年代後半のルイジアナ州での企業進出への抗議運動（左端は，環境団体 LEAN 代表のメアー氏）
写真提供：*The Advocate*

プレンの基準を大幅に厳格にするとともに[7]、レポートの中で発がんリスクが全米の中で最も高い地域としてこの地域を公表した。この公表後、地域住民は進出してきた日本企業に対して抗議運動を展開している。

　これを受けてデンカ社は二〇一七年に、大気汚染物質の除去のために四〇億円近い設備投資を行い、八五％の汚染物質の排出量削減を達成したと公表しており、削減の努力は行っていることは間違いない。ただし、モニタリング結果ではまだ基準値以上の排出は頻繁にみられており、工場近くに小学校があるなど、住民の不安は収まっておらず訴訟も展開されている。連邦EPAがクロロプレンの規制強化をしている最中、環境正義問題も頻発している地域で、日本企業が工場買収に臨んでしまった結果、大きな抗議運動の対象となった事例である[8]。

　日本企業だけではなく、台湾系化学企業フォルモサ・プラスチック（FPG）の進出を阻止した住民運動が一九九〇年代初頭に展開されたが、それから三〇年が経過して再度、FPG社の進出がこの地域を揺るがしている。世界的にも石油化学産業が集積する地域であり、現在もアジア系を含む多国籍企業が工業インフラが整備されたこの地に大規模な工場進出や拡大を続けている状況にある。グローバル展開をする日本企業も環境正義問題の例外ではなく、この構造を理解せずに進出した場合には、今後も抗議の対象となるだろう。

すでに汚染が全米有数というこの地域で、州政府の許可のもとで今後もどれほどの汚染が進んでいくのか、この論点は四〇年前と何ら変わらない。しかし、この間、アメリカ南部が経験した自然災害を契機に、災害被害と回復・復興、そして社会構造との関係性が環境正義という視点から問われるようになり、次でみるように環境正義の領域を押し広げる結果となっている。

4 自然災害と環境正義

◉ハリケーン・カトリーナ――自然災害と社会的不公平の交錯

二〇〇五年にアメリカ南部を襲ったハリケーン・カトリーナは、当時のブッシュ大統領の対応の遅さが厳しい政権批判を招いたという短期的な影響だけではなく、その後のハリケーン・サンディ(二〇一二年)などの被害が続いたことにより、米国内の防災や気候変動対策などの政策に深く影響を及ぼすこととなった。

ハリケーン・カトリーナの被害に遭ったニューオーリンズでは、八割の地域が洪水による浸水に見舞われたが、その被害の程度は、歴史的な都市計画や土地利用という災害前の人種的セグリゲーション(居住地域分化現象)とも無関係ではなかった。ミシシッピ川沿いの自然堤防沿いに建設

写真7-3 被災したスーパーファンド指定地域（2015年8月，ルイジアナ州ニューオーリンズ市）．ハリケーン・カトリーナ後も復興から取り残された
撮影：筆者

された地域は被害が少なかったが、多くが地価も高く白人が多いコミュニティであった。市の当初の復興計画では、洪水被害がひどくアフリカ系住民の比率が高い地域が防災緑地などの洪水コントロール地域とされ、復興の対象とされていない、すなわちこの地域の住民は帰還する地域を奪われるなど、課題も多かった。これらは強い反対の声を受け撤回されており〔原口 2014〕、その後は住民参加型の復興プロセスへと転換することとなった。

ニューオーリンズ市内では、ラブキャナル事件と同様に、一九七〇年代後半から廃棄物処分場跡地に小学校と住宅地が建設され、住民たちは何も知らされず購入した問題が存在する。州内に数多く存在する環境正義問題の一つである。

一九八六年に小学校が開校し、九〇〇人の子どもたちが通ってきていたが、一九九〇年代に入り事実を知った住民たちが、市に対して抗議を行っていた。ニューオーリンズ・イーストと呼ばれるアフリカ系住民が多く住む地域であり、連邦政府も州政府も、当初は土壌汚染の事実も健康へのリスクも否定していたが、のちに汚染を認め、一九九四年には土壌汚染対策の対象地域(スーパーファンド指定地域)となった。

この地域も、ハリケーン・カトリーナでは甚大な被害を受けた(写真7-3)。被災から五年が経過した二〇一〇年、市内の被災地域を回っているなかで、この地域にはまったく人が戻ってきておらず、廃墟には落書きだけが目立っていた。住民が戻りつつある他の地域とは様相が異なっていたのが印象的である。このカトリーナ被災を機に、別の地域に移転した住民もいる。環境正義の問題に直面していた地域、すなわち環境汚染を抱える地域では、住民の帰還も遅れがちであり、地域再生もより困難といえる。市を相手取った裁判で、二〇二二年に高額の賠償金が市に命じられ、住民たちが約三〇年間訴えた住民移転がようやく現実になろうとしている。

◆グローバルな気候正義への転換

カトリーナ災害を経験したルイジアナ州では、気候変動の影響は現実問題として受け止められている。その一つが、気候変動への適応策として動いている住民移転である。湿地としてはカリフォルニア州やフロリダ州がよく知られているが、アメリカ国内で最大の湿地帯を有するのはミシシッピ川河口域を有するルイジアナ州である。湿地帯に居住するホーマー・インディアンのコミュニティの住民移転が、将来的な居住地域の喪失に備え、連邦政府からの補助を受けて展開されている。

環境正義運動や研究者にとって、ハリケーン・カトリーナ災害の経験は、環境正義の問題領域を大きく広げる結果につながった。自然災害の被害そして復興政策による影響が、歴史的な都市形成の文脈を含めて社会的不公正と無関係ではないことが災害を通じて明らかにされてきたためである［Bullard 1990 ほか］。

その後、アメリカ国内における環境正義運動の展開は、国際的にも広く普及することに貢献し、国連のSDGs（持続可能な開発目標）や気候正義（Climate Justice）の運動にもつながっているといえよう。アメリカ国内外で、気候変動の影響を最も受けるのは誰か、どのような被害が発生するのかという議論や研究が、多様なセクターを巻き込んで行われている。

5 環境正義運動がもたらしたアメリカ社会の変化

近年、大きな問題となったミシガン州フリントの水道汚染問題（二〇一四年頃〜）は、環境人種差別が過去の産物ではなく、残念ながら今もなお存在することをアメリカ国内に示した。一九八〇年代からの環境正義運動は、この四〇年間の運動において、アメリカ社会に何を問い、何を明らかにし、どのような変化をもたらしてきたのだろうか。

◆アメリカ環境主義の多様化

環境正義運動において、当初の問題提起は「環境エリート主義」に向けられた。環境正義に関して網羅的な考察を行ったMohai らは、二〇〇九年に「今もなお、環境主義の領域を広げ、正義（justice）の問題まで含めることが常に良いことなのかについて、環境主義者の間で意見の一致はみられない」[Mohai et al. 2009: 407]と評価した。有力な環境団体が環境正義をそのスローガンに含めるようになったのも事実だが、多くの環境団体にとっては環境正義に踏み込むことは団体のアイデンティティにも関わることであり、大きな分岐点となるため、そう簡単ではないことも確かであろう。

写真7-4　カトリーナ被災10周年イベントで説明する，環境正義活動家でシエラクラブの Darryl Malek-Wiley 氏（右）（2015年8月，ニューオーリンズ市）
撮影：筆者

とはいえ、変化も確実にみられる。伝統的な環境団体であるシエラクラブは、六〇年代の公民権運動までは、事実上、加入できるのは白人のみである閉鎖的な「クラブ」であったが、環境正義運動からの批判を受け止め、団体のスローガンを再定義して環境と社会的公平の交錯にまで活動を広げてきた団体の一つである。二〇一五年四月、一二三年の歴史においてシエラクラブ初となるアフリカ系アメリカ人の代表が生まれた（アーロン・メアー氏）。元ニューヨーク州の疫学専門家という経歴を持つメアー氏とは、ハリケーン・カトリーナから一〇年となる二〇一五年八月に筆者がニューオーリンズを訪問していた際に偶然、話す機会もあった。シエラクラブ以外にも、団体の活動方針として環境正義を含める有力な環境団体は少なくない。アメリカの環境主義において、環境被害・リスクを考える際に社会的弱者の視点から問題を考察することが重要視される点は、四〇年前とは大きく異なる部分である（写真7－4）。

◆政策的な展開

環境正義運動は、当初から非常に政策志向的でもあった。環境正義運動誕生のシンボルとされるノースカロライナ州ウォレン郡でのPCB汚染土壌の阻止運動の後、この運動を率いたベン・チャビス氏は、「環境人種差別とは、環境政策における意思決定、規則や法の執行における人種差別的な差別であり、有色人種コミュニティを有害廃棄物施設のターゲットとすること、われわれのコミュニティに生命を危険にさらす有毒物や汚染物質の存在を公的に承認すること、そして自然保全運動のリーダー層から有色人種を排除してきた歴史」とした［Bullard 1990］。

一九九四年にクリントン大統領による「環境正義に関する大統領令」が発令され、一つの政策的成果を得たが、法律ではないため不十分とする見方もあり、継続的にアメリカ連邦議会には「環境正義法案」が提出されてきたが、いまだ実現していない。また、公民権法は当初、運動にとっては有益な武器となるとも見られたが、公民権法を根拠とする連邦EPA（環境保護庁）の動きは鈍いままである［Benford 2005: 46］。

そのなかでも、いくつかの政策的進展はみられる。例えば、産業施設の許認可審査において、既存の産業施設から排出される多種類の化学物質の総リスク評価を行い（累積リスク評価）、新規の産業施設の許認可審査の評価基準の一つとする動きである。環境正義コミュニティの多くは、発電所や廃棄物、化学工場など、すでに累積する環境リスクの中で生活しており、環境リスクの追加が容易に認められる状況を「環境人種差別」として訴えてきた。産業施設を中心とする許認可審査に加え、住民の環境健康リスクという視点から施設の許認可をとらえる動きは、環境正義運動の重要な成果の一つであろう。

さらに、二〇二一年に誕生した民主党のバイデン大統領政権は、これまでになく環境正義を最重要政策として掲げており、男性では初のアフリカ系環境保護庁長官としてマイケル・レーガンを指名した。レーガン長官は、有力な環境NPOである環境防衛基金(EDF：Environmental Defense Fund)での経歴もあり、気候変動や環境正義政策の推進が期待されている。トランプ政権下で環境保護庁長官を務めたアンドリュー・ウィラー氏が、石炭系業界のロビーイスト出身であったのとは対照的である。

具体的な施策として、バイデン政権下では「ジャスティス40イニシアティブ」が掲げられている。これは、すべての省庁にまたがる取り組みとして、環境正義や気候変動やクリーンエネルギー関連の投資のうち四〇%以上を「不利な立場にあるコミュニティ(DAC：disadvantaged communities)」に配分することを約束するものである。[9] 環境正義が国家の重要施策として掲げられており、気候変動への対応も環境正義と関連づけられている点や、長年の課題である鉛汚染への対応などは、運動の成果として一定の評価はできる。ただし、省エネやグリーンエネルギーなども含む「ジャスティス40」は経済投資が中心であり、それらの多くは環境正義コミュニティが苦悩していることに直接応える政策であるとは言い切ることができない。今後の展開を慎重にみていく必要があるだろう。

6 環境正義は何を問題提起するのか

本章では、アメリカ合衆国における環境正義をめぐる運動の展開や社会的影響についてみてきた。問題の核心を確認しつつ、環境正義は何を提起するのかについて考えてみたい。アメリカ国内では、人種差別の歴史、土地利用、経済開発といった複雑な文脈のなかで、構造的に環境リスクが人種的マイノリティや低所得者層の居住区に、不平等に存在する。この状況に対し、環境正義の追求は分配的正義を求める運動として始まり、そのために必要とされる手続き的正義も理念的にはある程度、社会に受容されるに至っている。だが、その解決プロセスにおいては、決定的な打開策が示されている状況にはないのが現状である。

本章でみた南部ルイジアナ州では、この四〇年間、環境NPOやコミュニティ団体、大学等の専門家が連携しつつ、環境正義運動として連綿と活動を積み重ねてきた。アメリカ西海岸の諸州とは異なり、環境意識が決して高いとは言えない地域において、州の主要産業や州政府や自治体を相手に長期間、闘い続けることは容易なことではない。環境正義というスローガンの存在が、この地域の多様な住民運動を長期に支えてきたバックボーンであったことは間違いない。

近年では、運動理念と分析概念という二つの側面をあわせ持つ環境正義の概念自体も、アメリカ国内の文脈に閉じた議論から、Schlosberg［2013］のようにエコロジカルな正義にまで拡張しようとする動きがある。その一方では、不公正の犠牲の主体として生態系を含めて検討するという概念の拡散によって運動が停滞しているという指摘もあり［Benford 2005］、論争は続いている。とはいえ、アメリカ国内で環境正義運動が過去約四〇年において、より広く、深く展開してきたのは、現代の社会の安全や経済成長の裏で進行する「犠牲の集中」に対する社会の敏感さ、そして、社会的マイノリティの環境、健康や命の価値が平等に扱われているかが問われてきた成果である。また、それを問い続ける「声」を発し続ける主体の存在、すなわち人種的マイノリティ等の社会的弱者ともいわれる人びとのエンパワーメントは、やはり見過ごすことはできない。

　アメリカの人種差別と公民権運動という文脈から始まった環境正義運動は、今や世界的な気候正義の問題や先住民の人権、あるいはグローバルなエネルギー正義の問題提起につながっている。アメリカの環境正義運動の重要な派生的帰結であり、この点は、運動とは別の文脈からの理論的な環境正義研究の進展の成果とみることもできよう。

　日本国内の問題をとらえる際にも、環境と正義・社会的公正という視点から考察する意味は大きい。環境正義という言葉では表現されてこなかったが、日本国内の公害問題の多くは住民の健康被害が放置され無視されてきた結果、発生してきたものであり、それへの抗議は環境正義運動そのものであった。他方で、気候正義への関心が日本国内では決して高いとは言いがたいことは、日本国内での環境問題における被災者や被害者の権利回復を求める動きへの共感の低さや、「犠牲の集中」という社会的不公正への関心の低さを示唆しているのではないだろうか。

「犠牲の集中」の最たるケースでもある福島原発事故を考えると、震災から一〇年以上が経過し、被災者そして被災地への関心や共感も急速に減少しているのではないかという懸念もある。被害地域や被災者への社会の関心が失われた瞬間に、廃炉作業を含め今後も長期に及ぶ福島原発災害において、被災地ならびに被災者への「犠牲の集中」がさらに増幅する可能性がある。ハリケーン・カトリーナを機に、環境正義運動がその問題関心領域を広げていったように、環境正義の視点から原子力災害である福島原発事故の被害そして復興過程をどのように読み解いていくのか、これから問われ続けるだろう。

註

(1) ブレンダ・ロビーショーさんへのインタビュー(米ルイジアナ州ラフォーシュ郡レースランド、二〇〇二年二月二一日)。州議員となるマイク・ロビーショー氏の妻でもある。

(2) クラリス・フリールーさんへのインタビュー(ルイジアナ州グランボア、二〇〇一年三月一三日)。

(3) 例えば、一九八四年のウォール・ストリート・ジャーナル紙の報道など。

(4) 地域の環境団体LEANのメンバーとして活躍する環境科学専門家のウィルマ・スブラ氏へのインタビュー(米ルイジアナ州ニューアイベリア、二〇〇〇年二月一七日)。

(5) 発端の一つは、一九七八年に全米がん協会が公表した膀胱がん由来の死亡率の全米トップ一〇%に、この地域の八のパリッシュ(郡に相当)が含まれていたことである。近年、地元の有力大学テュレーン大学の研究にて、ルイジアナ州内の大気汚染レベルと発がん率との相関関係が証明され、さらに人種とも高い相関にある貧困との関連性も高いことを立証する研究成果も発表されている[Terrell and St. Julien 2022]。

(6) デンカ社に関する連邦EPA、ルイジアナ州のウェブサイト参照。
(https://www.epa.gov/la/laplace-st-john-baptist-parish-louisiana)[最終アクセス日:二〇二二年六月三〇日]
(https://deq.louisiana.gov/index.cfm?md=pagebuilder&tmp=home&pid=denka)[最終アクセス日:二〇二二年

六月三〇日〕

（7）連邦ＥＰＡによる、二〇一一年の全米大気有害性評価（ＮＡＴＡ：National Air Toxics Assessment）の結果による。

（8）日本企業がターゲットとされているのかとも思ってしまうが、一九九〇年代後半に対象となった日本企業は世界最大の塩化ビニル製造メーカーであり、当時、塩化ビニルはダイオキシンの発生源として注目されていた。今回の企業は米国内で最大のクロロプレン生産量を持つ企業であり、連邦ＥＰＡは二〇一一年頃からこの物質に注目しており、単に日本企業叩きとも言えない。また、デュポン社は中西部の工場をクロロプレン問題を契機に先に手放しており、このルイジアナ工場を日本企業に売却した後も責任を逃れたわけではなく、罰金などを科されている。

（9）White House ウェブサイト「The Path to Achieving Justice40」。（https://www.whitehouse.gov/omb/briefing-room/2021/07/20/the-path-to-achieving-justice40/）〔最終アクセス日：二〇二二年六月三〇日〕

コラムB

新しい環境リスク
――環境過敏症という名の「公害」

◆堀田恭子

環境省の環境リスク評価室が二〇一一年から二〇一六年まで実施した化学物質の人への曝露量モニタリング調査によると、私たちは実に多くの化学物質に曝露していることがわかる[環境省環境保健部環境リスク評価室 2017]。血液と尿と食事経由で測定された化学物質は、例えばダイオキシン類、PCB、鉛、総水銀(メチル水銀・無機水銀など)、有機塩素系農薬、カドミウム、ヒ素など多岐にわたる。毒性や残留性が高いため法で規制され、生産中止となっている化学物質にも私たちはさらされているのである[木村-黒田 2018]。ただし、曝露からすぐに健康被害が生じるとは限らない。また、健康被害と原因物質との因果関係が明らかになれば、規制や予防もなされる。危ないといわれている食材などが明確になれば、個々の判断で摂取を避けることもできる。

四大公害の原因物質は産業労働の現場から排出された。ある程度、原因企業の特定は可能であったにもかかわらず、企業や国は因果関係を曖昧にして対策を怠り、被害を矮小化して責任を認めなかったことにより、被害は潜在し長期化した。同じ地域に住み、あるいは同じ食生活でありながら、個々の体調不良が社会的な病気として制度的に認められない未認定問題は、いまだに解決されていない。にもかかわらず、私たちは大量生産・大量消費・大量廃棄の社会において、合成・天然問わず多くの化学物質により多種多様で便利な製品等をつくり続けてきた。その結果、微量の化学物質であっても身体に異変をきたす病が登場した。頭痛や倦怠感、吐き気など複数の症状が現れる化学物質過敏症である。

一九九〇年代以降、シックハウス症候群が問題化した。建材に使われる塗料や接着剤等から発生する揮発性有機化合物(VOC)が主たる原因であった。その後、それらに法的規制がかけられ、シックハウス症候群に関する相談件数は、保険診療可能な保険病名となった二〇〇四年以後、急激に減少したが、二〇一四年以後は微増し、二〇二一年現在は横ばい状態である[住宅リフォーム・紛争処理支援センター 2021]。

二〇〇九年に保険病名として収載された化学物質過敏症は、シックハウス症候群や農薬・殺虫剤、有機溶剤、さらに合成洗剤、柔軟剤の香料等でも発症する。化学物質過敏症支援センターのウェブサイトによると、患者数は七〇万人から一〇〇万人ともいわれている。それ以外にも疲労・倦怠感や頭痛の症状を持ち、原因が電磁波である電磁波過敏症も世界的に確認されている。電磁波過敏症から化学物質過敏症を併発した人、逆に化学物質過敏症やシックハウス症候群から電磁波過敏症を発症した人もいる。発症の引き金となっている電磁波発生源は主に携帯電話基地局である。これらの病は単に身体の感受性が強い個人的な病なのだろうか。

柳沢はシックハウス症候群を「地域名のない公害」と呼んだが[柳沢 2019]、電磁波過敏症や化学物質過敏症などの環境過敏症も、特定地域ではなく、まさに日常生活の現場で起きている。私たちは日々、化学物質でつくられたものに囲まれ、そして空気経由で目に見えない状態で化学物質にさらされている。もちろん自分の家にとどまらず、隣近所、あるいは公共の場でも同様である。私たちは、それらにいつ身体が反応して症状が出るかわからない状態に置かれており、逃げ場がない。ただし、個人的な病として診断される限りにおいて、そこに「加害—被害」の視点はない。

しかし、近年問題化されてきた「香害(こうがい)」は、化学物質過敏症の一つであるが、「害」としてメディアで語られ始めている。例えば柔軟剤や消臭剤等で使用されるマイクロカプセルに香料である化学物質が埋め込まれ、洗濯後、衣服についているマイクロカプセルが壊れ、そこから香料が浮遊し、長時間においが続く。この人工的な香料(化学物質)が体調不良を起こさせる。喉や鼻などの炎症や皮膚炎や口内炎などの症状をもつ香害患者が生み出されたのである。

環境過敏症は健康被害と加害源が指摘されるようになってきたが、顕在化されている被害者数は少なく、因果関係の科学的証明も難しい。他方で加害源は多岐にわたり、その関係者は広く存在するため、責任を特定しにくい。そのため、個々の体調不良は個人の体質の問題であるかのように語られてしまう。因果関係がわかりにくいことを理由に、健康被害を患者自身の体質などに帰責する傾向は、前述の公害における未認定問題と同じ構造ではないだろうか。また、被害が地域性を持たないために被害者が声をあげづらい状況は、食品公害にも通じている。

「新しい環境リスク」は、四大公害や、世代を超えた被害が問題視されている食品公害の負の歴史の上に存在している。個別に問題群が分断され存在しているのではなく、問題群の時間的な連続性、継続性があり、同じ構造を持っているという類似性、そして再現性がある。その意味で、私たちは過去から現在に至るまで、実は当事者性を有していたのではないだろうか。

環境過敏症は決して個人の身体的特性に帰されるべきではない。それはいみじくも香「害」として語られ始めたように、加害と被害は確実に存在する。私たちは無意識の加害者であり、ある日、突然に身体の異変を感じる前段階にいる、無意識の潜在被害者でもある。予防原則に基づき有害化学物質の規制を進め、身体の異変を個人的病から社会的病に変換できる仕組みと個々の認識の更新が必要である。このことは同時に、公害問題における当事者性を問い直すことにもつながるのではないだろうか。

III

公害は終わっていない

新たな課題と経験の継承

第8章

NIMBYと「公共性」

産業廃棄物処理施設をめぐる公共関与と合意形成

土屋雄一郎

1　NIMBYとは

軍事基地、原子力発電所、そして産業廃棄物処分場のような施設の立地に対し、「社会的には必要であるが自分の家の裏には忌避する考え方や行為」を指して、NIMBY（Not In My Back Yard の略）と呼ぶ。NIMBYの語源をたどることは難しいが、現在のところ、信頼できる初出は、原子力発電の恩恵を享受しつつ原子力発電の立地には反対する人びとに対して、一九八〇年に行われたアメリカ原子力学会においてウォルター・ロジャースが放った言葉であるとされている［Burningham et al. 2006］。NIMBYの考え方は、アメリカにおけるノーマライゼーションとエコロジーをルーツにもつとされる。日本語では「地域エゴ」や「住民エゴ」などとも言い換えられるため、この言葉にエゴイスティックな印象をもっている人も少なくない。

日本では、いわゆる「迷惑施設」の建設にあたって、その計画に反対する側に対して使われる手法との関連でもＮＩＭＢＹが用いられることがある。「迷惑施設」が計画される候補地で、地域の人びとに補助金や交付金を与えることで不満を除去する「ＮＩＭＢＹ対策」という方法である。それに対して、本当にはＮＩＭＢＹを克服してはいない、ＮＩＭＢＹがあることを前提にし、それを肯定したうえで取引をしているだけだという指摘もある。どうやら、いずれにしてもＮＩＭＢＹは「正義」の条件を満たさない主張であるといえそうだが、果たしてそういえるのかを考えてみることにしたい。

日本でのＮＩＭＢＹに関する初期の文献としては、環境工学の立場から末石冨太郎が著した「NIMBY syndrome に関する一考察」[末石 1987]が挙げられる。その後は、都市計画の分野において、住民の意思決定に関わる問題や廃棄物の処理・処分に関する問題に代表されるような忌避される施設の立地をめぐる問題を対象にした議論が、『廃棄物学会誌』などで多く発表されている。当時は、どちらかというと政治学の視点からの政治過程分析と、システム工学的な関心や計画論的な立場からの研究が多い。近年では、野波寛らによる「ＮＩＭＢＹ問題における公平と共感による情動反応」[野波ほか 2016]をめぐる研究において、リスクコミュニケーション論や社会心理学といった認知科学的な知見に基づくシナリオ分析などの研究が進んでいる。また、法社会学や倫理学の立場からの議論も見られる。

ＮＩＭＢＹの研究をめぐる議論の全体を概括するには、迷惑施設を政治と経済の視点から論じた清水修二[1999]の議論が出発点となる。NIMBYという考え方や態度を対象としたこれらの議論では、多様な事例から多くの知見が導かれている。NIMBYという用語そのものの成り立ちやその研究史(学説史)的な整理に関しては、鈴木晃志郎[2011]に詳しい。また、鈴木は、環境社会学研究において新幹線問題の社会構造の解明を迫った受益圏・受苦圏論を援用するかたちでも、この問題を解く鍵を発見しようとしている[鈴木 2015]。

廃棄物処理施設や最終処分場の建設をめぐっては、受益者(ごみを排出する側)と被害者(もっぱらごみを受容する側)との間に生じる乖離が問題として存在する。焼却場や処分場は、地域や住民のごみを処理するためにではなく、都市で発生する大量のごみを処理することを目的とする場合も多い。その際、地域との話し合いのためには、立地地域とごみの発生地域との関係、ごみ処理の方法やごみ減量化対策、施設周辺の環境整備や一帯のまちづくりなど、複数の取り組みの可能性がある。これらは、いずれも「市民のために」という言葉で語ることができるが、その「公共性」とNIMBYとは、どのような関係にあるのだろうか。NIMBYを考えることは「公共性を問い直す」ということにもなるだろう。

2 ごみ処理施設の「公共性」をめぐって

大量のごみの移動が杉並区と江東区との紛争を引き起こした一九七一年の「東京ゴミ戦争」によって、東京都は、二三区内で発生する一般廃棄物を各区内で焼却・処理する「自区内処理」の原則を制度化した。それは、「地域エゴ」論争への一つの解決策であり、また、立地地域周辺の同意が得られるような清掃工場の建設を進める大きな契機にもなった。

東京都内に位置するZ市[1]は、「東京ゴミ戦争」と同じ時期に三多摩地区で発生したごみ処理をめぐる激しいデモ行進が連日のように繰り返された地域に含まれている。この場面に遭遇した行政マンの一人は、そのときに見た風景やそのときの経験をごみ問題の改善に役立ててもらうために、市民との意見交換の場で話している。そして、単にごみの減量化に向けた取り組みだけを強化するのではなく、新しく開発された環境技術を導入し、安定的かつ経営的な設計によって市の財政負担をできるだけ抑えられるように資源を集め、準備したうえで、老朽化した施設の建て替えを実現した。また、技術の導入によって、ごみ処理の循環過程において生じる副作用を逆に活かし、まちづくりの一環として役立てている。加えて、既存の都市機能を用いて、災害時のエネルギー供給や災害廃棄物の速やかな処理といった都市インフラの復旧などの要として、都市計画に組み込まれている。話題となった施設は、市民にとっても複数の選択肢を検討することになる。どちらかといえば忌避されてきた施設を中心に公共施設が集められ、多くの市民が造成された公園の散策や「芸術的な」焼却施設の見学に足を運ぶ。「将来のまちづくり」という文脈のなかで廃棄物を適正に処理するために、私たちの生活の中で重要な役割を果たすことや、地元に便益が還元されていることなどを共有することで、市民から一定の理解を得ている。

ただし、「東京ゴミ戦争」によって制度化された「自区内処理」の原則は考え方として残る一方、一九八〇年代から、環境保全や経営安定化を図るという目的で、「広域処理」という考え方が広がっている。環境の保全や施設の経営安定化を図るためには、広い敷地を必要とする。そのため多くの自治体では、環境保全と施設の経営を維持するために一部事務組合を設立し廃棄物の広域処理を導入している。こうした出来事を受益圏のさらなる拡散と受苦圏の集中という関係でとらえるならば、手続き論的な公正の欠如と配分をめぐる不正義への批判がありうるだろう。しかし、現実にはそれを問うなかで、「社会的必要性」に対し、リスクや被害をどの程度まで受け入れるのかに大きな差が生じてしまう。またそのプロセスの中で、予想もつかない問題が生じる可能性もあるため、両者の関係はより複雑に絡まることになる。

ある政令都市では、市町村合併の条件として隣接する町に対し、処分場の設置を認めれば合併の交渉に応じると述べたことが議論になった。合併してその町の範囲が市の自区内に組み込まれると考えれば、「自区内処理」の原則をクリアすることができる。人口比は都市部で高く、引き換えを条件にされた地域では過疎化が進んでいる。「迷惑施設」の立地が地域の活性化のために取引材料になるのは、よくあることかもしれない。ただその結果、若年層が生まれ育った町を離れていく状況がつくり出されてしまい、肝心な担い手が育っていない。

近年では、山間地に位置する集落が処理施設を自らの手で誘致し、集落の歴史を閉じるという選択を決断する例も出てきている。決して施設の受容を強要されたわけではない。これまでにも工場などの施設を誘致してきたが、いずれも実現できなかったからだ。[2] それは、集落がとった「最後の挑戦」であったともいえるだろう。

これらの事例においては、必ずしもＮＩＭＢＹが中心的な課題にはなっていない。だが、その一方で施設をめぐっては、便益と被害が高い影響を及ぼす範囲がほとんどの場合に異なる。このため、それぞれは自らの正当性／正統性の規準に立ちながらさまざまな主張や行動をとり、しばしば社会紛争が発生する。それだけに、この施設の立地をめぐる問題に対して、それをどのような問題の文脈に位置づけるのかが重要な観点として浮上する。こうした問題には、手続きによる合理的解決、政治的解決、住民投票の実施を求める運動論的な解決、あるいは生活論的な対処も考えられるだろう。NIMBYは、これら相互の葛藤を表現している言葉なのかもしれない。

3　NIMBYをめぐる先行研究と環境正義

NIMBY研究は、一九八〇年代以降の「環境正義論」と結びつき、社会システムが抱えた〈支配―従属関係〉に基づく空間的不公正を問題にする〔船橋 2004, 2009; 湯浅 2005; 三上 2009〕。問題の解決に向けた負財の「適正化」を志向する考え方は、第6節で後述するように、結果としての便益と被害のバランスを是正する「分配的公正（distributive justice）」と、開発に関わる意思決定の過程を重視する「手続き的公正（procedural justice）」という二つの面をもつ。[3]これは一九六〇年代に提唱された、「労働と賃金の関係」に関して他者との比較によりモチベーションが決まるという考え方を示した社会心理学者ジョン・ステイシー・アダムスの「公平理論（衡平理論）」とも符合する。[4]

これを日本の環境社会学研究に引きつければ、「迷惑施設」の立地は空間的不公正と環境リスクの外部化を進める問題としてとらえられることが多い。実際に大量の廃棄物を周縁部に持ち込み、周囲に受苦を強いる社会システムやその処理をめぐる都市と農村との経済的、地理的な条件などの「差」が現場から明らかにされてきた。(5) その基調は現在も変わっていない。

ＮＩＭＢＹに関する研究対象は、事業化された開発、原発、ダム、軍事基地、処分場など、環境破壊が引き起こされる可能性の高い場所が選ばれてきた。大規模公共開発をめぐる便益と負担が非対称にならざるをえない社会システムにおいて、生み出される格差は次第に大きくなる。受益圏・受苦圏論をめぐる議論では、手続き的な公正と分配をめぐる不正義との関係を問うなかで、「社会的必要性」に対し環境リスクをどの程度まで受け入れるのかをめぐる認識の差を生み出し、そこから「公共性とは何か」という争点を提示する。

ところが近年、これまであまり注目を集めることのなかった「身近な対象」が、私たちの生活圏の中で「ＮＩＭＢＹ」とされるケースが増えている。現在、「死活的」とは言えないような小さな問題しか引き起こさない施設にＮＩＭＢＹ的な態度をとるケースが増加してきており、現在の日本社会における特徴の一つを表している。こうした状況は、「軽すぎるＮＩＭＢＹの頻発」[大澤 2017]と呼ばれることもある。それらの問題は、私たちの日々のありふれた生活からも生み出されているので、一定の範囲内で受忍することが必要となる。また、便益と負担とが非対称にならざるをえない状況を前提とする社会システムにおいては、ＮＩＭＢＹとしても「軽すぎる」とみなされる。「社会的必要性」と施設による負担の重さとの両面で認識の差がみられるなかでは、生活史・生活論的な視点を「公共性」をめぐる議論にどう組み入れるかも問われることになる。

4 廃棄物処理と公共性——歴史的経緯と現在

リサイクルの「お手本」といわれる江戸時代の江戸でも、ごみがゼロではなかった。明暦元年の触書(ふれがき)(一六五五年)で深川永代浦(ふかがわえいたいうら)(現・江東区)を投棄場に指定するなど、廃棄物処理の仕組みの構築が始められた。生活の単位となる町内会がごみの管理や処理に関わり、ルールづくりを担ったことで、ごみ問題は、「身近な問題として身近な組織が身近なルールで片付ける」ことが求められた。ここに、住民自治の起源を見ることができる。

時代が進み、明治期になると、一九〇〇(明治三三)年に日本で初めての衛生・清掃に関する法律となる「汚物掃除法」が施行される。これによって、当時の「汚物」処理は市の仕事となる。これに続く、一九五四(昭和二九)年施行の「清掃法」では、すべてのごみの処理と処分が市町村の責任で行われることに変更されている。ただ、当時の自治体の規模や能力といった点から推測すると、単独での処理は困難であった。

戦後、高度経済成長からバブル経済に至るまでの経済成長の影響を受けて、物質的な「豊かさ」を手に入れた日本人は、大量の消費を享受する。社会の消費化が拡大するなかで、大型化した家電製品などが家庭などの生活の場から排出されたが、すでに、ごみを適正に処理することが困難な状況に陥っていた。さらに、容器包装の使用が拡大しごみの多様化がいっそう進み、現在のようなペットボトルを容器にした飲料が普及し始めると、排出されるごみの量も急増した。これも同じ時代背景のもとで現れた問題であり、産業廃棄物に関しても同様である。発生量が増加の一途をたどっているなかで、その処分によって処分場の廃棄容量が不足する事態への対処のために、ごみ問題の抜本的な解決が急務となった。

そして、処分場の埋め立て面積や容量が満杯に近づく危機は、情報として多くの人が共有するものとなった。「東京ゴミ戦争」において、汚染された埋め立て地の上をカラスが飛び交い、ごみの山からものすごい勢いで黒煙が上がり、出火している様子や、夢の島の埋め立て地周辺に暮らす人びとの様子、黒い排水からの悪臭などがマスメディアを通じて報道されると、都民による住民運動が、燎原の火の如く日本各地に飛び火することになる。処理量を超え、施設からあふれんばかりの廃棄物のイメージが多くの人に焼き付けられた。

一九七〇年に制定された「廃棄物の処理および清掃に関する法律」（以下、廃掃法）により、産業廃棄物というカテゴリーが法的に区分され、高度経済成長後からバブル経済が終焉を迎えるまでの間に、産業廃棄物の不法投棄が「環境問題」として顕在化する。とくに、ダイオキシン騒動や廃棄物の不適切な中間処理による自然環境ならびに施設周辺の農地・住宅地への影響が大きかった。

一九九〇年代を通じて、資源循環型社会の仕組みづくりや、各種リサイクル法の制定が進められた。二〇〇〇年には循環型社会形成推進法が制定され、それぞれの法律はその下に位置づけられている。リサイクル法とは、資源、廃棄物などの分別回収・再資源化・再利用について定めた法律を指すが、日本では対象となる領域を七つ指定している。[6] また、産業廃棄物の処理に関しては、廃棄物の移動の実態を把握するためにマニフェストの作成が義務づけられた。

産業廃棄物を適正に処理し管理するためには、適正な施設や最終処分場が必要となる〔樋口2016〕。しかし一九九〇年代当時は、業界には経営的に脆弱な中小企業が多く、不法投棄や不適正な中間処理による自然環境や生活への影響が続いていた。対応を迫られた政府は、従来のように〈民間―民間〉の関係に任せておくのではなく、都道府県が主導する第三セクター方式による施設づくりを採用するように求めた。二〇〇九年時点で、法律によって国が認定する法人数は、全国で一八か所を数えるようになる。また、いくつかの県では、建設中や計画中のものがある。(7) 関西地方では、「大阪湾フェニックス計画」が実現し焼却灰などの処分が進められてきたが、近い将来に施設の埋め立て容量が満杯になると予測されている。今後、各自治体が廃棄物処理への対応をめぐって、どのような判断をするのかが注目されている。

5 産業廃棄物処理・処分施設への公共関与――長野県における事例から

●産業廃棄物の処理における公共関与とは何か

そこで、本節では産業廃棄物の処理・処分をめぐる「公共関与」に関する議論を進めていくことにする。ここでの「公共関与」とは、法律上は企業が責任をもつとされる産業廃棄物の処理・処分施設について、都道府県や市町村が第三セクターを設立し、整備、管理、運営に責任をもって設置を検討する、事実上の公営というべき形態である。一九九九年に発覚した、青森県と岩手県の県境をまたぐ場所への八八万立方メートルにも及ぶ大量の不法投棄事件などを受けて、二〇〇五年に総務省は環境省に報告書を提出している。その中では、「最終処分場の残余年数が逼迫している首都圏等の地域を中心として、廃棄物処理センターの設立やモデル的整備事業の実施を通じた公共関与による処分場の設置の促進をはじめとする残余容量の逼迫改善方策について、関係都道府県が協調して取り組むよう働きかけるなどの対策を講ずる」必要があると結論づけられている。この記述からもわかるように、当時、民間事業者による産業廃棄物の処理や処分のあり方も、施設の許認可権をもつ行政の対応も大いに不十分な内容であった。これまでの〈民間―民間〉の関係では改善されない以上、最終処分場への公共関与によって問題の改善を図らなければならないという主旨である。

処理に関わる多くの関係者からは、一途に増加する産業廃棄物の適正処理を行うためには、中小の事業者が多い業界の中で県が関与することで最終処分場が建設されれば、処分場の模範として地域全体の底上げが期待できるとの評価もあった。しかし、今日のような状況を生み出していることへの責任が十分に果たされたとは言えず、事業者の監督指導や、住民からの相談や苦情に対応できない行政に対する根強い不信が残った。

✹合意形成の場が設定されるまで

冬季オリンピックの開催(一九九八年二月)が決まった長野県では、開催に向けた高速道路の延伸や整備、観光客を誘致するためのリゾート開発などが盛んに行われるようになった。一九八〇年代後半から続く経済状況や道路建設の進展もあって、八〇年代末から九〇年代前半にかけての長野県は「廃棄物の処理に適したエリア」として、首都圏や中京圏などからの産業廃棄物不法投棄が絶えなかった。

そのなかで長野県は、一九九三年に設立した長野県廃棄物処理事業団（以下、県事業団）を事業主体として、廃棄物処理センターの指定を国から受け、第三セクター方式での公共関与型産業廃棄物処分場による産業廃棄物管理の再出発を図った。県が検討した結果、候補予定地は複数箇所に絞られたものの、各地の住民からは「突然に降って沸いたような話だ」と大きな反発が寄せられた[8]。県と住民との対立は深刻化し、計画予定地の一つとされた地区では、県や県事業団との対立が収拾するようには見えなかった。計画に対してはさまざまな考え方や利害が交錯していたため、意見の一致は難しい。そこで、地区の民意を一つにまとめることを目的に自主的な住民投票の実施が決まる。その結果は住民側の勝利に終わり、県による処分場建設の計画や県内の廃棄物政策は、大きく混乱した[9]。

その後、新知事の就任に伴い、改正された廃掃法によって公共関与型の産業廃棄物処分場が国の支援を受けて施工できる状況が整えられた。知事の判断によって、これまでの経過をはじめからたどり直して検証することになり、新たな討議の場が設置された。これまでの廃棄物処理をめぐる県の姿勢は住民と相いれないものである場合が多く、「不透明な意思決定」が行われるなど、住民からの信頼が大きく欠如していた。そのため、最終処分場の建設計画に対しても住民の不信感が強く、行政不信を和らげることが求められた。県は、話し合いの場として「環境アセスメント」の実施を決め、この分野に詳しい研究者を座長に据え検討委員会を設置する。座長は、推薦による委員と公募によって選出された委員の人数のバランスを「量的な中立性」として測りながら会議を構成した[10]。計画に反対する運動を率いるリーダー的な存在の一人も検討委員に推され、それを受け入れている。彼は「反対のための反対はしない」という姿勢を示し、検討委員会で自分たちの主張の正しさを理解してもらい、問題解決に資する政策論の見地から計画に反対することを「宣言」した。

◆「手続き的公正」と「住民参加」

討議を通じて合意した「中間報告」の正当性が社会的に承認されるために、検討委員会は「手続き」と「住民参加」を重視し、会議の内容や進め方に関しても「公正」であることを追求した。情報性（積極的な情報公開）、公開性（会議情報の公開や資料の提示）、民主性（意思決定への市民の声の反映）、科学性（客観的な判断の材料）を志向し、異なる立場が互いに尊重される討議の場が設定された。「手続き的公正」と「住民参加」を指針とする会議の運営が始まったのである。この点に関しては、環境社会学研究における成果［舩橋 2009; 湯浅 2005; 三上 2009 など］にも通じる点がある。通常、会議の事務局は県が担当しているが、この検討委員会では公募選考になり、廃棄物問題に精通する民間コンサルタントが事務局の任についた。結果が決まっているわけではなく、「手続き的な公正によって、合意形成の達成が可能になる」という発想が大切にされている。だからこそ、一九九五年の結成以来、施設周辺で暮らす住民が背負わざるをえなかった来歴を強く意識しながら処分場の実態調査を続ける長野県廃棄物問題研究会[11]にも協力が求められた。

これに通じる特徴として、公聴会の実施がある。多くの住民が関心をもって参加するなかで、検討委員会に発言を希望する住民が、一人ずつ廃棄物問題に関わってきた自分の経験や考えに基づいて発表をしている。公に開かれた討議の空間の中で自分の立場を訴える発言は、自分が問題に直接向き合う決意を公にすることであり、率直な言葉を発して議論をすれば、現実味を帯びた支持が得られるのではないかという期待も込められていた。つまり、率直に発言をしてもらうという手法をとることで、「手続き的な公正」への信頼が芽生えたともいえる。

◆オルタナティブ提案型の運動の可能性と限界

廃棄物問題研究会の活動を引き継いだ県民委員会が、二〇〇一年七月に発足する。メンバーの一人は、「今、検討委員会[12]が用いているような手法がこれまでにはなかったが、これからの住民参加のあり方を考えるうえでも重要な提案である」と、県検討委員会との共同性を示唆している。一般廃棄物の減量化を進める施策の体制を検討するワーキンググループに県民委員会メンバーがオブザーバーとして参加したり、討議の進捗にあわせて意見書を提出したりと、県民委員会は検討委員会の討議にも積極的に関わっている。

たしかに、彼らのこうした取り組みは、個人的なNIMBYから始まった廃棄物問題への反対運動から、より広範な視野をもって達成すべき目標を先取りするような提案型の活動への展開を予見させるものであった。県民委員会が提出した「ごみゼロ社会に向けた住民提案」は、賛成／反対の二項対立的な反対運動ではなく、オルタナティブを提案する運動の可能性を示した。

しかし、こうした指摘には、両者の発想がその基本において異なり、結局は「この議論によって重要な点を迂回しているだけだ」といった批判も投げかけられた。例えば、焼却炉の設置にあたって、「最終的に出るものは出るのだから焼却は必要だ」という議論と、「焼却に頼らない体制に見直すけれど、焼却は必要である」という考え方の間にある発想の違いを浮き彫りにする議論には及ばなかった。

こうした議論の末、約二年におよぶ討議を経て、検討委員会によって「中間報告書」がまとめられた。一人の委員は、廃棄物問題の上流に位置する設備から検討を開始し、あらゆる可能性を追求したことで、廃棄物問題の枠を超えて地域全体の社会構造や産業構造にまで踏み込むという、本来、求められてきた議論をすることができたと総括する。ただし、この内容については、疑問をもつ人も少なくなかった。また、報告書の内容を読んだだけでは、どのようにして適地としての候補予定地が選定されたのかがわからないまま、「適地」の選定基準が数値化されており、その数字(=環境基準の数値)によって「適地／不適地」の判断がマップ上に示されたという批判的な意見もある。その批判は、住民参加や公開性を通して重視されてきたはずの、歴史的、道徳的あるいは感情的な側面への橋渡しがないまま、客観的で科学的な選別が重視されたことに関わるものである。

●手続き的な公正と住民運動の来歴との折り合い

およそ三年にわたって検討委員会での議論の様子を観察していると、この委員会がいかに「手続き」を大切にしているのかがわかる。

全体における討議の手順は、①の政策段階において減量目標を設定し、減量化を達成することを前提にして算出された結果には、「減量化のために県の条例が最大の努力をしたとしても、処理・処分の必要な廃棄物が残るとして、最小限の規模の施設は必要である」という内容が苦渋の判断の中に含まれていた。そのため、②の構想段階では、より具体的で厳しい内容を伴った減量案を決定する。そして、③の計画段階では、立地のために必要なルール、災害発生地帯や地質上の不適地を除外エリアとして決定(スクリーニング)する。また、設備の内容に関する検討もなされている。討議のプロセスを三段階に分け、具体的な検討課題を決め次のステップへと段階を踏んで結論を導くといった手法も画期的であった。

二〇〇三年三月、最終報告書が県に提出された。中間報告での施設の必要性に関する主張は変わらないまま、廃棄物の排出がより厳しく制限された提案は、受苦への配慮の結果であったのかもしれない。検討委員の一人は、「行政サイドが基本的な検討や意思決定に事前に同意を求める手法ではなく、問題のより上流部に遡りながら地域住民の意思を尊重するための手続きと参加のプロセスが必要だった」[村山 1999]として、全体の検討委員会の成果はそのことに応えたものであるという評価を下した。しかしその一方で、日本の環境アセスメント制度が、合意形成の手法として位置づけられているにもかかわらず、「計画を検討する途中で代案の比較が検討できないという致命的な欠陥」[石原 2001]があり、廃棄物処分場の開発について事業主体が思うような結果を導くことだけのために必要な手続きに終わってしまったのではないだろうか、という疑問もある。

開発に必要な手続きに評価を合わせただけの「環境アワスメント」だとの批判の声も多くあがったが、これらの検討は、その過程で実態の改善が進んだことや廃棄物の処理をめぐる「不透明な合意形成」のプロセスが透明化されていく道を開いたという点においては成果があったといえる。また、「計画論的な合理性」を追求するという発想が体現されている。合理的な手続きに公正を求め、環境アセスメントの手法や考え方に基礎づけながら進めてきた合意形成のあり方は、画期的な取り組みだった。

しかし、公論形成の場での議論は、その最終報告の内容においては住民の期待を裏切ることになった。この間、検討委員会は、たいへん多くの論点を議論している。公論形成の場において、検討委員会と県民委員会という二つのグループは、ともに当時の合意形成をめぐる状況の中で議論やその進め方の妥当性において、先進的な取り組みの一環を成していた。にもかかわらず、両者はなぜ折り合いをつけることができなかったのだろうか。

6 「折り合い」とレジティマシー(正当性)

検討委員会の議論の中で示された重要な問題については、戦略的環境アセスメント(SEA：Strategic Environmental Assessment)という新たな手続き[13]のもとで議論することが決められていた。したがって、検討委員会も県民委員会も、より高度な社会的承認を獲得しなければならないため、より科学的で技術的な応答をすることが求められる。また、「手続きの公正性」を実現することで、立地選定に関わる不透明な意思決定は解消されるといえるだろう。しかしその一方で、公正な手続きである以上、質問への回答が「先送りにされた」と異議を唱えても、繰り返される「手続き」の中では客観的で合理的な言葉に一般化されてしまう。つまり、「手続き」が検討委員会の活動を正当化するための手段になってしまう。単に「手続き」が繰り返されるだけでは、行政や事業者などとの間で長期にわたって対立を余儀なくされてきた住民の来歴は消えないのである。

二つのグループが抱えた困難が新しい「手続き」に送られたときに、経験の来歴を強調し自分の主張に正当性があると言うだけであれば、合意形成のゴールを見通すことは難しくなる。ここで注目すべきは、合意形成の場でのレジティマシー(legitimacy：正統性／正当性)の覇権を誰が握るかにある。全体の検討委員会の討議の中でレジティマシーを得るためには、ある環境について、誰がどのような価値のもとに、あるいはどんな仕組みのもとに、かかわり、管理していくのかについて、社会的な承認を得ることが求められる。

資源を誰にどのような基準で分配するのが正しいのかを考える際、現在では「分配された結果」よりも「分配されるプロセスとその背景にある基準」がどれだけ正しいのかを議論するために「手続き的公正」が重視されるようになってきている。分配のプロセスが正しくて納得のいく「手続き的公正」が実現されればされるほど、人びとは他者に貢献したいと思うだろう。参加意欲の動機づけが高まれば、集団や組織の価値に基づく援助行動や貢献活動が増大する。

こうした課題の重要性に気づいたことにより、全体の検討委員会の議論において指摘された重要な点の具体的な解決策は、新しい手続きのプロセスの中で検討するという了解のもとで議論が進められていった。しかし、県・県事業団の廃棄物処理政策に対して拘束力をもつためには、討議における「手続き的公正」を確保して、合意形成の場においてレジティマシーが獲得されなければならない。両者の食い違いの背景にはこうした獲得競争があったのだと考えられる。

二つのグループが、手続きを進めるために新たなプロセスに自らの主張の「正しさ」を訴えるためには、より高度な正当性と妥当性によって社会的な承認を得る必要がある。その承認のあり方が、ＮＩＭＢＹをめぐる議論のこれからを占うような気がする。そこでは、個人の心理的な側面が問われるだけではなく、社会的な仕組みのなかで「権利」を満たしていない「ＮＩＭＢＹ」が手続き的公正を高めるために、どのような役割を果たすかが問われている。

全体の検討委員会では、戦略的環境アセスメントという合意形成の手法が念頭に置かれていた。一つ目は、「手続き主義的な議論による公正」を追求する運営がなされたこと、二つ目は、座長が、全体の検討委員会の中で処分場の必要性の有無に関する考え方などが異なる人たちを集めたことである。なかでも特徴的なのは、立場による意見の違いを尊重しながら、可能な限り全会一致を目指して議論を進めていた点である。

しかし中間報告では、「やむをえない」「苦渋の」選択として施設は必要であるという判断に至る。その後は、廃棄物問題に対する県政の方針が『脱・焼却』『脱・埋め立て』を目指す県廃棄物条例案との整合が必要」であるという理由だけで、議論の場を閉じなければならない現実に大きく揺らいだため、全体の検討委員会が討議の場を維持する起動力である政治性が失われてしまった。一方、重要な問題が新しい手続きに送られることで、議論が一般化し、どこでも通用するような言葉での説明が続き、事業主体や施設の運営に関する技術的で経営的な問題ばかりが取り上げられてしまい、「受苦」を経験した不信感を払拭することはできなかった。結局、計画は立ち消え、条例案をめぐっても県の政局が混迷するなかで廃案となり、施設が建設されることはなかった。

このように長野県における廃棄物処理施設の立地をめぐる検討委員会は、ある環境について、誰がどんな価値のもとに、あるいはどんな仕組みのもとに、かかわり、管理していくかという点に関して、社会的に認知され、承認された状態を目指してきたが、その取り組みは結実していない。とはいえ、そこでの参加や開かれた議論への過程は多くの示唆を含むものである。「正当性」をめぐる「手続き」と「来歴」の関係を見直すことが、NIMBYとさえ言えない社会の仕組みを自覚的に見直すきっかけになるはずである。

註

(1) 二〇二二年現在、人口は約一五万人。早くから市民参加を掲げ、住民生活に根ざした数々の独自事業を行ってきた。それらの中には全国の自治体のモデルケースとなる施策も多い。一九八七年に全国で初めての単独型デイサービスセンターが完成したのも、市民が土地を寄付してくれたお陰だと、当時の市長は語っている。

(2) 四世帯八人が暮らす限界集落である。今、こうした集落が増えている。そこではNIMBYとしての反対もできない。こうした社会では、もはやNIMBYをNIMBYであると問題を提起する力も持ち合わせていない、との指摘もある。

(3) 報酬・資源を誰にどのような基準に基づいて分配するのが正しいのかという感覚を「分配的公正(distributive justice)」という。現在では「分配された結果」よりも「分配されるプロセスとその背景にある基準(原理)」がどれだけ正しいかという「手続き的公正(procedural justice)」の方が重視されるようになっている。

（4）Es Discovery Logs ウェブサイト「J・S・アダムスの公平原理（衡平原理）と不公平感の解消」参照。（https://esdiscovery.jp/vision/word001/psycho_word27001.html）［最終アクセス日：二〇二二年三月一五日］

（5）大都市で排出された大量の廃棄物を都市部から農村部に送り、かつ処理の仕方が不適切な場合が多く、施設周辺の自然環境や周辺地域の水環境の悪化などが発生する状況に関しては、河北新報道部［1990］、関口［1996］が詳しい。

（6）容器包装リサイクル法、家電リサイクル法、小型家電リサイクル法、建設リサイクル法、食品リサイクル法、自動車リサイクル法、パソコンリサイクル法の七つの法律を指す。

（7）全国の公共関与の産業廃棄物最終処分場の設置状況は、二〇一九年現在、二八か所である。

（8）一九九六年に県事業団が環境アセスメントの手続きについての説明を始める。一九九六年二月に県および県事業団が計画予定地周辺を視察に訪れ、「反対する町民の会」が一五名の有志で結成された。一九九七年には反対する会が一一〇〇人あまりの計画反対署名を県事業団に提出する。そして、二〇〇〇年に町長が町議会で計画の受け入れ方針を表明する。

（9）自主的な住民投票の結果（二〇〇〇年一二月に実施）は、「賛成」一四、「反対」一六四、「条件付き」一三五票で、反対票が過半数を占めた。投票率は九五・八％に達した。

（10）学識者七名、公募委員は三六名の応募者から地域のバランスに配慮して一二名を選出した。

（11）後述する二〇〇一年に設立された県民委員会の前身となった組織である。

（12）ここでの「検討委員会」は、後述の「全体の検討委員会」に近い。検討委員会の中には立場の異なる二つのグループの主張があり、単に「検討委員会」というときには、その中で座長の考え方に近い立場を表現することが多く、住民運動の考え方に近いグループが「県民委員会」となる。この両者が一九名からなる「全体の検討委員会」を構成している。これらは県議会などにおける委員会の党派性とはイメージが異なる。

（13）戦略的環境アセスメント（SEA）とは、個別の事業実施に先立つ戦略的（Strategic）な意思決定段階、すなわち、政策（Policy）、計画（Plan）、プログラム（Program）の三つのPを対象とする環境アセスメントであり、早い段階からより広範な環境配慮を行うことができる仕組みとして、その導入が検討されている。

第9章

水俣病にとっての六五歳問題

「先天性（胎児性）という問い」から

野澤淳史

1 六五年目の水俣病

一九五六年に熊本県水俣市で水俣病の発生が公式に確認されてから、二〇二一年で六五年が経過した。このことは、原因物質であるメチル水銀の影響を母胎内で受け、重度の障害を持ち生まれた胎児性や小児性の水俣病患者（以下、胎児性患者たちと表記）が六五歳を過ぎつつあることを意味している。被害者の中では最も若いとされる胎児性の人びともまた高齢化の時代を迎えた。歳をいくつ重ねようともその人が水俣病の被害者であり続けることに変わりはない。だが、制度的にみた場合、六五歳を過ぎた患者の生活を支える仕組みとその存在の位置づけは、「高齢者」の方へと大きく様変わりする。

障害者は、先んじてこうした事態に直面してきた。二〇〇三年に支援費制度が始まり、障害福祉制度が「措置から契約へ」と転換されて以降、介護保険への統合は常に懸念、そして警戒されてきた〔花田編 2004〕。脳性マヒの障害をもつ作家で俳人の花田春兆（しゅんちょう）は「死なない限り（死後の世界は知らないから一応そうしておく）、障害とは縁が切れないと信じていた」〔花田 2004: 49〕と述べる。だが、六五歳を境に「障害者」は「高齢者」になり、介護保険制度上の区分に基づいて必要なサービスとその時間が決められていく。「歳はとっても障害者」〔花田 2004: 49〕のはずだが、制度としてはまず高齢者として位置づけられる。

しかし、胎児性患者たちは水俣病という公害の被害者である。公害防止のための必要な対策や汚染された環境を回復するための費用は、その原因企業が負担すべきという「汚染者負担の原則（Polluter Pays Principle）」（以下、ＰＰＰの原則）に基づけば、その生活を支えるのは被害補償であって、社会保障の仕組みではない。とはいえ、患者各派と原因企業であるチッソの間に締結された認定患者に対する補償協定（一九七三年）の中に、介護を補償する項目はない。医療（治療費）補償という項目に相当するような、いわば福祉補償といったものは存在してこなかった。[2] 患者の日常生活を支え続けてきたのは家族や支援者、そして障害福祉サービスの枠組みで介護・介助に従事するケアワーカーであった。もとより、介助を受けながら地域で自立生活を営む仕組みが日本で整備されるのは一九八〇年代中頃以降、介護保険制度の開始は二〇〇〇年であり、介護・介助という言葉が意味することがらは時代により異なる。

補償協定の時代には現在的な意味での介護・介助という行為はそもそも存在していなかったと

言うこともできるが、その締結年は、福祉補償が存在しないことを是認する理由にはならない。補償協定の前文七は次のように書かれてある。

チッソ株式会社は、水俣病患者の治療及び訓練、社会復帰、職業あっせんその他の患者、家族の福祉の増進について実情に即した具体的方策を誠意を持って早急に講ずる。

時代ごとの福祉観や社会保障制度の体系がいかなるものであれ、補償協定にこの前文がある以上、患者に対する介護・介助が、家族そして支援者による無償の行為として、さらには障害福祉サービスや介護保険を用いて、言い換えれば税や社会保険を財源として行われることは問題である。PPPの原則に則り、実情に即した福祉補償を行うことが求められる。

2 先天性(胎児性)という問い

それでは、胎児性患者たちの補償として何が必要なのだろうか。彼ら・彼女らは賠償金の支払いだけを主張してきたわけではない。そもそも水俣病問題は、被害補償という考え方だけで解けるものでもない。一九七三年三月、水俣病第一次訴訟において患者側が勝利したことでチッソの水俣病責任が確定した頃、胎児性患者の江郷下美一(えごしたみかず)らが結成した「若い患者の集まり」が撒いた「万歳いうな!」というビラは、次のように書かれている。

ただ、こんことだけはいうぞ。びょうきかんじゃ、みんなのくるしみにかけて、さいばん勝利だの、けっしていわせん。なんが勝利か。なんが万歳か。まだのこっとっと。おれたちゃこれからいきてゆかんばんと。こんからだで。こんあたまで、どげんすればよかっちおもうや。さいばんおわってもみなまたびょうはおわらん。んにゃ、ぜったいにおわらせん。

[矢作 2020: 34]

公的に患者として認められ、補償を受けながら、どう生きていくのか。当時の胎児性患者たちの要求は、「仕事ばよこせ！人間としていきる道ばつくれ!!」(一九七五年)というものであった。以下に抜粋する。[3]

働けないのに生きてゆかなくてはならないつらさは、働いて仕事してゆくときの苦しみより、ずっと苦しいんだよ。働けないことがよけい病気を悪くしてしまうんだ。それは自分でもようわかっとるばってん、今おれどこで働けばいいの？　金もらって幸せだといってもらいたくないよ。遊どって暮らしとって良かねち、いってもらいたくないよ。水俣病ば治せて会社に要求してもかいがないから、しかたなしに金もらったんじゃないか。しかたなしに…。

世の中すべて金じゃないよ。金で人間の命買えるわけないじゃないか。間違ってるよ、会社は。金よか、身体が欲しい。元気な身体が、ピンピンした身体がね。人の一生ば金ですまそうとおもっとっとかあ、会社は？　狂ってるよ会社、気狂い[ママ]だよ。
人から冷たい目で見られるのは、もうイヤだよ。耐えられないよ。好きで水俣病になったわけじゃないんだ、おれたちは。隠れようおもても隠れようがないんだ、おれたちは。仕事さえしていたら、なんて言われたって仕事してるんだ、一人前なんだって言える。仕事ばみつけろ！　このまんま、なあんもせんで死んで終るのはイヤだあ。仕事ばよこせ、会社は！

しかし、増加を続ける未認定患者に比して、認定患者は少数派であり、その中でもさらに胎児性患者たちの数は少ない。このとき、チッソは経営悪化を理由に、被害者運動は認定制度という深刻さを増す問題を理由に、胎児性患者たちの声に耳を傾けなかった。水俣病公式確認から三〇年の頃、水俣病患者の側に立ち続けてきた医師の原田正純は、ある胎児性患者の言葉を引用しながら次のように記している。

「認定やお金の問題も大切やけど、大人とちがって、お金の問題ではない。(大人は)自分たちのことばっかし。若いもんのことは誰も考えてくれん」そして、「若い患者の集い」をつくった。たしかに、未認定問題のかげで、認定された青年たちの問題はかすんでしまっている[4]。［原田 1985: 198］

認定基準が厳格化され[5]、棄却あるいは保留される未認定患者が増加するなかで、胎児性患者たちから発せられた声はなおざりにされてきた。

六五歳を過ぎつつある胎児性患者たちの今の姿は、一九七〇年代に発せられながらも、未解決のままに残されてきた訴えの延長線上にある。被害者の側に立つことを標榜してきた環境社会学もまた、こうした主張を問いとしてじゅうぶんに受け取ってきたわけではない。環境社会学において語られてきた水俣病の多くは、後天的な被害者のそれである。そこで、本章では胎児性患者たちの主張を「先天性(胎児性)という問い」と呼び、これを学問的な問いへと変換していく。被害と障害、あるいは補償と福祉の間に引かれた境界線をどのようにして乗り越えていくことができるのだろうか。被害補償では終わらない被害にどう向き合うか。先天的な障害としての胎児性水俣病が投げかけた問いを議論していくことが本章の主題である。次節以降、高齢者になりつつある胎児性患者たちの日常生活の介護・介助の支援をめぐる課題を通して、今後の被害補償のあり方を議論する。そのうえで、「先天性(胎児性)という問い」が持つ含意を考察することで、胎児性患者たちの声に応答していく。

3 胎児性患者たちの生活を支える仕組み

胎児性水俣病は、一九六二年一一月、二人の患児の死亡後解剖と臨床および疫学研究によってその存在が証明された。一九五六年五月の水俣病公式確認との間に時間の開きがあるのは、毒物は胎盤を通過しないという医学的通説があったためであり、患者家族の日常生活の中で子どもは水俣病であると直観的に思われていても、脳性小児麻痺などと診断されていた。胎児性として確認されている患者は七〇名を超えるとする報告もあるが［原田 2012］、その正式な数は特定されていない。一般的には、胎児性患者とは、母胎内でメチル水銀の曝露を受けて生まれ、一九六〇年代に認定された症状の重い子どもたちを指している。胎児性水俣病という固有の診断基準や確たる病像があるわけではない。相対的に軽度で外見上の影響が見られない人でも、中枢神経系の発達への影響を受けた可能性があり［頼藤ほか 2016］、胎児性患者たちと同世代の人びと、またそれ以降の世代にメチル水銀曝露による健康影響がないわけではない。裁判では、胎児期のメチル水銀曝露から数十年を経て発症する遅発性水俣病の存在も主張されている。(6) 七〇名超という数は氷山の一角にすぎない。

現在、その生活は次に挙げる三つの仕組みを組み合わせて使うことで成り立っており、自宅やグループホームなどで地域生活を送っている。

第一に、「公害健康被害の補償等に関する法律」(以下、公健法)に基づく認定を受けた後にチッソと締結する補償協定に基づく被害補償である。症状の程度に応じて三つのランクがあり、一六〇〇〜一八〇〇万円の一時金、約七〜一八万円の特別調整手当(年金［物価変動による上昇あり］)、医療費の全額(公害医療のため負担は一二〇%)をチッソが負担する。

第二に、二〇〇四年の関西水俣病最高裁判決で国・熊本県の賠償責任が確定したことを背景として行政が実施する福祉的支援である。二〇〇六年に開始された「胎児性・小児性水俣病患者等に係る地域生活支援事業」(以下、地域支援事業)は、既存の福祉制度や被害補償では対応することができず家族や支援者が担ってきた生活介護や支援の一部を制度的に実施することを目的としている。胎児性患者たちやその家族、主な介護者のうち、障害者総合支援法(以下、総合支援法)もしくは介護保険法によるサービスを受けることができない者、または受けている場合でも、それ以外のサービスを受ける必要があると認められている者を対象としている(交付要項第二条)。各サービスの利用に際しては、原則として補助対象経費の一割を利用者が自己負担する。あわせて、熊本県は、介護事業者との関係を円滑にするために後述する「なじみヘルパー等養成制度」(以下、なじみヘルパー制度)を実施し、福祉サービスを利用しやすい環境づくりも進めている。

第三に既存の福祉制度である。胎児性患者たちの大半は障害者手帳も所持しており、制度的には障害者でもある。障害者は総合支援法に基づく障害福祉サービスを利用して日常の生活を送るが、六五歳を境に介護保険への制度移行を求められる。いわゆる「六五歳問題」もしくは「六五歳の壁」である。障害福祉サービスを利用してきた胎児性患者たちもまた、受けたサービスに応じて負担する(応益負担)、障害福祉サービスと比べて質が低下するといった問題を抱えることになる。強制的な移行ではないとされるが、介護保険に同様のサービスがない場合を除いて介護保険が優先される。[7]

4 「胎児性」ではなくなるとき

現在は制度的にも支援されるようになった地域での暮らしは、胎児性患者たちだけでなく、その親たちも望み続けてきたことであった。身体機能等が低下した場合、基本的には、認定患者のための病院機能を備えた水俣市立「明水園」（現在は障害福祉サービス事業所〔療養介護〕）への入所（院）が選択肢となる。だが、若い頃から長く施設での暮らしを経験してきた患者たちは、地域での暮らしの実現を目指していた〔野澤 2020〕。親たちもまた、「子どものころから散々入院やリハビリで過ごしてきた。これ以上、施設に預けたくない」[8]、「こん娘が、今より体が動かんごとなったとき、死ぬまで暮らせる場所を作ってほしか」[9]と語っている。徐々に近づく親なき後の現実という課題も見据えて、患者家族と支援者は、一九九〇年代後半に「ほたるの家」や「ほっとはうす」といった団体を結成し、地域生活とそのための支援を模索し、実践してきた。二〇一〇年には、患者の居宅介護事業を担うNPO法人「はまちどり」が設立された。

当然のことではあるが、胎児性患者たちは、六五歳になって介護・介助が必要になったわけではない。課題は、生まれたときから家族や支援者の介護・介助を受けて日常生活を営んできた胎児性患者たちにとって、既存の福祉制度に基づいて派遣されるヘルパーを利用することは、時に容易ではないことであった。介護・介助の質を確保し、高めるためには、家族関係や生活史を把握したうえで進めていく必要がある〔原田 2021〕。なじみヘルパー制度は、こうした実情に即し、胎児性患者たちの居宅介護の現場に患者となじみのない人（総合支援法に基づく指定居宅介護者）が同行した際の報酬を補助する。

しかし、この補助金交付要項には次のように記された文言がある。

第三条　胎児性患者等とは、原則として、六五歳未満の水俣病認定患者とする。

花田春兆にならって言えば、「歳はとっても胎児性患者」である。だが、地域生活支援事業の交付要項第二条を見ても、制度利用の優先順位は介護保険、障害福祉サービス、地域生活支援事業であり、胎児性患者たちがまずは高齢者として定義づけられる様子がうかがえる。補償協定に基づく補償は六五歳を過ぎても引き続き得られるものの、福祉という側面から見た場合、「胎児性」の患者ではなくなる。介護保険制度においては、水俣市は制度上の保険者としての立場から、水俣病患者でもある障害者に対し、介護保険に移行するよう促す。水俣病問題とは無関係である。結果として、障害福祉サービスを利用してきた胎児性患者たちは、これまでどおりの時間や内容でサービスを受けることができなくなる六五歳問題に直面することになる。「はまちどり」では、移行によって減少した分を補う形で地域生活支援事業を活用しているが、介護保険と地域生活支援事業の双方で、利用者に対する一割負担が求められることになる[10]。ここに適用されているのは汚染者負担の原則ではなく、受益者負担の原則である。

このような事態が生じる要因は、ひとえに、いわゆる福祉補償が被害補償の中に組み込まれてこなかった点にある。また、認定補償上の概念としての胎児性水俣病が確立されていれば、なじみヘルパー制度の第三条に見られるような定義が盛り込まれることはなく、したがって、胎児性患者たちにとっての六五歳問題も生じなかったかもしれない。だが、現実には、六五歳を境にして、患者本人には経済的負担が課されながら、これまでは使えていたサービスが利用できなくなっていく。冒頭で述べたように、補償協定の前文七がある以上、家族や支援者による無償の行為として、そして障害福祉サービスや介護保険を用いて行われている介護・介助は、補償の枠組みで実施される必要がある。既存の福祉制度を利用することに問題はないが、その場合であっても、PPPの原則に基づき、チッソがそれを負担することを求めていかなければならない。

5 水俣病を越えていく

水俣病をめぐっては、さまざまな線引きがある。未認定患者であれ認定患者であれ、水俣病の被害者になるためには、特定の症状の組み合せや生まれた年代、生まれ育った地域といった基準を満たしている必要がある。こうした線引きの内側にいる、すなわち認定されている胎児性患者たちには、六五歳という境界線が待ち構えている。なじみヘルパー制度の第三条もまた、水俣病をめぐる数ある線引きの一つといえる。そしていずれは誰もが高齢者になる。その意味で、「胎児性」という一九六〇年代初頭に発見された水俣病は、終わりを迎えようとしている。

こうした事態の発生を防ぐためにも、補償協定前文七を根拠にして、チッソに対し実情に即した補償を求めていくことが、被害者運動の今後の課題として重要になる。福祉的対策における原因企業の不在と同時に、汚染者ではないが加害責任を負っている行政の補償のあり方をめぐる議論とその具体的な交渉を進めていく必要がある。

しかし、PPPの原則を貫いても、それによって六五歳問題が解決するわけではない。むしろ、結果として、水俣病ではない障害者および高齢者（ここには未認定患者や未申請者も含まれる）[11]と胎児性患者たちとの間に福祉サービスの格差を生じさせることにもつながる。水俣病の歴史とは、被害者と市民そして被害者間での地域社会の分断の歴史でもあることを踏まえると、胎児性患者たちの側の壁だけが取り払われれば済む問題ではない。

既存の福祉サービスの枠内で胎児性患者たちの日常生活が保障されないのであれば、それは補償の問題である以前に、そもそも日本の福祉の問題である。水俣病を障害（ディスアビリティ）、すなわち、本人が水俣病によってこうむる困難や不利益の問題としてとらえた場合には、どのような原因であれ介護・介助を受けて生活を送ることができればそれでよく、その生活がチッソからの補償金によって賄われるのかどうかは議論として本流ではない［立岩 2014: 281–286］。このような議論を展開することも可能だ。六五歳の壁の解消という目標を含み込んでいるこの問題は、その本質として、公害被害補償という枠組みを越えている。

もとより、先天的に障害者で（も）あるという意味で、胎児性患者たちは水俣病を越えている。母胎内でメチル水銀の曝露を受けた彼ら・彼女らは、後天的に患者になった被害者とは異なり、その存在自体に水俣病が繰り込まれている［池田 2021］。「先天性（胎児性）という問い」を立てることの含意はここにある。障害の側へと越境していくこと。それは、胎児性患者たちが一九七七年に当時環境庁長官を務めていた石原慎太郎に対して突きつけた「環境庁長官　石原慎太郎殿」に端的に見て取れる。

あなたは、しんしょうしゃの、のうせいマヒのひとたちより、たいじせい患者を、ゆうせんてきに、きゅうさいする……と発言しているが、そうかんがえるのは、まちがっている。切りはなしたところで別に、あげんしない。どちらも苦しい。

今ごろになって、きゅうさいするとかいうな。するならもっと、早くからなすべきなのだ。

（中略）

よくなるほしょうも、くすりもない。苦しんでこそ、どっちも、苦しんで苦しんでおたがい道をつなげていくことがだいじだと思う。

言い方としては矛盾するが、公害問題の解決とは、被害者が救済されればそれで済む話ではない。公害の悲惨さを訴え、その正当な補償を要求することで、結果的に、被害者と障害者の間に優先順位が付く。それは、障害を持ち生きる人びとの差別、その生活や生きることそれ自体の可能性の剥奪と地続きである［野澤 2020］。補償でも福祉でも解決しない。むしろ、補償か福祉か、被害者か障害者か、どちらか一方の極に位置づけては、胎児性患者たちも直面している六五歳問題は依然として未解決のままである。

こうした意味での公害問題の解決を模索していくためにも、一九七〇年代に発せられた胎児性患者たちの訴えを掘り起こして問いとして引き受け、その地点に立ち戻って水俣病問題を考え直していくことが求められる。本章の主題は、それが半世紀近くにわたり未解決のままに残ってきたことの延長線上にある点に注意しよう。そのように考えた場合、みなしヘルパー制度の第三条は、実施規模という面での影響は小さいものの、「先天性（胎児性）という問い」をないものとする、あるいは過去のものとするものであり、これを見過ごすことはできない[12]。水俣病における六五歳問題を解決することとは、水俣病の被害者の生（活）をそのほかの障害者のそれよりも優先する思考の道筋を乗り越えていくことであり、そのためにはこの問いが不可欠である。

註

(1) 当時の会社名は「新日本窒素肥料株式会社」であり、現在はＪＮＣ株式会社だが、本章では一貫して通称の「チッソ」と表記する。

(2) 補償協定の中には介護費（四万五六〇〇円）という項目は存在している。

(3) 「仕事ばよこせ！人間としていきる道ばつくれ!!」および「環境庁長官　石原慎太郎殿」（第5節で後出）の全文は、野澤［2020］の資料Ｇに掲載されている。

(4) もとより、大人たちも「お金のことばっかり」であったわけではない。患者の要求とは、補償金を現実の必要として含みながら、「金でかたのつかぬ人間の生の根本的事実が、そのようなものとしてまっとうに認められること」［渡辺 2017: 66］であった。

(5) 一九七七年に出されたいわゆる「昭和五二年判断条件」では複数の症候の組み合わせが認定のための基準となり厳格化した。以降、申請者の多くが棄却されるようになった。

(6) 新潟水俣病行政認定義務付け訴訟の中で、原告側は、メチル水銀が体内に取り込まれてから長期間が経過した後、高齢化に伴って症状が現れる「遅発性水俣病」の存在を主張した。これに対し、国は、胎児性水俣病を「胎盤を介したメチル水銀曝露という出生前の原因による脳性麻痺」であると定義し、臨床症候を、知的障害を主症状としてこれに脳性麻痺の症状が加わるものとしている。先天的に脳の発達抑制が生じる以上、出生時ないしその後速やかに症状が現れるのが自然であり、遅発性の水俣病はありえないというのがその主張だ。この裁判では、二〇一七年一一月の東京高裁が、一審の新潟地裁で退けられた二名を含む原告九人全員を患者として認定するよう命じ、新潟市は最高裁に上告しない方針を固めたため、判決が確定した。

（7） 総合支援法第七条に介護保険を優先する規定があることが根拠とされる。条文は次のとおり。「自立支援給付は、当該障害の状態につき、介護保険法の規定による介護給付、健康保険法の規定による療養の給付その他の法令に基づく給付又は事業であって政令で定めるもののうち自立支援給付に相当するものを受け、又は利用することができる時は政令で定める限度において、当該政令で定める給付又は事業以外の給付であって国又は地方公共団体の負担において自立支援給付に相当するものが行われたときはその限度において、行わない」。

（8） 「西日本新聞」二〇〇二年一二月一五日「胎児性水俣病　公式確認から四〇年　健康、将来…募る不安」。

（9） 「西日本新聞」二〇〇五年四月八日「胎児性患者　見えぬ未来　『娘、死ぬまで暮らせる場所を』」。

（10） 地域生活支援事業の自己負担額は一時間あたりではなく「一回あたり」となっている。また、六五歳に達する日の前に五年間にわたり介護保険サービスに相当する障害福祉サービスに係る支給決定を受けていた人で、そのほか複数の要件を満たすことで、介護保険サービスを利用した際の負担額が償還される仕組み（新高額障害者サービス等給付費）があるため、すべての人が一割負担となるわけではない。胎児性患者たちの介護をめぐる実情については、野澤［2022］を参照のこと。

（11） 胎児性患者世代の未認定患者の障害者手帳所持の実態とその介護をめぐる問題については、永野［2020］を参照のこと。

（12） 二〇二二年一二月、熊本県は地域生活支援事業の補助金交付要項を一部改正した。とくに、第三条は「胎児性患者等とは、原則として、昭和一六年（一九四一年）四月一日以降生まれの水俣病認定患者とする」と改められた。その意味では、「先天性（胎児性）という問い」は維持されたことになる。

第10章

「記憶」の時代における公害経験継承と歴史実践

清水万由子

1 公害は過去か？ 現在か？

モノクロ写真に写る薄暗い雲や黒く光る海、あるいは苦痛に顔を歪める人びとの姿。一方で、盆や彼岸に父方の墓所がある三重県四日市市へ行く道すがら、コンビナートにそびえる紅白の煙突から白く立ちのぼる煙（水蒸気）を車の窓から眺めてもいた。いずれにしても、公害に出会い直す前の筆者にとって、それはどこか遠くの方にあるものだった。

日本の公害被害者は訴訟や世論への訴えかけにより補償と公害対策を勝ち取った。その結果、公害対策は資金、人材、組織などの面で制度化・標準化されている。「公害との闘いの結果、公害を克服した日本」［Schreurs 2002＝2007］。「公害」はそんな過去の物語に追いやられ、公害は局所的で解決済みの問題であるとして、公害対策の緩和を迫る産業界の「まきかえし」にも遭った。

しかし、本書各章でも論じられるように、次々と環境中に放たれる化学物質やテクノロジーによる〝新しい〟公害ともいえる環境リスクはますます広範に行き渡っており、新興国や途上国で起きている公害は、私たちの日常と深く結びついている。これらは食品公害や薬害と同様に、地域開発のあり方と深く関わっていたいわゆる〝古い〟公害とは異なる性質も持っている。しかし公害被害者らが、多様な公害・環境問題の被害者が連帯する運動を今も続けているのは、カネミ油症問題や水俣病問題のように、いまだ十分な被害の解明や補償がなされていないものがあり、公害はまだ終わっていないと訴え続けなければ忘却されかねないと考えるからである。[1] そして、より長期的には、公害を生んだ構造がこの社会に根深く残っているということである。

このように、公害は人びとが経験した過去でありながら、現在なおその経験は更新され続けている。また、歴史研究の対象とするには近すぎる過去であるのに、現在の社会の中では風化が危惧される過去でもある。筆者らはこれを「生乾き」の過去と表現した。[2] しかし、公害が乾ききった過去となってしまえば、私たちが生きる現在に食い込んでくることはない。グローバルに潜在・偏在する新しい公害が続発する社会を、公害を生まない社会にするためには、古い公害を過去の物語に押し込めてはならない。過去・現在・未来の連続性を見いだし、また公害に限らず「困難な過去(歴史)」をいかによりよい未来へつないでいくかという幅広い視点に立ち、私たちの実践も更新を続けていく必要がある。これが本章の問題提起である。

2 「記憶」の時代へ

❁公害資料館のネットワーク

一九九〇年代以降、公害発生地域で公害資料館を建設する動きが広がっている（表10―1）。二〇一三年には、全国の公害資料館が学び合う公害資料館ネットワークが結成された［林 2021］。現時点で公害資料館に法的な定義はないが、公害資料館ネットワークは次のように公害資料館を定義している。

> 公害資料館とは、公害地域で、公害の経験を伝えようとしている施設や団体のことを指します。公害資料館の機能としては、展示機能・アーカイブズ機能・研修受け入れ（フィールドミュージアム）の三分野のどれかを担っており、必ずしもハードとしての建物の有無は問いません。また、運営主体についても国・地方自治体・学校・NPOなどがあり、公立／民間などさまざまな運営形態があります。［公害資料館ネットワーク 2015］

公害資料館が設置される経緯はさまざまである。公害裁判の和解の際に設置が決められたもの、被害者／支援者団体やその関係団体が設置したもの、被害者／支援者団体の要望を受けて自治体が設置したもの、大学や自治体の図書館や文書館が寄贈された公害関連資料を保管・整理して所蔵しているものなどがある。展示施設がメインのものもあれば、展示施設を持たないアーカイブズや、現地での研修に力を入れるものもある。公害資料は所蔵資料の一部分である場合や、複合型公共施設の一部が公害資料館になっている場合もある。

公害資料はその形態から見ると大きく一次資料と刊行物に分かれる。前者は①新聞・雑誌および記事の切り抜き、②調査報告書などの任意出版物、③学術論文、④それ以外の学術研究資料、⑤行政文書およびその関連資料、⑥裁判関連資料、⑦事業者・団体およびその職員などが業務等で作成した文書・会議録など、⑧個人のメモ・日記類、⑨写真・映像、⑩各種道具や生活用品・機器などの実用物品類、⑪生物医学標本・環境資料、⑫絵画・工芸品その他の作品、⑬特定の研究者や個人が収集した資料のコレクション、⑭その他、加えて当事者の口述資料もある［清水善仁 2021］。前記の定義では「公害の経験を伝えようとしている」という点が公害資料館の要件となっており、その方法と形態はたいへんに多様である。

公害経験を伝えようとするのは、直接には公害資料館の設置者や運営者であるが、そこには被害者の願いが託されている。「二度と自分たちと同じ思いをする人が出ないように」、「自分たちの人生をかけた苦労がなきものにされないように」という切実な願いである。では、公害経験を受け止めるのは誰か。公立資料館の多くは展示機能が中心で、学校教育での利用が期待されている。とくに小学校五年生の社会科で公害・環境問題が扱われるため、資料館側も教材用副読本を制作するなどして積極的な利用を促している。他方で資料を所蔵する民間資料館やアーカイブズでは大学生や研究者の利用が多い。

公害	名称	所在地	設置者（設立経緯）	開設年
イタイイタイ病	富山県立イタイイタイ病資料館	富山県富山市	富山県	2012年
イタイイタイ病	清流会館	富山県富山市	一般財団法人神通川流域カドミウム被害団体連絡協議会，イタイイタイ病対策協議会	1976年
カネミ油症	五島市カネミ油症被害資料展示コーナー	長崎県五島市	五島市 （五島市福江総合福祉保健センターに設置されたが2022年に撤去．同年12月に五島市役所で「カネミ油症資料移動展」が展示）	2007年
足尾鉱毒	NPO法人足尾鉱毒事件 田中正造記念館	群馬県館林市	（記念館建設を求める署名運動のすえに開館）	2006年
足尾鉱毒	太田市足尾鉱毒展示資料室	群馬県太田市	太田市	2015年
産廃不法投棄	豊島のこころ資料館	香川県小豆郡	廃棄物対策豊島住民会議	2002年（2021年改修）
アスベスト	アトリエ泉南石綿の館	大阪府泉南市	個人 （アスベストの危険性を訴えた医師の遺族が自宅の一角に設置）	2019年
福島原発事故	原子力災害考証館 furusato	福島県いわき市	原子力災害考証館運営委員会 （温泉旅館の一室を改装して開館）	2020年
ヒ素中毒	宮崎大学土呂久歴史民俗資料室	宮崎県宮崎市	宮崎大学	2020年
公害一般	法政大学大原社会問題研究所 環境アーカイブズ	東京都町田市	法政大学	2013年
公害一般	立教大学共生社会研究センター	東京都豊島区	立教大学	2010年

出所：公害資料館ネットワークウェブサイト，安藤ほか編［2021］を参照して筆者作成．

表10-1　国内の公害資料館

公害	名称	所在地	設置者（設立経緯）	開設年
大気汚染（四日市）	四日市公害と環境未来館	三重県四日市市	四日市市	2015年
大気汚染（西淀川）	あおぞら財団付属西淀川・公害と環境資料館（エコミューズ）	大阪市西淀川区	あおぞら財団	2006年
大気汚染（尼崎）	尼崎市立歴史博物館地域研究資料室“あまがさきアーカイブズ”	兵庫県尼崎市	尼崎市（尼崎市立地域研究史料館の事業引き継ぎ）	2020年
大気汚染（尼崎）	尼崎南部再生研究室（あまけん）	兵庫県尼崎市	尼崎公害訴訟の和解金の一部を活用して設立	2001年
大気汚染（倉敷）	みずしま財団（公益財団法人水島地域環境再生財団）	岡山県倉敷市	倉敷公害訴訟の和解金の一部を基金として設立	2000年
大気汚染（北九州）	北九州市環境ミュージアム	福岡県北九州市	北九州市	2002年
水俣病	熊本学園大学水俣学研究センター	熊本県熊本市	熊本学園大学	2005年
水俣病	熊本学園大学水俣学現地研究センター	熊本県水俣市	熊本学園大学	2005年
水俣病	水俣市立水俣病資料館	熊本県水俣市	水俣市	1993年
水俣病	環境省 国立水俣病総合研究センター水俣病情報センター	熊本県水俣市	国	2001年
水俣病	一般財団法人水俣病センター相思社水俣病歴史考証館	熊本県水俣市	相思社	1988年
水俣病	熊本大学文書館	熊本県熊本市	熊本大学	2016年
新潟水俣病	新潟県立環境と人間のふれあい館～新潟水俣病資料館～	新潟県新潟市	新潟県	2001年
新潟水俣病	一般社団法人あがのがわ環境学舎	新潟県阿賀野市	（県のフィールドミュージアム事業を継続する団体として設立）	2011年

◆公害経験を継承する困難

公害資料館は公害を知らない世代に向けて公害の経験を伝えようとしているが、公害の経験を伝えること、そしてそれを受け止める継承という営みには困難が伴う[清水 2017]。第一に、風化の問題、すなわち加害—被害の実態が時間的・空間的隔絶により忘却されることだ。人びとの認識において、メディア報道や家庭、地域、職場、学校等での話題や活動を通して共有されていたであろう「公害」像は、もはや共有されていない。一見して空は青く、水は澄んでいる。公式に把握される公害病患者の数は減り、街を歩いても公害被害者の存在に気づくことはない。土地に刻まれた公害の痕跡も、工場の移転・閉鎖や再開発等で徐々に見えなくなっていく。公害がどのような意味を持つ経験なのか、感覚的に理解する人が少なくなっていく。

第二に、公害の経験を伝える側、受け止める側の双方にとっての困難である。公害に限らず、悲惨な出来事や苦痛を伴う体験について語ることは決して容易なことではないし、公害被害を訴え出ることにより差別的な目を向けられることもある。受け止める側もまた、苦痛や怒りを追体験してトラウマの二次受傷に苦しむことがある。ジュリア・ローズは、トラウマを伴う「困難な歴史(difficult history)」を学ぶには、相応の準備と解説技術を伴う倫理的提示方法が必要であるとしている[Rose 2016]。

第三に、公害の全体像がとらえづらいことだ。個別の公害事件には固有の背景と経緯があり、なかでも被害の態様は個人のおかれた状況に応じて多様である。被害者の語りを聞いた人はその苦難を思い心を痛めるが、それだけで公害の全体像を把握することは難しい。公害の発生原因の解明には科学的調査が必要となり、それ自体が裁判等で論争になってきたが、裁判で公害防止に十分な知識や教訓が引き出され広く共有されるわけではない。検証のためには加害者側の証言や記録が不可欠であるが、加害者側が継承を目的として彼らの意思決定を裏付ける資料を公開するという例は、まず聞かない。そのようななかで、裁判や運動など〝闘い〟のために被害経験を語ってきた被害者の語りが支配的になっている状況がある。

◆公害経験の「記憶」を継承する

公害経験の継承という課題がおかれた時代状況を考えると、こうした困難の意味するところがより明確になるだろう。アジア・太平洋戦争の体験の継承についての議論を参照してみよう。戦争体験がどのように語られてきたかを分析した成田龍一によれば、戦争経験は、「体験」「証言」「記憶」という三つの時代を経て歴史化される［成田 2020 (2010)］。敗戦直後、当事者一人ひとりの視点から固有の戦争「体験」が語られる時代から、研究者らが体験者の「証言」を集めて歴史像の提示を試みる時代、そして戦争体験者が少なくなり、非体験者がメディアや教育を通じた語りによって戦争を追体験し、集合的な「記憶」として戦争を現在の文脈に位置づけるという時代へと移行していく。成田は、「証言」の時代、そして「記憶」の時代には解釈間の葛藤や対立が生じるが、それは非体験者が大半を占めるこの時代において「『事実』はあらかじめ自明のものとして存在するのではなく、語りのなかにたち現れるような多層・多重なものである」［成田 2020 (2010): 308］からだとする。

〝古い〟公害の経験は、すでに「記憶」の時代に入り、公害資料館では公害を体験していない世代も公害を語り継ぐ役割を担っている。公害経験を継承する困難は、「生乾き」の過去である公害が、「記憶」の時代にさしかかっているがゆえの課題であると言ってよい。次に、公害資料館が伝えようとしていることについて考えてみたい。

3 公害経験継承の方向性

◆公害資料館が伝えるもの

公害資料館は、「二度と公害を繰り返さない」ために存在する。それは被害者の願いであり、すべての人に共有されるべき公共的な価値である。しかし、「公害を繰り返さない」とはどのような状態を意味するのか、またその実現のために何を、どのようにして伝えるかはさまざまだ。公害の語り方は一様ではない。いわゆる四大公害病に関する資料館を例にとってみよう。(3)

富山県立イタイイタイ病資料館（写真10－1）は、「イタイイタイ病の恐ろしさ」や「克服の歴史」を学んでほしいと呼びかける。展示では川と生活の関わり、被害の様態、被害住民による運動と裁判、そして被害者と原因企業との間で結ばれた三つの協定書に基づく損害賠償・公害防止・汚染土壌復元という「克服」へとつながる流れが俯瞰的に説明される。一方、清流会館（写真10－2）は被害者の運動拠点でもあることから、その展示は裁判終結後の土壌復元工事や神岡鉱山立入調査を含む被害者運動を詳説し、顕彰する側面を持つ。中には一九七〇年代から八〇年代に経済界から示された公害対策強化への反発と公害行政の後退(まきかえし)に対して、全国の公害被害者運動が抵抗したといった、運動側からの行政批判を含む展示もあるが、県立資料館ではそれらは展示されていない。基本的に、県立資料館の展示は清流会館の展示をもとにつくられており、被害者団体の監修を受けているため、イタイイタイ病の実態・原因と解決過程について解釈の対立はない。しかし、清流会館ではイタイイタイ病被害者の運動を、全国の公害被害者運動の中に位置づけるという視点を持っている。

写真10-1
富山県立イタイイタイ病資料館(とやま健康パーク)
撮影:筆者

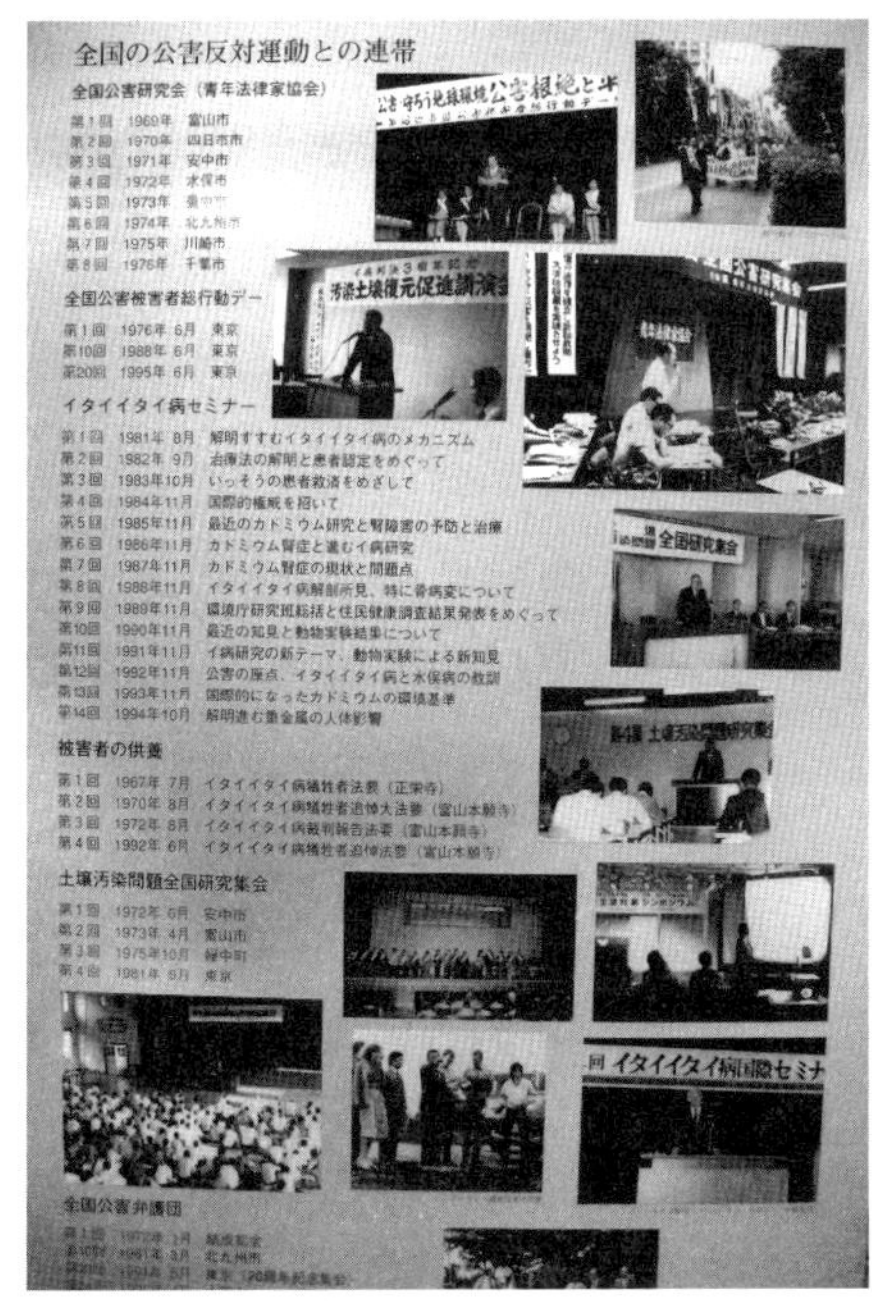

写真10-2 清流会館の展示パネル
「全国の公害反対運動との連帯」(2012年4月)
撮影:筆者

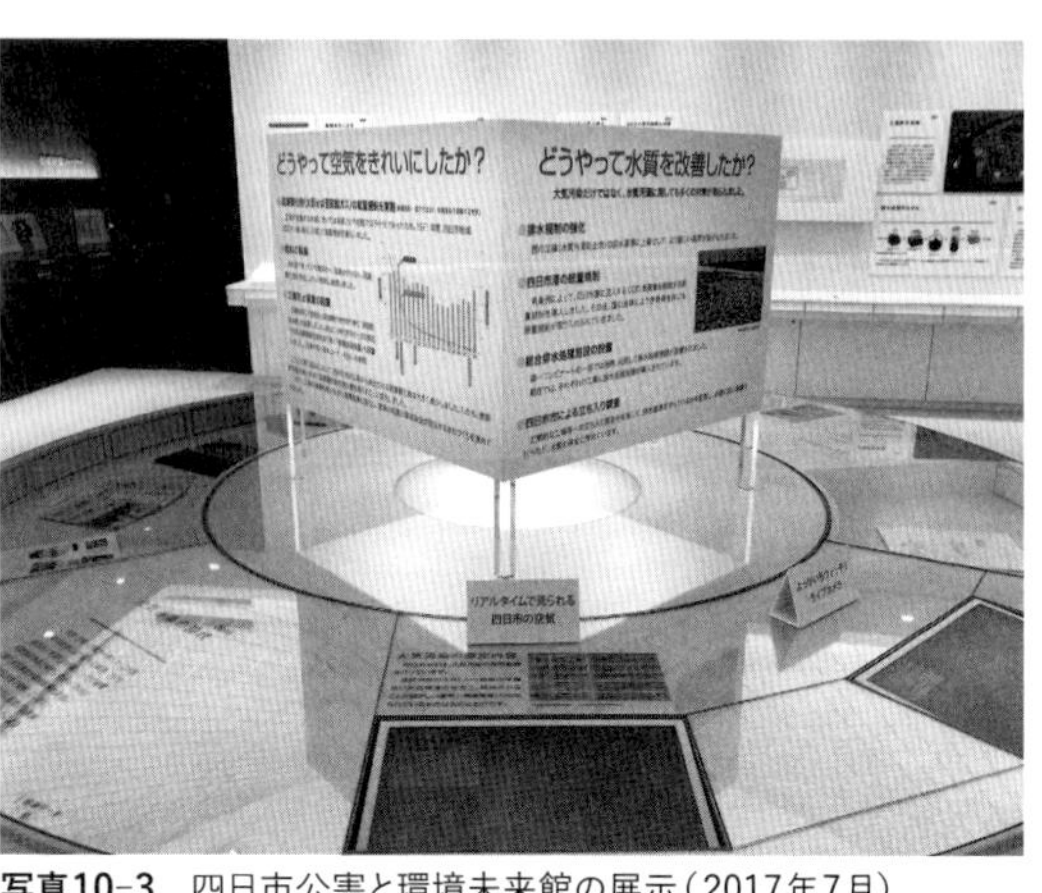

写真10–3　四日市公害と環境未来館の展示(2017年7月)
撮影:筆者

四日市公害と環境未来館(**写真10–3**)は、「公害の歴史と教訓を次世代に伝えるとともに、環境改善の取り組みや、産業の発展と環境保全を両立したまちづくり、経験から得た知識や環境技術を広く国内外に情報発信する」ことを目的に掲げているように、大気汚染源を排出した石油化学コンビナートで今も操業継続する企業の努力に焦点を当てていることが特徴的だ。一方、四日市公害を記録し発信し続けた反公害運動家の澤井余志郎氏の呼びかけで一九九七年に設立された四日市再生「公害市民塾」は、四日市公害資料の整理・保存や語り部活動などを続けている。彼らに四日市での「産業の発展と環境保全の両立」を発信するという姿勢は見られない。しかし、四日市市に公害資料館設立を求めてきたこともあり、公害と環境未来館との協働で講座・研修や語り部活動にも取り組んでいる。患者遺族、弁護士、コンビナート企業、自治会長などさまざまな立場で四日市公害に関わった人の声を丁寧に掘り起こし[伊藤編 2015]、四日市公害を素材とする教育実践交流も進めている[四日市再生「公害市民塾」2021]。

水俣市立水俣病資料館は「水俣病の歴史と現状を正しく認識」することを、新潟県立環境と人間のふれあい館は「新潟水俣病の経験と教訓を後世に伝える」ことを掲げる。水俣病問題が現在も混迷する原因の一つが水俣病の「正しい認識」をめぐる論争（病像論争）であることを思えば、資料館が水俣病の歴史と現場の「正しい認識」を伝えると謳うことは皮肉にも聞こえるが、水俣病や患者への偏見は今なお再生産されており、伝えるべき事実があるというメッセージは重要ではある。問題は、その先に何を考えるかだ。水俣病歴史考証館が求める「水俣病事件の真実と意味」は、水俣病事件を通して根源的な「人間のあり方」を考えることによって明らかになる。さらにその先には、地域社会をどう立て直すかという課題がある。あがのがわ環境学舎は「新潟水俣病問題が続く阿賀野川流域のもやい直しを中心的に担う団体」であり、資料「館」は持たないが、「新潟水俣病に向き合うだけでなく、それを乗り越えたと言えるような流域づくり」を掲げて環境学習ツアーや教材づくりなどに取り組む。三〇〇回を超える懇談の場（「ロバダン！（炉端談義）」）で新潟水俣病に対するさまざまな流域住民の思いを引き出し、阿賀野川流域の物語を「光と影」で表現している。新潟水俣病の原因を生んだ旧昭和電工鹿瀬(かのせ)工場（現・新潟昭和株式会社）とも協働して、工場内の排水対策を学ぶ工場見学ツアーや、新潟水俣病の教材づくりも行っており、阿賀野川流域における関係構築の努力を重ねている［あがのがわ環境学舎ウェブサイト；公害資料館ネットワーク 2020］。

一つの公害事件について、異なる視角と射程をもってアプローチする公害資料館が複数あることで、「記憶」世代の理解は立体的になっていく。異なる公害事件を比べてみることによる発見も多い。公害経験を伝えようとする人びと、それを受け止める人びとがネットワークでつながることの意味は、ここにある。公害資料館ネットワークに加盟しない団体や個人による公害経験の継承活動も存在している。また、宮崎大学土呂久歴史民俗資料室、福島県いわき市の原子力災害考証館 furusato の開設[4]（ともに二〇二〇年）など、新しい動きも出ている。公害という「生乾き」の過去を、一人ひとりの人生や地域社会の来歴の中に位置づけ、血の通った「生きた」過去として語り継ごうとする努力が続いている。

◆公害の経験化

ここまでとくに説明なく使ってきた「公害経験」という言葉についても触れておきたい。「経験」は公害という現象を通時的にとらえようとするときに意味を持つ。成田龍一は戦争「経験」への着目について説明する際、思想史家の藤田省三の議論を引いて、個別に存在する戦争「体験」を、他者にも通ずる戦争「経験」とすることの重要性を指摘している［成田 2020（2010）］。個人に固有の体験が、境遇の異なる他者の体験や時代状況に対する理解によって照射されることで、その意味するところ（＝核心）が明らかになる。成田の議論も踏まえて「出来事への遭遇に対し、それを他者との共通性（一般性）をも意識しながら自らの中に位置付ける行為を『経験化』、他者との共通性よりも個人にとっての独自性（私性）に拘って位置付ける行為を『体験化』」［福島 2021］と区別する福島在行も、「経験」を社会的なものとして理解している。公害を未来に向けて継承することに意味があるとすれば、公害を経験化する過程、つまり多様な体験に耳を傾け合い、時代状況と個々の体験との関係を、体験者と非体験者がともに考える過程にこそ、意味があるのではないだろうか。

公害が各地で起こった環境汚染による人的被害の総称だとすると、そこに含まれる体験はきわめて多様である。公害資料館でしばしば継承すべきものに掲げられる公害の「教訓」とは何だろうか。公害の歴史的意味を明らかにするのは研究者や歴史家の重要な仕事であり、宮本憲一や小田康徳ら「体験」世代の研究者による公害の歴史化作業［宮本 2014; 小田 2017］は公害の「教訓」を明らかにするうえで重要な意味を持つ。しかし「記憶」の時代にさしかかる今、公害を無数の個人の体験の束として実感を伴って理解できる人は少なくなっており、仮に研究者が示す公害の歴史像の中に一人ひとりの経験が客観的に位置づけられ、「教訓」が示されたとしても、それだけでは公害を乾き切った過去の物語へと追いやることになりかねない。ここでは、過去の公害から学び未来へとつなげていくためには、被害者だけでなく、さまざまな立場で公害問題に関わり、関心を持ち、行動した人びとの語りや彼らが残した資料群から、公害を彼らの「経験」として理解することが重要なのだ。

では、今後来るべき体験者のいない「記憶」の時代に、公害の経験化はどのようにして進められるのか。名前のある語りや資料に触れていくと、もっと知りたい気持ちが問いとともに湧き上がる。これが、「経験化」を進める鍵である。病を抱える被害者はなぜ大きな力と闘いえたのか。原因企業の中で公害を止めるよう努力した人はいなかったのか。被害が出る前から住民は環境の異変に気づいていたのに、なぜ被害を防げなかったのか――。語られない／語りえない「経験」や、現存する資料だけでは迫りきれない「経験」もあるだろう。当事者がいなくなれば永遠に答えが得られない問いもあるに違いない。そんなときには、現代の〝新しい〟公害や、多様な「困難な歴史」を学ぶことも、公害の「記憶」を紡ぐことにつながるだろう。公害の「記憶」を問い続ける私たちの営みが、次の時代に引き継がれる「経験」となり、公害の「記憶」を構成していくのである。

こうした文脈を踏まえると、公害経験の継承という課題は、近年世界的に関心が集まるパブリック・ヒストリー〔菅・北條 2019〕と軌を一にする。パブリック・ヒストリーは多様な概念と実践を含むが、公害経験の継承との関連では、「パブリック〔公衆――筆者注〕の中にある(in the public)」歴史〔岡本 2020〕を、誰がどのようにして顕在化させるかという問題提起と実践である点に注目したい。公害資料館が取り組もうとするのは、人びとの中にある公害を経験化する場をつくり、その経験を広く共有することであり、公害をめぐるパブリック・ヒストリーの実践であると言ってよい。パブリック・ヒストリーをパブリックたらしめるのは、歴史を書くこと(history writing)だけでなく、歴史に関わる実践をすること(history doing)である。さらに進んで、「日常的実践の中で歴史との関わりを持つ諸行為」としての歴史実践〔保苅 2018(2004)〕は、過去を未来に生きるものとするために、他者との協働的な実践を通じた「自己と他者との共奏」〔本橋 2018〕であるべきなのだ。

4 公害経験の継承に向けた歴史実践

●過去を継承する学習者

最後に、公害経験を未来に向けて継承するいくつかの歴史実践の試みを紹介しておきたい。公害資料館ネットワークを結成する一つのきっかけに、二〇〇九～二〇一一年に実施された「公害地域の『今』を伝えるスタディツアー」(以下、スタディツアー)があった。筆者は新潟、富山、大阪で行われた全三回に参加し、公害経験の継承という課題に改めて出会うことになった。スタディツアーはあおぞら財団(公益財団法人公害地域再生センター)が企画・主催したもので、公害地域の現場で当事者から学ぶ公害・環境教育プログラム開発の一環として、公害教育のESD(持続可能な開発のための教育)化を目指して取り組まれた[林 2013]。公募に対して全国から集まった参加者は教員志望の大学生・大学院生や現役の学校教員、環境NPO関係者などで、事前学習として基本文献を講読のうえ勉強会に参加し、現地へ赴いて二泊三日の合宿形式で、数人ずつのグループに分かれて公害関係者にヒアリングを行った。公害に関わるさまざまな立場の当事者に直接話を聞き、時に参加者からの問いかけに答えてもらう。教科書で習った公害とはまったく異なる多面的で複雑な「生の声」をどう受け止めたらよいのか戸惑いながらも、最終日の発表会ではグループの提言を行う。ここにはヒアリングに応じてくれた方々も参加する。

この提言をつくる過程で一方的に教えられるのではない学びを体験したことは、筆者が公害経験の継承について考える契機となった。ひととおりヒアリングを終えた後、発表会の前夜は夜通しの話し合いだ。「提言」に至るまでに吐露される疑問、共感、つぶやき……。人生をかけて闘い抜いてきた人たちを前に、提言などできるのだろうかという不安を必死で押し返しながら、スタディツアーでの経験が自分の人生にはどのような意味を持つのか、それを自前の言葉で宣言する責任があるように感じていた。しかも、異なる背景を持ったメンバーが共同で発表するのだから、独りよがりな宣言であってはならない。今振り返れば、公害という「困難な歴史」の経験を継承する一人としての主体性を得ようともがいていたのだろうと思う。

歴史実践は、語り手をも揺り動かす。スタディツアーを企画した林美帆は、「公害を知らない世代への『教育』という目的によって、それまで硬直化していた当事者たちの関係に風穴が空き、お互いが語り合わなかったことが語られた」と述べている〔林 2016〕。また、公害学習の場が「自己と他者との共奏」になるとは限らないことを経験的に知る当事者は、「ここ〔清流会館〕に来る人は、一方的に話を聞いて帰るだけだった……受入に対しては懐疑的だったが受け入れてよかった」〔公害地域再生センター 2010: 43〕と講評した。スタディツアーによって伝える側と受け取る側の間に信頼が生まれ、体験者と非体験者の間の圧倒的な非対称性が変化したことが、その後の公害資料館ネットワークの結成にもつながった。

◆歴史実践としての公害地域再生

もう一つの事例は、公害地域におけるまちづくりである。前述のあおぞら財団は、大阪市西淀川区の大気汚染公害患者らが公害裁判の和解金の一部を原資として一九九六年に設立した。設立趣意書には「公害地域の再生は、たんに自然環境面での再生・創造・保全にとどまらず、住民の健康の回復・増進、経済優先型の開発によって損なわれたコミュニティ機能の回復・育成、行政・企業・住民の信頼・協働関係(パートナーシップ)の再構築などによって実現される」とある。除本理史(よけもとまさふみ)によれば、こうした射程を持つ「環境再生のまちづくり」を提起したのは「西淀川が最初」であると考えられ、公害被害者運動が持つ「公共性」の自覚が被害者たちをまちづくりへと向かわせたという〔除本 2013〕。「まきかえし」の動きの中で、公害反対運動は「地域エゴ」などとの批判を受ける一方で、一九六〇年代末から道路、空港、新幹線などのインフラや、電源・水資源開発のためのダム建設、大規模干拓などの公共事業による公害の反対運動および訴訟へと展開した［宮本 2014］。これらは、政府＝公共とは異なる公共性のあり方を、反公害の「公共性」から示そうとする動きと見ることができる。このような流れのなかで生まれたあおぞら財団の存在は、公害被害者による公害との闘いが、公害経験の継承を含む次の段階へと進もうとしたことを意味している。つまり、公害反対運動の「公共性」が問われる文脈の中に自分たちの運動を位置づけ直し、公害との闘いを

写真10-4　まちづくり探検隊（1996年）
写真提供：あおぞら財団

写真10-5
大阪市漁協の協力による「あおぞらイコバでみせ」（2013年）
写真提供：あおぞら財団

写真10-6　西淀川区福祉避難所合同訓練（2015年）
写真提供：あおぞら財団

写真10-7　西淀川区内の長屋をカフェ&ゲストハウスに改修(2017年)
写真提供:あおぞら財団

地域再生の原動力として地域社会の新しい未来を創ろうとしたのである。

しかし、公害裁判が終結した直後に始められた歴史実践は、決して理想どおりのものではなかった。二〇年近い裁判の間に汚染は改善傾向にあったが、公害は「生乾き」どころではなく、地域にとって生傷そのものであった。公害地域再生という課題には、公害の経験に含まれる社会批判と、まちづくりに求められる社会建設の間の深い溝が依然としてあり、被害者運動と自治体や地縁団体には緊張関係があった。理念が先行すると地域住民から反発を受けるなど、「財団と地域の関係は非常に難しいものがあった[5]」という。

筆者の見るところでは、あおぞら財団の設立から一〇年が経過した二〇〇〇年代半ば以降、財団の活動は変化していく[6]。活動テーマが広がっただけでなく、被害者運動から引き継いだ人脈とは異なる新たな協力者を求めて職員が地域の中に入り込み、地域住民とともに地域の課題に取り組む事業が増えていった。以前は難しかった自治体や地縁団体との協働も実現し、二〇一八年から西淀川区まちづくりセンター[7]の運営を複数団体による共同事業体で受託し、地域活動を支援する立場に立つに至っている(写真10-4〜10-7)。

こうしたあおぞら財団のまちづくり運動を、公害経験を継承する歴史実践として見てみたい。前述のスタディツアーや公害資料館の活動のように、公害そのものについて伝える活動もある一方で、一見して公害を想起させない活動も少なくない。しかし、あおぞら財団が取り組む事業はすべて、「患者さんがそれを望むか?」という問いによって統御されている。[8] 直接的に公害患者と話したことがなくとも、あおぞら財団が保存してきた資料や、財団の活動、そして財団が生まれた経緯から、「患者さんの望み」を想像することはできるし、そうするしかない時はやがて来る。あおぞら財団の活動が今後、変化していったとしても、公害を繰り返さない社会にしてほしいという公害患者の願いがまちづくり運動の原動力であることは変わらない。

「記憶」の時代における公害経験の継承は、伝える側から受け取る側への一方向的な伝達、伝承ではない。多様な関心を持って公害の核心に迫り、現在の社会課題との共通性を見いだすことで、体験したことのない公害を、自らの経験とすることだ。公害経験継承の実践を推し進める主体があることは、この社会の財産である。

註

(1) 公害被害者総行動実行委員会は、二〇一九年度にすべての公害被害者の救済と公害根絶、地球温暖化防止策の抜本的強化と原発・石炭から自然・再生エネルギーへの転換を求めて、総決起集会等を開いている。COVID-19拡大による影響を受けた二〇二〇年度と二〇二一年度も、参加団体による大臣・省庁交渉を行っている。

(2) 公害資料館をテーマとする研究会の中で、除本理史が最初に用いた表現。清水万由子[2021]を参照。

(3) 各資料館・団体の目的や事業内容については、パンフレットやウェブサイトを参照した。

(4) 原子力災害考証館 furusato の関係者は資料館をつくるにあたり、公害資料館の視察を行っており、水俣病センター相思社の水俣病歴史考証館から「考証館」の名称をとっている(二〇二一年五月二五日、里見喜生氏、鈴木亮氏、西島香織氏へのヒアリング)[除本 2021]。

(5) 二〇二一年八月一一日、傘木宏夫氏へのヒアリングより。

(6) こうした変化の背景には、西淀川区における新住民=公害を知らない住民の増加や、大阪市の地域自治組織改革など、さまざまな状況の変化が影響していると思われるが、あおぞら財団の活動展開についての詳細な検討は別稿を期すことにしたい。

(7) 区内の地域活動協議会の活動支援を行う中間支援組織。地域活動協議会は、連合振興町会や子ども会、女性会などの地域組織と企業、NPO、学校、医療・福祉団体などが連携して地域課題に取り組む協議体。橋下徹元大阪市長によって導入された。

(8) もちろん、実際に公害患者に許可を取るのではなく、自分たちに託された願いをいかに具体化するかを自問し議論しながら活動しているのである。あおぞら財団の職員は、「西淀川公害患者と家族の会」の公害患者のことを親しみを込めて「患者さん」と呼ぶ。

謝辞

本稿は、科学研究費補助金(26870718, 19K12464)および龍谷大学社会科学研究所二〇二一年度個人研究「公害経験継承としての地域再生運動―個人史アプローチによる分析―」の成果の一部である。記して深謝いたします。

第11章

環境リスク社会における公正と連携への道

寺田良一

1 はじめに――「環境リスク」の新たな問題性

足尾銅山鉱煙毒事件に始まり原発事故の放射能汚染まで、環境破壊やそれがもたらす健康被害は、日本の環境問題や環境社会学の原点であった。公害患者の救済を求める運動や世論の高まりは、多くの環境保全的な「革新自治体」を誕生させ、一九七〇年の「公害国会」やその後の四大公害裁判の勝訴を導いた。日本の環境社会学の創設期には、被害者に寄り添いながらそうした社会状況の分析に努めた「被害構造論」[飯島 1984, 1985, 2000]などの分析枠組みが提起された。

筆者は、欧米やアジアの環境運動の聞き取り調査を行ってきたが、その過程で、自然保護運動から発展してきた欧米の環境運動と、公害被害者運動を出発点とした日本の環境運動との差異を常々印象づけられてきた。環境問題をまず人びとの健康被害の問題として立てることは、至極まっとうなことであり、今日の「環境正義」に通じる先進性を持っていた。しかし同時に、日本の環境規制政策や環境運動は、まだ健康被害として顕在化する前の、被害の可能性の段階である「環境リスク」については、欧米に比べ危機意識が弱いのではないかという印象を持つようになった。

初めて欧米に聞き取り調査に行った一九八〇年代に、アスベストやごみ焼却場のダイオキシンのリスクが大きく取り上げられ、規制が進められている欧米の現状を知り、帰国してそれらに対しほぼ無策の日本の現状に唖然とした。たとえて言えば、危険な交差点だといわれていても、実際に死亡事故が起こらないと信号機が設置されない、日本の典型的な後追い的交通安全対策のように、企業の既得利益を忖度して予防的に有害化学物質を規制することには及び腰で、重篤な公害患者が出てやっと重い腰を上げるのが日本の環境行政の常であった(ある)。

こうした傾向が由々しき事態だと考える理由は、健康被害の原因が、四大公害病における有機水銀や亜硫酸ガスのような、外観や症状からも識別できる健康被害をもたらすものに加えて、今日では、環境ホルモン(内分泌かく乱化学物質)、遺伝子組み換え作物、低線量の放射線被曝のように、被害が短期間には具体的に見えにくいものや、因果関係の科学的解明が困難な、長期的、潜在的な「環境・健康リスク」が大きな要因として加わりつつあるからである。健康被害の質においても、急性毒性や発がん性を中心としたかつての有害性と今日のそれとはかなり異なる。例を挙げれば、環境ホルモンなどは、性ホルモンなどに類似した構造のために、ホルモン受容体に結合し生殖機能や神経発達過程を阻害する「シグナル毒性」を持つ。その結果が、精子数の減少、子宮内膜症の増加、発達障害の増加などだとされる［木村‐黒田 2018］。今日ほど、環境・健康リスクに対して先んじて手を打たなければならない時代はない。にもかかわらず、例えば農産物の農薬残留基準においては、近年、新自由主義的な農産物輸入自由化に伴う規制緩和の風潮の中で基準値の緩和が進み、EUに比べて二桁程度緩く、周辺アジア諸国と比べてさえ緩くなっている(1)。

「環境リスク」を社会学の問題として正面切って取り上げたのは、U・ベックの「リスク社会」論であろう［Beck 1986＝1998］。ベックがこれを執筆した一九八六年には、ウクライナのチョルノービリ（チェルノブイリ）原発で核暴走事故が発生し、ヨーロッパは深刻な放射能汚染を経験した。またその前後には、一九八四年のインド・ボパールでの農薬工場爆発事故、一九八八年のバルト海沿岸のアザラシの大量死など、有害化学物質リスクの増大が身近なものとなる事件が続発した。

ベック［Beck 1986＝1998: 23］によれば、これまでの貧困が中心的な問題であった社会では、「富の生産と分配」が主要な社会問題であったのに対し、「リスク社会」では「リスクの生産、分配、および定義づけ」が新たに問題になる。貨幣や資源のような「富」は、わざわざ定義づけをする必要はないが、「リスク」は、それがどのような意味で危険なのか、望ましくないのかについて、いちいち定義しなければならないのである。環境ホルモン物質の「シグナル毒性」のような新たな有害性の問題解決には、「科学的定義づけ」や解明はもちろんのこと、人間を含めた「種」や生態系全体の存続の危機までが社会全体の問題として共有されなければならない。「科学的定義づけ」に加えて、それが社会問題として扱われるに値する「社会的定義づけ」も同時に行われなければならないのである。例えば、それらのリスク群が均等に配分されるのではなく、政治や経済、人種間や南北間の格差に対応して不平等に配分される傾向があるという環境的不公正状態の存在も、社会問題化の正当性の根拠になりうる「社会的定義づけ」の一つである。既存の公害の被害者救済に加えて、現実にはまだ「健康被害」として発現していない将来の「可能態」であるリスクに対して、喫緊の社会的課題としての正当性や市民権を付与していく役割が、環境運動にも強く求められる時代であるといえる［寺田 2016］。

2 環境リスクの「問題構築」

解決課題としての環境リスクには、このような、正体がつかみにくいゆえに「定義づけ」が必要であること以外にも、いくつか乗り越えるべき問題が存在する。

第一に、今日われわれの身の回りには、さまざまな環境・健康リスクが新たにつくり出され、その有害性の質や程度は科学的に未解明のものが多い。にもかかわらず、今日でも多くのリスク評価は、従来からの「R（リスク）＝H（ハザード、すなわち本来の有害性や被害の甚大性）×P（確率や曝露頻度）」という確率論的な公式で計算されている。例えば、「原発事故のハザードは破局的だが、それが起きる確率はごく小さい（とかつては信じられていた）ので、全体として原発のリスクは受容可能な程度である」とか、「この食品添加物はこれこれの発がん性（ハザード）があるので、一日の摂取量は何ミリグラム以下にすればよい」という、シュレーダー＝フレチェット［Shrader-Frechette 1991＝

2007］が「素朴実証主義」と呼ぶ確率論的に数値化されたリスク評価がなされる。

しかし、実際に実験してみるわけにはいかない原発の事故率や、何十年も後でなければわからない遺伝子組み換え作物の人体や生態系への影響など、今日の環境・健康リスクは、ハザードの程度も確率も未解明のものが多い。それらをまとめて確率論的な評価の対象としてしまうリスク評価には、未知のリスクを含む新技術などを市場や市民に受容してもらうための科学を装ったイデオロギー的側面がある。その典型的なレトリックは、リスクの遍在性（「放射能のリスクはどこにでもある程度は存在する」）と微量の新規リスクの付加（「そこに原発からの微量の放射能が追加されるだけのことである」）という状況規定が、利便性（「新たなエネルギー源を得られる」）によって正当化される。その反面、原発からの人工放射能は自然放射能とは人体への影響が異なることや、使用済み核燃料の処理・処分が遠隔地に偏る不公正性があることなどは、ほぼ触れられない。

第二に、したがって、新規の科学技術や化学物質の導入に伴う未解明なリスクの評価については、それにより利益を得る開発主体や官僚組織のみならず、開かれた公論形成の場で市民や生活者を交えた決定がなされるべきであろう。近年の例としては、通信技術の高度化に伴う電磁波環境の悪化や、環境ホルモン毒性のような化学物質の未知の毒性などが挙げられる。また、ハニガン［Hannigan 1995＝2007］が「社会構築主義」の立場から問題提起するように、あるリスクの削減を目指した規制などを進めるためには、リスクの存在や新たな毒性の問題提起だけでなく、その削減がなぜ社会的にも緊要な課題であるのか、どのような正当性を持つのかなどについて、世論を喚起していかなければならない。

ハニガンが依拠した「社会構築主義」とは、環境問題を含むさまざまな社会問題は、それがどれほど客観的に見て深刻な事態であっても、自動的に「社会問題」として社会的に認知されるわけではなく、科学者やマスコミの問題提起、環境運動などによる世論喚起や政治的影響力行使などにより「問題構築」できた結果として初めて社会的にも注目され、政策的対処等がなされるとする立場である。例えば、環境社会学会有志が編纂した『環境総合年表』〔環境総合年表編集委員会編 2010〕などで世界各国の事例を追えば、重金属汚染や大気汚染の事例は数多くあるが、その中で日本の四大公害訴訟前後の経過のように全国的な反公害運動の盛り上がりによって行政や司法判断の大転換をもたらすほど大きな社会問題として「問題構築」に成功した事例はむしろ数少ないのである。

環境問題や健康被害を深刻な「社会問題」として構築していくことは、日本においてもむろん簡単なことではなく、すでに深刻な健康被害に苦しむ公害患者が存在した四大公害においても困難な課題であった。したがって、ましてやそれが潜在的、長期的な「可能態」としての環境・健康リスクを「社会問題」として構築するのであれば、なおいっそう困難なことである。その困難さと「問題構築」への可能性を、以下では、リスクの「個人化」状況と、「環境正義(公正性)」の問題化から展望していきたい。

3 「個人化」する環境リスク

かつての産業公害には、水俣病、四日市ぜんそくのように地名が冠される場合が多かった。それは、加害源が特定の地域に存在する工場（群）であったり、汚染の場が内湾や河川など、被害者の生活空間と密接に関連していたからである。被害者は、それらの地域の住民、生活者として、加害源に対して賠償請求等をしようとし、森永ヒ素ミルク中毒、カネミ油症などの食品公害やスモン病などの薬害においても、特定の食品や薬品を消費したことを根拠として被害者らは集団を構成し、加害源の企業との交渉や訴訟を起こすことを試みた。ところが、放射能、農薬や環境ホルモン物質、電磁波のような環境・健康リスク群は、地域や階層により濃淡の差はあっても、多くの不特定多数の人びとが広範に曝露するので、加害—被害関係を特定することがより困難になっている。

「貧困は階級的だがスモッグ（大気汚染リスク——筆者注）は民主的である」というのは、環境リスク（スモッグ）に関するベック［Beck 1986=1998: 51］の印象的な一節である。「民主的」というのは、むしろん大気汚染を市民が民主的に制御しているという意味においてではなく、資本の労働に対する搾取によって構造的に労働者階級を貧困が襲うような状況とは対照的に、大都市上空を覆うスモッグや放射能は、資本家であれ労働者であれ、そこに住む住民を等しく襲うという意味である。「貧困」の部分は、「産業公害」に置き換えてもよい。加害—被害関係が原理的に特定しうる（むしろん被害者らがそれを特定するまでには多くの苦労が伴ったが）産業公害に対して、今日の環境・健康リスクは、加害—被害関係がさらに見えにくく、加害源の特定もより困難になり、何が「被害」なのかさえ明確ではなくなりつつある。

再度整理するならば、第一に、被害の前段階であるリスクは、とりわけ臭いも存在感もない放射能のようなそれは、自分がそれに曝露しているという認識や自覚、その危険性の程度の認知などがかなり困難である。リスクの存在や曝露の不可視性、難可視性が第一の特徴である。第二に、その拡散性、遍在性のために、加害源が特定されにくく、たとえそれに曝露していることには気づいたとしても、被害者としての自己認識や加害—被害関係の認識がされにくいことである。第三に、前の二点と関連するが、リスクへの曝露に対する対処が、その加害源、発生源に対する削減要求や規制の制度化要求などにはなかなか向かわず、当面は個人的な回避行動が優先されることである。その理由の一つは、被害者の集団的なアイデンティティの自覚や組織化が相対的に困難であるので、「個人化」された対処の方が、少なくとも短期的には、費用対効果が大きいためであろう。

例えば、食品中の残留放射能や残留農薬などのリスクを回避するためには、規制政策を厳格化したり、有機農業を推進するのが、社会的解決策であることは誰にもわかる。しかし、それには、消費者運動等を推進する時間や資源が必要であり、すぐには実現しない。したがって、消費者にとってはとりあえず市場でより安全な食品を購入することでリスク回避をするのが短期的には合理的選択となる。サス[Szasz 2007: 4]は、このような「個人化」したリスク回避を、環境問題解決における「逆隔離(inverse quarantine)」と呼んでいる。すなわち、本来ならば、環境リスクの汚染源は拡散を防止するためにそれ自体を外界から「隔離」するのが根本的解決策である。しかし、個人化された回避行動においては、社会全体の環境汚染はそのままにして、とりあえず自分だけは「安全な」食品等を市場で購入することで、あたかも安全なシェルターに閉じこもるように、環境リスクから「逆隔離」してしまう。しかし「逆隔離」的回避行動が一般化すればするほど、「環境ビジネス」は栄えても、規制政策化などを要求する環境運動は勢いを失うのである。

賢明な読者は、「逆隔離」の限界や逆機能にすでに気づいているであろう。「個人化」されたリスク回避の一般化は、社会全体の環境リスクレベルを改善することなく、むしろ長期的には悪化させる一方であり、早晩、個人的な対応では回避できないレベルにまで高進するであろう。それとともに、社会的な格差ゆえに、自らを「逆隔離」するだけの経済力のない階層の人びとや途上国の人びとなどは、そもそも個人的な回避行動をとる余裕がないのである。さらには、先進国から途上国へ、国内でも裕福な階層や地域などから貧困層や過疎地域などに向けて、有害廃棄物などの環境リスクが移動され外部転嫁される事例も多々ある。したがって、「個人化」された環境リスク問題をどのように社会問題として「問題構築」していくかの道筋を分析することは、今日の環境社会学の喫緊の課題であることが理解されよう。

4 環境リスク削減と「環境正義」

水俣病を知らない学生はまずいない。しかし、二〇一三年に熊本・水俣で締結された「水俣(水銀)条約」については、知っている人はかなり少ない。「水俣条約」の目的は、水銀のリスクを世界的に削減することであるが、とりわけ、先進国で不要になった余剰水銀が大量に途上国に「輸出」(南北問題を背景にした環境リスクの外部への転嫁)されていることの是正が大きな目的となっている。

一九六〇年代の最盛期には、日本国内で年間二〇〇〇トン前後の水銀が使用されていた。水俣病(有機水銀中毒)以降、その毒性が問題視され、現在では年間一〇トン未満の使用量になり、分別収集された使用済みの蛍光灯、体温計などからは環境中に拡散しないように水銀が回収されている。その一方で、回収された余剰水銀は、年間一〇〇～二〇〇トン程度が途上国などに輸出され続けてきた。現時点での主要な用途は、途上国等での小規模金採掘(ASGM)のための使用で、UNEP(国連環境計画)によれば大気への水銀排出の四割弱を占めている。多くの途上国の河川では、家族規模の経営で、泥土を選別し最も重い部分に水銀を混ぜ、水銀の金を吸着する性質を利用して合金をつくり、さらに加熱して水銀蒸気を飛ばして純金を得る。蒸発した水銀は、作業者が吸引したり河川を汚染したりする。日本(およびその他の先進国)は水俣病で多くの被害者を出しながら、こうした途上国の「ニーズ」に応じ、水銀という大きな環境リスクを輸出し続けてきた。途上国への水銀輸出の原則的禁止措置などにより、そうした状況を改善しようとするのが「水俣条約」の目的である。

先進国から途上国へ、国内では裕福な階層や地域からそうでないところへと、環境リスクは移出されて処理・処分される傾向がある。一九八〇年代のアメリカ合衆国では、有害廃棄物が主としてアフリカ系の住民の地域社会で処分されることが問題化し、「環境正義」あるいは「環境人種差別」撤廃に向けた新しい環境運動が台頭した[Bullard 1990]。その後「環境正義」の概念は、アメリカの国内的な「環境人種差別」だけでなく、先進国から途上国への有害廃棄物などの移動(本来、一九八九年に締結された「バーゼル条約」によって禁止されている)などにも拡張されて適用されるようになってきた［Schlosberg 2013; 寺田 2019］。

環境リスクは、まだ具体的な健康被害が顕在化する前の「可能態」であるので、被害の補償要求という形での社会問題化は難しい。それに対して、「環境正義」という問題枠組みは、リスクが社会経済的格差、人種差別、南北格差等に基づいて不均等に配分されていること自体の不公正性を根拠にして「問題構築」を目指している点で、環境リスクを不当に大きく負わされている人びとの連携を可能にする問題枠組みとなりうる。

また、「環境正義」的観点により、「世の中、ゼロ・リスクはありえない（リスクの遍在性）ので、経済的利益の増大のためには多少のリスクの増大は受容すべきだ」という「リスク受容イデオロギー」に対して、リスクは平均的に「遍在」するのではなく、多くの場合、社会的弱者に偏って「偏在」ないし「局在」するのだという「リスク格差社会」のリアリティを示すことができる。「リスク受容論」から引き出されるのは、じわじわと社会全体のリスクが漸増する未来である。それが不公正な形で配分されることの是正がとりあえずの目標になるが、たとえ均等に配分されたとしても、増大する環境・健康リスクはそれ自体が問題である。リスクの公正性という観点は、安易なリスク受容の欺瞞性を看破するのみならず、「リスクとは削減していくべき目標である」というテーゼを導く。

5 環境リスクの削減と公正性に向けた政策原理

アメリカにおいて「環境正義」が問題化するきっかけとなった事件は、一九八二年にノースカロライナ州ウォレン郡でＰＣＢを含む有害廃棄物の処分場が、アフリカ系住民が大多数を占める地域に建設される計画が明らかになったことである［Bullard 1990］。その後の議会下院の調査で、有害廃棄物処分場の多くが有色人種の居住地域に建設されていることが暴露され、また一九八四年にアメリカの農薬工場の子会社がインドのボパールで多数の死傷者を出す爆発事故を起こしたことにも後押しされ、一九八六年に「地域社会の知る権利法（ＥＰＣＲＡ：Emergency Planning and Community Right-To-Know Act）」が制定され、事業所ごとの有害化学物質の排出や移動に関する情報が広く公開されることとなった。

アメリカでは「ＴＲＩ（有害物質排出一覧）」と呼ばれ、世界的には「ＰＲＴＲ（汚染物質排出移動登録）制度」と呼ばれるこの制度の導入により、アメリカ国内の工場等からの有害物質の排出が劇的に減少したこともあり、一九九二年にリオデジャネイロで開催された「地球サミット」の「リオ宣言」では、「環境情報の公開原則」「環境意思決定における市民参加の原則」「予防原則（科学的に未解明であることを理由に重大な環境リスクの規制を妨げてはならない）」などの政策原則が採択された。

一九九六年、国連のＯＥＣＤ（経済協力開発機構）は、加盟三〇か国に対し、ＰＲＴＲ制度を採用するよう勧告した。ＯＥＣＤ諸国は、世界の総生産の約三分の二を産出しており、したがって環境負荷や環境リスクの約三分の二もこれらの諸国に由来している。日本においても、一九九九年に「化学物質排出把握管理促進法(化管法)」として制定され、一〇年間で有害化学物質の排出量を半減させる顕著な効果を上げている[寺田 2016: 第八章]。

PRTR制度で届け出が義務づけられている化学物質は数百種類(日本では四六二種類)であり、排出を禁止するほどの毒性は確認されていないが、環境・健康リスクの観点から全体として削減することが望ましい物質が対象となっている。すなわち、「予防原則」の考え方が強く反映された制度である。また、排出量が多いからといって処罰されることはないが、それが広く社会に公開されることで各企業の環境配慮姿勢が問われることになり、消費者や投資家が企業の倫理性を評価して消費や投資を行う、近年の「エシカル消費」や「ESG(環境・社会・ガバナンス)投資」活動の台頭により、企業業績をも左右する。いわば、「情報公開原則」による情報的・経済的誘因を介して「市民参加原則」を実現させていく制度となっている。

シュロスバーク[Schlosberg 2013]は、「環境正義」を三つの次元に分節化している。第一は、環境負荷やリスクの配分における不公正性、不平等性の是正という「分配的正義」である。第二は、環境的意思決定への参加の公正性、「手続き的正義」である。第三は、途上国や先住民族の社会、文化の公正な認知である。第三の次元はまだ今後の課題である部分が大きいが、リオデジャネイロ・サミットで提起された「情報公開原則」「市民参加原則」「予防原則」等の政策原理は、「環境正義」運動や環境リスクの削減を目指す環境運動の展開を大きく動機づけ、また環境運動の展開によりそれらの政策原理が実現しつつあるといえよう。

6 結語——環境リスク政策後進国・日本

今日、かつてのような急性の健康被害をもたらす公害問題はあまり目にしなくなった。半面、石油化学、情報技術、遺伝子組み換え技術などの急進展により、有害化学物質や電磁波などによる慢性的、潜在的、長期的な環境・健康リスクは、確実に増大しつつある。かつて問題になった重金属や大気汚染物質に比べて、近年の環境ホルモンのような有害物質は有害性の認知や科学的な因果関係の解明がより困難であり、さらに数が多く、個々の規制も難しい。とらえどころのない環境・健康リスクに対しては、「逆隔離」のような個人的なリスク回避方法がとられることが多く、潜在的な被害者である市民や生活者が連携して認識を共有し、リスクの削減に向けた政策化を進めることは以前に比べて質的な困難さがある。

そうした状況のなかで、環境リスク削減に向けた「問題構築」の枠組みとして、環境リスクの配分や意思決定過程への参加の公正性を問う「環境正義」や、「予防原則」「情報公開原則」などの政策原則の意義を論じてきた。大枠において、この方向性は「環境リスク(格差)社会」の中で環境運動や政策担当者が目指すべき方向性として妥当だと考えるが、これらを推進するうえで不利になると思われる日本社会の特性について触れておきたい。

冒頭で、「危険だといわれていても死亡事故が起こらないと信号機が付けられない交差点」の例を挙げて、日本社会のリスク予防的対策への鈍感さを指摘した。これは、海外の環境運動や政策担当者に聞き取りをしてきた筆者の強い印象でもある。その理由として筆者が解釈しているのは、日本社会の同質性や過度な協調性である。ある環境・健康リスクの存在について主張することは、「こういう被害が出るかもしれない」というネガティブな可能性の予見を主張することであり、少なくとも当初は少数派の「異見」である。少数派の「異見」が組織全体に共有されることは、日本社会ではより難しいことである。それに対して、多くの環境運動組織が世論の注目を集めようとつば競り合いをしている海外の環境運動では、新しい環境リスクを積極的に問題提起することは、世論の注目を集めるうえでもメリットがある。

こうした特徴は、日本の環境リスク政策の後進性を説明する構造的要因としておおむね妥当すると今も考えているが、最近はそれを打破する兆候もある。それは、国内外の環境・健康リスクについて、「市民科学」〔高木 1999〕的な調査研究とそのデータに基づく問題提起がいくつかなされていることである。例えば、福島第一原発事故後の放射能汚染状況を一七都県にわたってまとめ上げ分析した市民研究〔みんなのデータサイトマップ集編集チーム編 2020〕や、近年、化学物質過敏症の大きな原因となっている「香害（こうがい）」の実態調査〔日本消費者連盟・洗剤部会編 2021〕などがそれである。これらの試みは、日本社会における環境運動の質的成長と、この間の度重なる自然災害や環境災害の経験をきっかけとした、環境リスクの可視化の試みといってもよい。

註

（1） 農林水産省ウェブサイト「諸外国における残留農薬基準値に関する情報」参照。
(https://www.maff.go.jp/j/shokusan/export/zannou_kisei.html)〔最終アクセス日：二〇二二年一一月三〇日〕

コラムC

公害地域再生が目指すもの

林 美帆

公害地域再生の現状

公害地域再生の「再生」とは、何を再生することを求めているのだろうか。

現在では公害の発生源は法律によって規制され、新規の開発は環境アセスメントなどの予防対策がとられているが、すでに開発された工場群や道路などを撤去することは不可能に近い。現役で稼働している水島コンビナート（岡山県倉敷市）は、現在も環境汚染などのリスクとともに生きていかなければならない（写真C-1）。公害によって一度損なわれた自然環境を完全に復元することも不可能に近い。そのうえ、公害問題が生じてから、再生に取りかかるまで長時間かかっており、その間に社会も地域の産業も変化している。また、公害によって損なった健康は回復しない。健康被害への賠償や補償は線引きがあり、不均等にしか実施されておらず、被害者の中に分断が生じてしまう。開発によって引き起こされた公害の後始末が問われている。

パートナーシップ構築の難しさ

公害地域再生の活動は、水俣（熊本）のもやい直し、新潟の阿賀野川フィールドミュージアム事業、富山のカドミウム汚染土壌の入れ替え、西淀川（大阪）や川崎（神奈川）、尼崎（兵庫）、名古屋南部（愛知）、東京の国土交通省と公害裁判の原告との間で開かれる道路連絡会などがある。

公害地域再生の活動に対して、被害者は主体的に動き出している。とくに西淀川の大気汚染裁判の和解は画期的で、公害地域の再生案を被害者である原

写真C–1
水島コンビナート
撮影：筆者

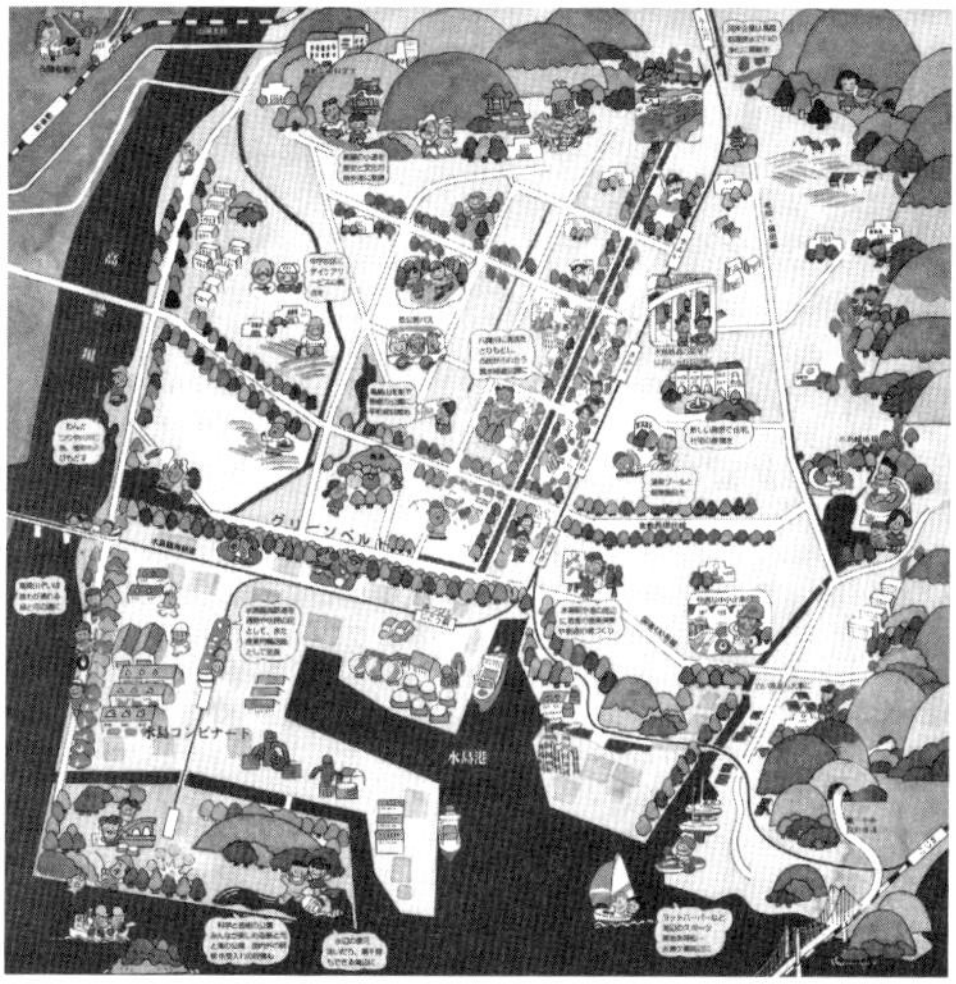

写真C–2
水島再生プランに基づいて
作成された絵地図
作成：みずしま財団

告が提案し、和解条項に組み込まれることとなった。この流れが主流となり、各地の大気汚染裁判で公害地域再生が和解条項に書き込まれた。財団法人を立ち上げたのは西淀川のあおぞら財団（公益財団法人公害地域再生センター）と倉敷のみずしま財団（公益財団法人水島地域環境再生財団）である。ここではみずしま財団での実践を通して、公害地域再生の困難と可能性について述べたい。

一九九五年に「水島再生プラン」が作成され、このまちづくり案をもとに倉敷公害訴訟は一九九六年に和解した。和解条項に「解決金の一部を原告らの環境保健、地域の生活環境の改善などの実現に使用できるものとする」とある。この解決金を基金に二〇〇〇年にみずしま財団は設立され、設立趣意書には「住民を主体に、行政・企業など水島地域のさまざまな関係者と専門家が協働する拠点」となることを掲げた（写真C–2）。「水島再生プラン」も原告となった被害者および支援者が中心となって作ったもので、行政や企業、住民の意見をとり入れながら作ることは難しい状況にあり、当時の企業担当者が水島再生プランを見て「工場が描かれていてほっとした」と言うほどであった。大気汚染公害裁判では差し止めが要求として入っているため、原告は企業の存在を否定しているのではないかと企業は考えてしまう。また、行政も「公害は克服した」と宣伝をして、きれいになったことをアピールしたいが、公害患者はまだ問題があると言ってくると受け止めてしまう。行政や企業との協働は理念を掲げるだけでは実現しえず、感情的な「しこり」が協働を妨げたといえよう。

被害者の思いは、「公害の被害者が発生するのは、患者が発生する前の状況、住民の要求と違う街づくりをしたあやまちがあったから。街づくりから考え直さないといけない」［太田 2021］というところにあったが、協働のテーブルに着いてもらえない状態が長く続いていた。ようやく二〇二一年になって、「行政やコンビナート企業、地域の人たちが一つのテーブルで、少しずつ将来の水島について語って、一緒に何かをしようという機運になってきたのがうれしい」［太田 2021］と言えるようになってきている。その変化をもたらした要素は、ＥＳＤ（持続可能な開発のための教育）を基礎とした協働であった。

未来へ視点を置く

水島では市民参加型の公害調査として、朝顔を育てて葉に出る光化学オキシダントの影響を調べたり、風鈴に金属片をつけて変化を数値化して公害の地域分布を調べてきた歴史がある。みずしま財団でもその流れを引き継ぎ、一九九九年から八間川（はちけんがわ）調査や海底ごみ調査が取り組まれている。これらは、市民参加型環境アセスメントの意味合いが強く、自分たちが自分たちの街を調べて学習する環境教育といえよう。そこから、水島に「学びに来てもらう」ことをテーマに据え、外部からの人たちに水島をどう伝えるかを、地域の人たちと一緒に考えるということに舵を切る。水島の過去・現在・未来を学んでもらうことを試みたのだ（写真C-3）。具体的には、二〇一〇年に環境省の事業型環境ＮＰＯ・社会的企業中間支援スキーム事業のモデル事業に応募し、「海外からの視察受け入れ力アップ計画」が採択

されたことで動き出した。倉敷市内には美観地区という観光地がある。水島を飛び出して観光に取り組む異分野の人たちと手を組んだ。また、「公害地域の今を伝えるスタディツアー」（あおぞら財団主催）にみずしま財団の職員が参加し、他の公害を学び、学びを通じて企業・行政・住民などいろいろな立場の人びとから話を聞く手法を体験したことを水島で実践した。「水島に学びに来てもらう」ことを掲げて、さまざまな主体と協働する糸口をつかんでいった。その後、二〇一三年には環境省の協働取組事業を活用して環境学習を通じた人材育成・まちづくりを考える協議会を立ち上げ、地元企業を巻き込む形で二〇一八年にはみずしま滞在型環境学習コンソーシアムを結成し、倉敷市のSDGs未来都市計画にみずしま滞在型環境学習コンソーシアムの活動が書き込まれるまでに至っている。

写真C-3　八間川調査
写真提供：高田昭雄

　学びを通じて地域の対話を引き出すことが可能となったが、まだスタート地点にたどり着いたにすぎない。「水島再生プラン」を地域全体のものとなるように、さまざまなステークホルダーとともに未来を描くために、みずしま財団では二〇二一年から公害資料館づくりに取り組み、二〇二二年一〇月一五日にみずしま資料交流館（愛称、あさがおギャラリー）を開所させた。これは、地域の人たちの参加、地域の見せ方、地域外からの意見を受け止めることを公害資料館という場をつくることで、対話と交流を進めたいという意図を持っている。これからの水島での公害資料館の試みに注目されたい。

終章

不可視化に抗うために

公害を生み続ける社会をどう変えていくか

藤川　賢・友澤悠季

本書の各章では、日本各地をはじめ、東南アジア（マレーシア）、太平洋島嶼国（マーシャル諸島）、アメリカ合衆国での事例を紹介してきた。公害は、たとえその名がよく知られた事例でも、話題になる部分は長い歴史の一面にすぎず、その累積として、相似する公害問題がくりかえされ、その反復自体も不可視化される。これは、社会の中にあたかも当たり前のことのように定着した格差や差別が継続した結果、一部の地域に公害被害が偏り、さらにそれが深刻化した歴史と重なる。どうすれば今も地球規模でくりかえされる広義の公害の発生を根本から防ぐことができるだろうか。ここでは、複数の章で言及されてきた「環境正義」の運動を手がかりにしながら、各章をふりかえってみよう。

◆対処と制度をめぐる課題

足尾銅山からの煙害、鉱毒の影響は、来訪者を驚かせるほど明白な環境破壊を引き起こし、早期から住民による事業主や行政への抗議があったにもかかわらず、持続した。そこでは問題に対処するためであるはずの調査や予防工事、金銭的手当などが問題を放置するための口実に変わり、「困窮した人びとの訴えを看過する手法だけが発達した」のであった（第1章）。

これは「公害大国」日本の「原点」でもあり、上からの強引な圧力と名目的な合意の組み合わせによる被害者への抑圧は、熊本水俣病における「見舞金契約」などでくりかえされ、被害の派生的拡大をもたらした。一九七〇年前後における日本の公害行政の転換も、その構図を根本から改善するものではなかったと考えられる。水俣病などの公害病認定をめぐって、政治・経済的な「救済・補償のためだったはずの認定基準が、救済・補償を阻むものへと逆機能し」ていく過程は、政府の諸事情によって被害者の訴えが取捨選択される仕組みを反映するものである（第2章）。廃棄物問題やカネミ油症などにおいても、被害を訴える人たちは法律が必ずしも自分たちを守ってくれるものではないことを認識していた。

法律や制度の欠落、不備を改めさせるために、最も重要な役割を果たすのが社会的な関心の動向である。豊島（てしま）の住民運動は「世論の支援をうけて」［廃棄物対策豊島住民会議 1995］、産廃特措法など新たな法律による産廃撤去を実現した（第3章）。これは、人びとの認識によって何が環境問題・社会問題なのかが決まっていく、という社会構築主義的な動きの一側面とも言える［Hannigan 1995＝2007］。ただし、世論は移ろいやすくもあり、問題意識の構築と不可視化との攻防は、多くの関係者を悩ませてきた。例えば、原子力関連施設の立地に関しても、周辺住民にとっての危険性や将来への負担などが指摘される一方で、経済性や安定供給等の利点も強調され、世論も現実の施策も揺れ動いている。そのなかで、関連施設が一部の地域に集中しても、経済的利益を選んだ地元の責任とみなされてしまえば、不安を抱える人の声やその地域における将来世代の存在は不可視化されることになる。

公害反対運動や環境正義という考え方は、こうした経済的合理性や多数決の論理の一面性を批判し、環境問題の実態をとらえるための新たな視点を求める運動でもある。

不可視化に抵抗する運動と公正の課題

公害被害者は、なぜ社会に向けて声をあげざるをえないのか。それを考えるとき、「社会関係を通じて増幅される被害は、それゆえ社会関係を通じて軽減されうる」という指摘の意味は大きい(第4章)。被害者の声が届き、被害を理解しようとする社会的な関心があれば、被害の派生的拡大の図式は反転され、被害救済への道が開かれうる。公害被害者運動から発した日本の環境運動に「環境正義」に通じる先進性があったといわれるのは(第11章)、被害者の置かれていた理不尽な状況への共感がその基盤になっていたからでもある[寺田 2016: 89]。

情報の公開性と関心の広がりは環境正義を求めるうえで重要な要素である。環境正義は実現された静態ではなく、訴えを継続する動態的な「運動」としてとらえる必要がある。

第7章で紹介される米国ルイジアナ州の事例も、環境正義をめぐる運動が現在進行中の葛藤であることを示す。それは、アメリカ合衆国の民主主義の伝統を再び動かすための努力でもある。裁判員や陪審員の公選制はアメリカ民主主義の根幹にかかわるものだが、そうした自治だけでは環境差別は打破できない。環境差別を受けやすい人たちが、人種だけでなく地域の経済指標などによっても選別されることで、州内のアフリカ系コミュニティの中でもマイノリティ化してしまうのである。環境正義の追求は、より広い認識と参加によって、より公正な手続きを目指し続ける過程であり、それは現在のアメリカでも続いている。

環境正義における継続の重要性に関して、第8章が示す住民参加による公共関与の進行過程は、手続き的正義(公正)の追求が動きを止めた時の問題点を示唆する。住民が検討委員会に参加し、「施設周辺で暮らす住民が背負わざるをえなかった来歴」を語る過程は、関係者に手続き的公正の実践としての手応えを感じさせたが、最終報告に向けて「手続き」と「来歴」との折り合いをつける合意形成を急ぐ段階になると閉鎖的な手続き主義に向かってしまい、新たな展望が見えづらくなった。この検討が、明確な結論を出さないまま現在に至っていることも、公正な手続きの追求の難しさと、今後への可能性とを同時に示しているといえるだろう。

なお、本書では"justice"の訳語として、「正義」だけでなく「公正」も用いている。「公正としての正義(justice as fairness)」[Rawls 1971=2010 など]といわれるように、「正義」と「公正」は大きく重なりつつ、語感は少し異なる。「公正」の方が相対的で、状況に応じて揺れやすくなる。訳語の使い分けとしては"fairness"=「公正」、"justice"=「正義」が一般的であるが、正義の過度な強調は、自分たちの主張に固執しそこから外れるものを見落とす危険につながりかねない。環境正義論の展開において判断や認識における正義を問うのは、より視野を広げ、より永く持続可能な状態に向けて進み続けるプロセスを重視するからである。何が正義かの判断だけでなく決定に至る手続きとその公平性を注意深く確認し続けるという文脈では、"justice"にも「公正」の方が相応しい場合があるだろう。ただし、これらは不可分に連続しているため、使い分けが各章の著者の判断によることは言うまでもない。

●被害者の声を最初に聞く

より公正な状態を追求し続けるためにも、不可視化は大きな障壁になる。世界的に熱帯林破壊が問題視されているにもかかわらず、マレーシアのサラワク州で違法伐採がなされてしまうのも、消費者と伐採現地との間が幾重にも遮蔽されていることによる部分が大きい(第5章)。形式的に規制等が強化されたとしても、資金力と組織力をもつ多国籍企業などは輸入先を変えながら安価で都合のよい木材を求め続けることができ、そのしわ寄せを受ける形で、外部から見えないローカルの中では理不尽がまかり通ってしまう。この点で、「被害者の声は常に最初に聞かれなければならない」という言葉の意味は深く、先進国の政府や消費者を含めて、都合の悪い状況から目をそらしている外部社会の責任を問うものでもある。

不均衡な力関係のもとでは、差別性を含んだ説明が当然視されてしまうことにも注意が必要である。似た例として、アメリカ先住民が核開発の「犠牲」であり続けてきた背景には、「移民国家アメリカ」では先住民が「滅亡」したという虚構によって、先住民差別の存在も不可視化される状況があるという［石山 2020］。これは、日本の公害の根底に差別があり、この問題に真に公正中立な第三者など存在しないという宇井純（一九三二―二〇〇六）の指摘などにも通じ、認知の段階で正義が問われることを警告し[1]、われわれが自ら不可視化を許容することを戒める［宇井 2014］。

マーシャル諸島における「加害者は核被害を『否定し、嘘をつき、機密にする』」という言葉もこれに通じる（第6章）。加害者側は科学的な見解を唯一の真実であるかのように示す。それを聞く側がマーシャル諸島の核被害を知っていたとしても、被害の多層性を考えずに被曝や健康被害の実態、あるいは土壌の汚染や「ルニット・ドーム」（除染作業で発生した汚染土壌の格納庫）などのリスクを「科学的に」理解しようとすれば、その客観性は加害者側の論理に近づいてしまう。単純な科学への志向は、不可視化を助長する姿勢につながるのである。マーシャル諸島からの「核の正義」「気候正義」の訴えにおいて、「核から気候変動へと、問題は転換されたわけではない」と指摘されるように、環境問題を見るにあたっては、被害が折り重ねられてきた長い過程とともに問題の根本を見通す必要がある。

その意味では、一般に流布する社会認識における偏見についても確認が求められる。海外の、とくに小さな島国への関心は相対的に低くなり、例えば日本ではマーシャル諸島について、ともに被ばく経験を持つ国として語られることはあっても、米国による統治以前には日本の統治下にあった歴史や、戦後にも原発からの放射性廃棄物をこの海域に投棄する計画が立てられていたことなど、日本が加害の歴史を持つことは忘れられがちである。無関心という差別を避けるためにも、被害者の声を最初に聞く姿勢は大切になる。

◆運動としての継承、提起としての異見

忘却も不可視化の一種であり、それをもたらす要因として、見せかけの「問題の終焉」がある。原田正純は、一九七二年に刊行された『水俣病』の最後の章を「水俣病は終っていない」と題した［原田 1972］。米国のラブキャナル事件においても、事件から二〇年以上後の二〇〇〇年にロイス・ギブスが、「ラブキャナルは終わっていません。ラブキャナルが終わることはないでしょう」と発言している［Newman 2016: 1］。判決などで一つの紛争が決着しても、問題を引き起こした原因が存続する限り終わりではない、問題再発を防ぐためには危機意識を持ち続け、問題の掘り起こしと意思決定過程への参加を一人ひとりが求め続けなければならないという呼びかけである。放射性物質やアスベストなど危険の常態化した日常にも通じる警告である（コラムA）。

第9章で注目する胎児性水俣病も、認識されながら取り組みが停滞していた存在の一つである。胎児性水俣病は、水俣病被害の象徴のように表出されることも多いが、その表出のされ方を含めて障害者差別との結びつきも生じた。また、水俣病への関心が補償と認定基準の問題に集中すると、胎児性患者もその中でのみ扱われるようになる。野澤が指摘するように、環境社会学が水俣病研究に向かう際にも、未認定訴訟などの補償されてこなかった被害の解明に取り組む一方で、認定患者である胎児性患者が抱える問題への目配りが行き届かなかったり、あるいは、胎児性水俣病は認知しても、公害被害者ではない障害者も同様の課題を抱えていることについては注意を払わなかったりした［野澤 2020］。被害者の声は「常に最初に」聞かれなければならないのに、それ

ができなかったことになる。

高度経済成長期前後の公害被害者の高齢化が進む今日、その声を聞く機会はさらに減っている。この状況のもとで、公害経験の継承を目的とする活動も、公害学習をいかに能動的なものにし、地域の内外での対話をもとに未来に引き継げるのかを模索している（コラムC）。そこで重視されるのが「問い」である。「問い続ける私たちの営みが、次の時代に引き継がれる『経験』となり、公害の『記憶』を構成していく」のである（第10章）。現代社会において、問いの意味は、さらに重みを増してくる。

問いの意味は、第11章で指摘される少数派の「異見」の重要性と重なる。被害と同様、リスクや不安も少数者の声としてあがってくることが多い（コラムB）。その「異見」を聞く力が、これからの問題発生を防ぐための問いにつながるからである。ただ、そのためには、日本社会における同調の強調が差別や対立を含むものであり、それが公害拡大の一因にもなったことを忘れるわけにはいかない。

❁公害を生む社会の根本的要因へ目を向ける

地球環境問題が脚光を浴びた一九八〇年代から九〇年代にかけて、「公害」というとらえ方を過去の遺物とみなす風潮もあったが、問題を引き起こす原因や構造はむしろ刷新されて持続している。二〇〇一年に刊行された『講座　環境社会学』（全五巻、有斐閣）において、環境社会学の蓄積は、「地球人総懺悔」のような形で環境問題を認識するやり方に警鐘を鳴らした。その中で寺田は、インドネシア、タイ、フィリピン、オーストラリアでの事例に触れながら、根底にある南北問題や社会的不公正、不平等に目を向ける必要を述べている［寺田 2001］。

気候変動対策においても、「経済成長を望む途上国が温室効果ガス削減を妨げている」といった言説にみられるように、国際政治の場面では発言力の強い先進国が主導権を握りがちであり、それは加害や格差の歴史を棚上げしたまま、新たな「普遍性」の強要につながる。自然保護にかかわる規制や罰則が、それまでも環境問題による被害を受けてきた人たちに苦労やしわ寄せを押しつける例も少なくない［笹岡・藤原編 2021］。野生生物保護の法制化が狩猟生活を続けてきた現地の人たちを密猟者扱いするリスクのように［岩井 2013］、自然保護運動なども人びとの生活を脅かす暴力になりえる。その意味で、環境正義などの追求は、私たち自身にかかわる不平等を省みることと分かちがたく結びついている。

だが、グローバルな格差が一般的知識としては認識されても、日常の消費生活と環境被害の現場とのつながりは不可視化され続けている。例えば、スマートフォンなどに内蔵されるリチウムイオン電池製造に必要なコバルト資源の採掘現場（コンゴ民主共和国）で、児童労働や健康被害が報告されたのも最近のことであった［アムネスティ・インターナショナル編 2016］。第5章の木材の例が示すように、日本で消費される大半の商品やサービスが、この複雑で長大な加害の構造に依存して成り立っており、加害の端には、安価で便利なものを求める消費者がいる。

こうした社会の病理は、「私たち自身の日常的な生活が、すでにもう大きく複雑な仕組みの中にあって、そこから抜けようとしてもなかなか抜けられない」［緒方 2001］と、水俣病被害者自身に言わしめるほど根深い。放射性物質をばらまきながら電気に依存した生活から逃れがたく、健康に害悪があるとわかり始めているのに多種の化学物質を手放しがたいという社会の姿がある。

たしかにある面では、環境対策が長期的には経済的利益につながるという見方が徐々に支持されつつある。国連の開発アジェンダの一つである「持続可能な開発目標（SDGs：Sustainable Development Goals）」は、カラフルなマークによって一定の大衆化に成功した。カーボンフットプリント、ヴァーチャルウォーターなど、産業活動の始点から終点までの環境負荷を量的に推計する手法も周知が進み、先進国がいかにグローバルに資源収奪を働いているかが可視化されつつある。とはいえ、そうした指標の浸透は、あくまで「環境経営」の制度化の一端であることに注意が必要である。企業の社会的責任、サプライチェーンマネジメントといった観点も、実際の取り組みの中身によって、事態を改善する契機になることもあれば、ただの装飾品に終わることもある。同じことは消費者の取り組みにもあてはまり、出発点としての認識を変えただけでは改善にならない。言葉だけのSDGsや見せかけの環境経営は加害的な生産・消費の不可視化を助長するだけかもしれない。

これらを、根本にある問題に目を向けるための「入口」としてうまく機能させられるかどうか、知恵を出し合い、創造性を発揮することが求められている。そのためにも知識や行動が断片のまま終わらないよう、連携と継続を広げていくことが重要だろう。

◆問いと認知の継続に向けて

足尾銅山における公然たる被害継続の背景には、山々や渡良瀬川などの自然をベースとした生活を国家規模で軽んじる姿勢があった。一九六〇年代末からの公害の社会問題化をきっかけに、自然環境の軽視は反省され、公害問題の解決に関しても環境再生が重要課題とされたが、今日、自然環境とともにある生活は余暇と同様の扱いしか受けていない。(2)

マーシャル諸島の核実験において、住民が住み慣れた土地からの移動を強いられ、伝統的な生活を失った際、米国側は缶詰などの食糧や金銭の給付を「補償」として示したが、それは当の住民たちにとって被害の一部でしかなかった。だが、避難生活が長く続き、自然から生活物資を得る技術や文化が失われてしまえば、住民たち自身が金銭的補償や雇用を求めざるをえなくなってしまう。これは、日本の農漁業地域で賠償や買収がくりかえされてきた歴史と重なる。その歴史が近代産業化の過程として当然視されてしまうこと自体が認知の「不正義」なのである。

その意味で、被害者が被害とともに生きること、被害を訴え続けることは、不可視化への抵抗でもある。マーシャル諸島の人たちが、「サバイバーズ」という言葉に、泣き寝入りせず立ち向かい「生き抜いてきた」ことへの自負を込めるのも、そのためである。少数民族などがその土地に生きる権利を訴える行動が環境正義につながるのも同様だろう。さまざまな場からあがり続けている声に呼応し、支え、公害を生まない仕組みを構想していくために、社会全体における参加と「問い」の継続が求められている。

註

(1) 「分配的正義」「手続き的正義」とともに「正義としての認知」を環境正義の三側面と置く議論もある[Schlosberg 2007; Walker 2011 など]。第7章でも触れられているとおり、これはエコロジー的正義の流れと深くかかわるが、声なき声への認知という点では「動物の権利」などの議論や、未来世代への責任論にも重なる[Dobson 1999; 鬼頭 1996]。

(2) 福島原発事故後の賠償問題などにおいて、自然環境からの享受の喪失が過少評価されていることについては、本講座第3巻などを参照されたい。

編者あとがき

全国的な公害対策が始まって半世紀を超えた今日、環境負荷を軽減する技術や対策が進む一方で、資源消費の増大と汚染の蓄積は続いており、形を変えながらも似たような環境被害は絶えることがない。その理由を探る中で見えてきたことの一つは環境対策のあり方に関する課題である。公害などに関する環境運動や社会運動が掲げた主張の中には、科学技術の「進歩」による豊かさや利便性を追い求める社会への見直しが含まれていた。大量生産・大量消費は、弱い立場に置かれる人たちに汚染などの被害を押しつけることと不可避的につながっており、拡大を求め続ける社会の構造的な課題こそ環境問題の根本だという指摘である。だが、現実的な対策として先に立ったのは、排煙・排水からの汚染物質の除去などの技術的な対策であった。それによって目に見える大気汚染や水質汚濁は大きく改善したが、そうした環境対策の「成果」は私たちが問題の本質から目を逸らすことにもつながり、根本からの環境への配慮を忘れさせる意味ももった。

その後も日本が「公害大国」から「環境先進国」への脱皮をはかる裏で、被害はより見えにくいかたちでグローバルに拡散・潜在化してきた。「持続可能な社会」「循環型社会」などのように社会の根本的な改革の必要性がアピールされても、現実には、多量の化石燃料を用いた廃棄物処理やリサイクル処理の拡大による廃棄物最終処分量の減少といった「達成」が続き、その背後では、問題を指摘されていたはずのリサイクル輸出が海洋プラスチック汚染を深刻化させる一因になっている。

これに関して公害の歴史が教えるのは、見えていたはずのものが不可視化されていく過程である。被害を訴える人がいたとしても、小さな声に耳を傾ける人が多くなれば聞こえるし、少なくなれば消えてしまう。現代では情報技術が発達したと言っても、情報発信力をめぐる格差の拡大と、各種の分断のなかでは、それを克服する仕組みづくりが必要である。

本書の各章では、不可視化をもたらす要因が複雑化、巧妙化している現実と、それに対抗する動きを追ってきた。一つの問題や一人への被害は歴史とともにあるし、他の事例や事象とのかかわりを持っている。それらを編み合わせていくとともに、人びとの協力や相互理解のネットワークを広げていくための視点と方法こそ、不可視化に立ち向かう手段になりうるのではないだろうか。「環境正義」などの主張も、公正が一人の倫理観ではなく社会全体で達成されなくてはならないことを示している。

そのためにも、公害が数多い環境問題の一部ではないし、環境問題が数多い社会問題の一部ではないことを確認しておきたい。それに関連しては、軍事、ジェンダー、エスニシティなど、本書でとりあげたいと思いつつ断念したテーマもあり、それ以上に編者らが見落としている課題が多いことも感じている。

それら今後への宿題を考えるうえでも、企画時から重ねられた本講座シリーズの編集委員会、本書各章の著者による執筆構想発表の研究会などは個人的にも貴重な勉強の機会であり、楽しくもあった。本書にかかわるすべての方に感謝を申し上げたい。これからも本書やシリーズ各巻を通して勉強していきたいと思う。

そのなかで、新泉社編集部の安喜健人さんには、これらのほとんどすべてにご参加いただき、サポートというよりリードというべきご尽力をいただいた（例えば公害をテーマとする本書がシリーズの第1巻になったのは安喜さんの意見によるところが大きい）。章ごとの長短など著者の個性を広く許容してくださる一方、講座としての統一性をはかるために言葉の選び方一つにも行き届いた目配りをしてくださったので、安心して作業を進めることができた。終章における「正義」と「公正」の説明の練り直しなどは、雑務に追われる時期に風穴を開けてくれる作業だったこともあり、とくに懐かしい思い出である。感謝の念に堪えない。

二〇二三年一月

編者を代表して　**藤川 賢**

シリーズ 環境社会学講座 1

なぜ公害は続くのか——潜在・散在・長期化する被害

2023年4月10日 初版第1刷発行©

編　者＝藤川 賢，友澤悠季
発行所＝株式会社 新 泉 社
〒113-0034 東京都文京区湯島1－2－5 聖堂前ビル
TEL 03(5296)9620 FAX 03(5296)9621

印刷・製本 萩原印刷
ISBN978-4-7877-2301-7 C1336 Printed in Japan

シリーズ　環境社会学講座　刊行にあたって

気候変動、原子力災害、生物多様性の危機――、現代の環境問題は、どれも複雑な広がり方をしており、どこからどう考えればよいのか、手がかりさえもつかみにくいものばかりです。問題の難しさは、科学技術に対するやみくもな期待や、あるいは逆に学問への不信感なども生み、社会的な亀裂や分断を深刻化させています。

こうした状況にあって、人びとが生きる現場の混沌のなかから出発し、絶えずそこに軸足を据えつつ、環境問題とその解決の道を複眼的にとらえて思考する学問分野、それが環境社会学です。

環境社会学の特徴は、批判性と実践性の両面を兼ね備えているところにあります。例えば、「公害は過去のもの」という一般的な見方を環境社会学はくつがえし、それがどう続いていて、なぜ見えにくくなってしまっているのか、その構造を批判的に明らかにしてきました。同時に環境社会学では、研究者自身が、他の多くの利害関係者とともに環境問題に直接かかわり、一緒に考える実践も重ねてきました。

一貫しているのは、現場志向であり、生活者目線です。環境や社会の持続可能性をおびやかす諸問題に対して、いたずらに無力感にとらわれることなく、地に足のついた解決の可能性を探るために、環境社会学の視点をもっと生かせるはずだ、そう私たちは考えます。

『講座　環境社会学』（全五巻、有斐閣、二〇〇一年）、『シリーズ環境社会学』（全六巻、新曜社、二〇〇〇―二〇〇三年）が刊行されてから二〇年。私たちは、大きな広がりと発展を見せた環境社会学の成果を伝えたいと、新しい出版物の発刊を計画し、議論を重ねてきました。

そして、ここに全六巻の『シリーズ　環境社会学講座』をお届けできることになりました。環境と社会の問題を学ぶ学生、環境問題の現場で格闘している実践家・専門家、また多くの関心ある市民に、このシリーズを手に取っていただき、ともに考え実践する場が広がっていくことを切望しています。

シリーズ　環境社会学講座　編集委員一同

編者・執筆者紹介

●編者

藤川 賢（ふじかわけん）＊序章，第3章，終章

明治学院大学社会学部教授.

主要業績：『ふくしま復興　農と暮らしの復権』（石井秀樹と共編著，東信堂，2021年），『放射能汚染はなぜくりかえされるのか——地域の経験をつなぐ』（除本理史と共編著，東信堂，2018年），『公害・環境問題の放置構造と解決過程』（渡辺伸一・堀畑まなみと共著，東信堂，2017年），『公害被害放置の社会学——イタイイタイ病・カドミウム問題の歴史と現在』（飯島伸子・渡辺伸一と共著，東信堂，2007年）.

友澤悠季（ともざわゆうき）＊序章，第1章，終章

長崎大学環境科学部准教授.

主要業績：『「問い」としての公害——環境社会学者・飯島伸子の思索』（勁草書房，2014年），『宇井純セレクション』全3巻（藤林泰・宮内泰介と共編，新泉社，2014年），「環境，公害というフィールドから——書庫を介して外へ出る」（新原道信編『人間と社会のうごきをとらえるフィールドワーク入門』ミネルヴァ書房，2022年），「政党はどのような公害観を持っていたか——55年体制から1970年代初頭までを対象として」（鈴木玲編『労働者と公害・環境問題』法政大学出版局，2021年）.

●執筆者

関 礼子（せきれいこ）＊第2章

立教大学社会学部教授.

主要業績：『新潟水俣病をめぐる制度・表象・地域』（東信堂，2003年），「新潟水俣病問題の現状と課題——阿賀野川の人と暮らしと新潟水俣病」（花田昌宣・原田正純編『水俣学講義 第5集』日本評論社，2012年）.

宇田和子（うだかずこ）＊第4章

明治大学文学部准教授.

主要業績：『食品公害と被害者救済——カネミ油症事件の被害と政策過程』（東信堂，2015年），「カネミ油症の未認定問題——医師の領域設定から開かれた認定へ」（『環境と公害』49(4)，2020年）.

金沢謙太郎（かなざわけんたろう）＊第5章
信州大学学術研究院総合人間科学系教授.
主要業績：『熱帯雨林のポリティカル・エコロジー――先住民・資源・グローバリゼーション』（昭和堂，2012年），「環境社会学の視点からみる世界史――先住者の生活戦略から探る持続可能な社会」（小川幸司編『岩波講座　世界歴史 第1巻　世界史とは何か』岩波書店，2021年）.

竹峰誠一郎（たけみねせいいちろう）＊第6章
明星大学人文学部教授.
主要業績：『マーシャル諸島　終わりなき核被害を生きる』（新泉社，2015年），「核兵器禁止条約がもつ可能性を拓く――世界の核被害補償制度の掘り起こしと比較調査を踏まえて」（『平和研究』58，2022年）.

原口弥生（はらぐちやよい）＊第7章
茨城大学人文社会科学部教授.
主要業績：「『低認知被災地』における問題構築の困難――茨城県を事例に」（藤川賢・除本理史編『放射能汚染はなぜくりかえされるのか――地域の経験をつなぐ』東信堂，2018年），「被災者支援を通してみる原子力防災の課題」（『学術の動向』25(6)，2000年）.

土屋雄一郎（つちやゆういちろう）＊第8章
京都教育大学教育学部教授.
主要業績：『環境紛争と合意の社会学――NIMBYが問いかけるもの』（世界思想社，2008年），「ニンビィをめぐる『迷惑』の必要性と受容」（松田素二とゆかいな仲間たち編『雑草たちの奇妙な声――現場ってなんだ?!』風響社，2021年）.

野澤淳史（のざわあつし）＊第9章
東京経済大学現代法学部専任講師.
主要業績：『胎児性水俣病患者たちはどう生きていくか――〈被害と障害〉〈補償と福祉〉の間を問う』（世織書房，2020年），「災害時における障害者の『取り残され』と自立生活――自立と地域の緊張関係に着目して」（『障害学研究』16，2020年）.

清水万由子（しみずまゆこ）＊第10章
龍谷大学政策学部准教授.
主要業績：『公害の経験を未来につなぐ――教育・フォーラム・アーカイブズを通した公害資料館の挑戦』（林美帆・除本理史と共編著，ナカニシヤ出版，2023年），「大阪市・西淀川における公害地域再生運動の展開と到達点(1)――道路環境対策から交通まちづくりへ」（『社会科学研究年報』52，2022年）.

寺田良一（てらだりょういち）＊第11章
明治大学名誉教授.
主要業績：『環境リスク社会の到来と環境運動――環境的公正に向けた回復構造』（晃洋書房，2016年），「産業社会から環境リスク社会へ――現代社会の社会変動再論』（金子勇編『変動のマクロ社会学――ゼーション理論の到達点』ミネルヴァ書房，2019年）.

堀畑まなみ（ほりはたまなみ）＊コラムA
桜美林大学リベラルアーツ学群教授.
主要業績：「アスベスト被害の救済をめぐる矛盾と放置」（藤川賢・渡辺伸一・堀畑まなみ『公害・環境問題の放置構造と解決過程』東信堂，2017年），「環境社会学の理論と諸相――香川県豊島問題を事例に」（小賀野晶一・黒川哲志編『環境法のロジック』成文堂，2022年）.

堀田恭子（ほったきょうこ）＊コラムB
立正大学文学部教授.
主要業績：『新潟水俣病問題の受容と克服』（東信堂，2002年），「台湾油症政策における『被害』の捉え方――救済制度からの考察」（『環境と公害』47(1)，2017年）.

林 美帆（はやしみほ）＊コラムC
公益財団法人水島地域環境再生財団研究員，佛教大学非常勤講師.
主要業績：『「地域の価値」をつくる――倉敷・水島の公害から環境再生へ』（除本理史と共編著，東信堂，2022年），『公害スタディーズ――悶え，哀しみ，闘い，語りつぐ』（安藤聡彦・丹野春香と共編著，ころから，2021年）.

文献一覧

◆序章

朝井志歩［2009］『基地騒音――厚木基地騒音問題の解決策と環境的公正』法政大学出版局.

飯島伸子［1993 (1984)］『環境問題と被害者運動』改訂版，学文社.

飯島伸子［2001］「環境社会学の成立と発展」，飯島伸子・鳥越皓之・長谷川公一・舩橋晴俊編『講座 環境社会学 第1巻　環境社会学の視点』有斐閣，1–28頁.

飯島伸子編［2007 (1977)］『公害・労災・職業病年表』新版，すいれん舎.

飯島伸子・渡辺伸一・藤川賢［2007］『公害被害放置の社会学――イタイイタイ病・カドミウム問題の歴史と現在』東信堂.

宇井純［1971］『私の公害闘争』潮出版社.

小田康徳［1983］『近代日本の公害問題――史的形成過程の研究』世界思想社.

金菱清［2008］『生きられた法の社会学――伊丹空港「不法占拠」はなぜ補償されたのか』新曜社.

環境庁［1972］『昭和47年版環境白書』.

鬼頭秀一［2006］「『環境正義』の時代における，日本の『公害問題』の再評価と『自主講座』」，埼玉大学共生社会研究センター監修『宇井純収集公害問題資料 1　復刻『自主講座』第2回配本　別冊解題』すいれん舎.

土呂久を記録する会編［1993］『記録・土呂久』本多企画.

直野章子［2015］『原爆体験と戦後日本――記憶の形成と継承』岩波書店.

平岡義和［1999］「企業犯罪とその制御――熊本水俣病事件を事例にして」，宝月誠編『講座社会学 10　逸脱』東京大学出版会，121–151頁.

舩橋晴俊［2001］「環境問題の社会学的研究」，飯島伸子・鳥越皓之・長谷川公一・舩橋晴俊編『講座 環境社会学 第1巻　環境社会学の視点』有斐閣，29–62頁.

舩橋晴俊・長谷川公一・畠中宗一・梶田孝道［1988］『高速文明の地域問題――東北新幹線の建設・紛争と社会的影響』有斐閣.

ミッチェル，ジョン［2018］『追跡　日米地位協定と基地公害――「太平洋のゴミ捨て場」と呼ばれて』阿部小涼訳，岩波書店.

宮本憲一［2014］『戦後日本公害史論』岩波書店.

Beck, Ulrich [1986], *Risikogesellschaft. Auf dem Weg in eine andere Moderne*, Frankfurt am Main: Suhrkamp Verlag.（＝1998, 東廉・伊藤美登里訳『危険社会――新しい近代への道』法政大学出版局.）

●第1章

足尾町郷土誌編集委員会編［1978］『足尾郷土誌』足尾町郷土誌編集委員会.
安藤精一［1992］『近世公害史の研究』吉川弘文館.
飯島伸子［1993 (1984)］『環境問題と被害者運動』改訂版，学文社.
飯島伸子［2000］『環境問題の社会史』有斐閣.
飯島伸子編［2007 (1977)］『公害・労災・職業病年表』新版，すいれん舎.
大鹿卓［2009 (1957)］『谷中村事件――ある野人の記録・田中正造伝』新版，新泉社.
太田市産業環境部環境政策課編［2022］『環境白書　令和三年度』太田市.
岡本達明［2015］『水俣病の民衆史 第3巻　闘争時代（上）1957–1969』日本評論社.
小田康徳編［2008］『公害・環境問題史を学ぶ人のために』世界思想社.
経済産業省［2008］『近代化産業遺産群33――近代化産業遺産が紡ぎ出す先人達の物語』.
鉱毒史編纂委員会編［2006］『鉱毒史　上巻』鉱毒史編纂委員会.
鉱毒史編纂委員会編［2013］『鉱毒史　下巻』鉱毒史編纂委員会.
小松裕［2001］「資料紹介　足尾鉱毒の病像論」,『文学部論叢』73: 85–127.
東海林吉郎［1976］「藤川為親県令の『布達』について」，渡良瀬川鉱害シンポジウム刊行会編『足尾銅山鉱毒事件　虚構と事実』渡良瀬川鉱害シンポジウム刊行会，1–64頁.
東海林吉郎［1982］『足尾銅山鉱毒事件』国際連合大学.
東海林吉郎・菅井益郎［1985］「足尾銅山鉱毒事件――公害の原点」，宇井純編『技術と産業公害』国際連合大学（東京大学出版会発売），15–56頁.
東海林吉郎・菅井益郎［2014 (1984)］『通史・足尾鉱毒事件――1877～1984』新版，世織書房.
菅井益郎監修［2001］『調べ学習日本の歴史 16　公害の研究――産業の発展によってうしなわれたものとは』ポプラ社.
栃木県史編さん委員会編［1984］『栃木県史　通史編 8　（近現代 3）』栃木県.
友澤悠季［2019］「『負の遺産』という短絡をこえて――公害史の現在性に触れるために」,『立教ESDジャーナル』3・4: 25–26.
永末十四雄［1973］『筑豊――石炭の地域史』日本放送出版協会.
日本経営史研究所編［1976］『創業100年史』古河鉱業株式会社.

林えいだい［1972］『望郷——鉱毒は消えず』亜紀書房.
星野嘉市［1973］「足尾銅山の鉱烟毒の事件」,『自主講座』28: 8–27.
松本隆海編［1901］『足尾鉱毒惨状画報』青年同志鉱毒調査会.（＝1977, 東海林吉郎・布川了編『足尾鉱毒亡国の惨状——被害農民と知識人の証言』伝統と現代社, 収録.）

◆第2章

荒川康・鳥越皓之［2006］「里川の意味と可能性——利用する者の立場から」, 鳥越皓之・嘉田由紀子・陣内秀信・沖大幹編『里川の可能性——利水・治水・守水を共有する』新曜社, 8–35頁.
飯島孝［1996］『技術の黙示録——翼をたため, 向きを変えるのだ　化学技術論序説』技術と人間.
飯島伸子［1984］『環境問題と被害者運動』学文社.
家庭電気機器変遷史編集委員会編［1983］『家庭電気機器変遷史』追補版, 家庭電気文化会.
神田栄［2004］『阿賀よ再び蘇れ』新潟日報事業社.（＝2008, 文芸社.）
小林直樹［1992］「企業の『公共性』論　上」,『ジュリスト』1011: 45–55.
斎藤恒・萩野直路・旗野秀人［1981］「新潟水俣病患者と認定の問題」,『公害研究』10(3): 36–42.
桜田勝徳［1959］「水上交通と民俗」, 大間知篤三ほか編『日本民俗学大系 第5巻　生業と民俗』平凡社, 349–364頁.
庄司光・宮本憲一［1964］『恐るべき公害』岩波新書.
庄司光・宮本憲一［1975］『日本の公害』岩波新書.
昭和電工株式会社社史編集室編［1977］『昭和電工50年史』昭和電工株式会社.
関礼子［2005］「暮らしの中の川——阿賀野川流域千唐仁の生活文化とその変容」,『国立歴史民俗博物館研究報告』123: 35–48.
関礼子［2009］「環境問題の原点はいま」, 関礼子・中澤秀雄・丸山康司・田中求『環境の社会学』有斐閣, 221–243頁.
関礼子［2019］「世代を超えた被害の社会学的疫学——新潟水俣病の事例から」,『応用社会学研究』61: 41–53.
成元哲［2004］「汚染地域における民衆疫学の可能性」,『水俣病研究』3: 179–187.
通商産業省公害保安局監修［1972］『産業と公害』通産資料調査会.
新潟水俣病共闘会議編［1984］『いま なぜ“みなまた”か——第二次新潟水俣病のたたか

い』新潟水俣病共闘会議.
新潟水俣病弁護団編［1971］『新潟水俣病裁判 第2集　原告最終準備書面』新潟水俣病共闘会議.
新潟水俣病問題に係る懇談会［2008］「新潟水俣病問題に係る懇談会　最終提言書――患者とともに生きる支援と福祉のために」，新潟県ウェブサイト.
（https://www.pref.niigata.lg.jp/sec/seikatueisei/1212598883292.html）［最終アクセス日：2022年11月30日］
原田正純［1985］『水俣病は終っていない』岩波新書.
坂東克彦［2000］『新潟水俣病の三十年――ある弁護士の回想』日本放送出版協会.
舩橋晴俊［1999］「未認定患者の長期放置と『最終解決』の問題点」，飯島伸子・舩橋晴俊編『新潟水俣病問題――加害と被害の社会学』東信堂，203–234頁.
舩橋晴俊［2000］「熊本水俣病の発生拡大過程における行政組織の無責任性のメカニズム」，相関社会科学有志編『ヴェーバー・デュルケム・日本社会――社会学の古典と現代』ハーベスト社，129–211頁.
舩橋晴俊・長谷川公一・畠中宗一・勝田晴美［1985］『新幹線公害――高速文明の社会問題』有斐閣.
古川彰［1999］「環境問題の変化と環境社会学の研究課題」，舩橋晴俊・古川彰編『環境社会学入門――環境問題研究の理論と技法』文化書房博文社，55–90頁.
堀田恭子［2002］『新潟水俣病問題の受容と克服』東信堂.
松井健［1998］「マイナー・サブシステンスの世界――民俗世界における労働・自然・身体」，篠原徹編『現代民俗学の視点 1　民俗の技術』朝倉書店，247–268頁.
松井健［2004］「マイナー・サブシステンスと環境のハビトゥス化」，松井健編『島の生活世界と開発 3　沖縄列島――シマの自然と伝統のゆくえ』東京大学出版会，103–126頁.
宮本憲一［2014］「庄司光――生活科学としての環境衛生学の創立者」，宮本憲一・淡路剛久編『公害・環境研究のパイオニアたち――公害研究委員会の50年』岩波書店，57–74頁.
Bird, Isabella L. [1885 (1880)], *Unbeaten Tracks in Japan*, London: John Murray.（＝2000，高梨健吉訳『日本奥地紀行』平凡社ライブラリー.）

●第3章

池田寛二［2001］「環境問題をめぐる南北関係と国家の機能」，飯島伸子編『講座 環境社会学 第5巻　アジアと世界――地域社会からの視点』有斐閣，33–63頁.
石井亨［2018］『もう「ゴミの島」と言わせない――豊島産廃不法投棄，終わりなき闘い』藤

原書店.
大川真郎［2001］『豊島産業廃棄物不法投棄事件——巨大な壁に挑んだ25年のたたかい』日本評論社.
鎌田慧［1970］『隠された公害——ドキュメント　イタイイタイ病を追って』三一新書.
曽根英二［1999］『ゴミが降る島——香川・豊島　産廃との「20年戦争」』日本経済新聞社.
廃棄物対策豊島住民会議［1995］『世論の支援をうけて——豊島産業廃棄物不法投棄事件の行方』.
廃棄物対策豊島住民会議［2003］『豊かさを問う——豊島事件の記録』.
橋本道夫［1988］『私史環境行政』朝日新聞社.
藤川賢［2016］「翻訳『生きる権利のために闘う——チンガリ・トラストの案内』——インド・ボパール事件における被害女性たちの闘争」,『明治学院大学社会学・社会福祉学研究』146: 149–171.
藤川賢・山中由紀・堀畑まなみ・成元哲・原田利恵［1998］「産業廃棄物による環境汚染と地域社会——香川県豊島における不法投棄事件の社会学的研究」, 消費生活研究所『持続可能な社会と地球環境のための研究助成1997年度研究成果論文集』1–47頁.
松波淳一［2015］『カドミウム被害百年——回顧と展望』重版定本, 桂書房.
渡辺伸一［2007］「イタイイタイ病医学研究班の社会学——イタイイタイ病カドミウム説『保留』のしくみ」, 飯島伸子・渡辺伸一・藤川賢［2007］『公害被害放置の社会学——イタイイタイ病・カドミウム問題の歴史と現在』東信堂, 145–182頁.
Beck, Ulrich [1986], *Risikogesellschaft. Auf dem Weg in eine andere Moderne,* Frankfurt am Main: Suhrkamp Verlag.（＝1998, 東廉・伊藤美登里訳『危険社会——新しい近代への道』法政大学出版局.）
Blum, Elizabeth D. [2008], *Love Canal Revisited: Race, Class, and Gender in Environmental Activism*, Lawrence: University Press of Kansas.
Gibbs, Lois Marie [1982], *Love Canal: My Story,* Albany, New York: State University of New York Press.（＝2009, 山本節子訳『ラブキャナル——産廃処分場跡地に住んで』せせらぎ出版.）
Szasz, Andrew [1994], *EcoPopulism: Toxic Waste and the Movement for Environmental Justice,* Minneapolis: University of Minnesota Press.

◆コラムA

堀畑まなみ［2011］「労災・職業病と公害」, 船橋晴俊編『環境社会学』弘文堂, 43–56頁.
宮本憲一［2009］「アスベスト被害救済の課題——複合型ストック災害の責任と対策」,『環

境と公害』38(4): 2–7.
森裕之［2008］「モンタナ州リビーにおけるアスベスト災害」，『別冊政策科学　アスベスト問題特集号』立命館大学政策科学会，185–201頁．
Musk, A. William, Nicholas H. de Klerk, Jan L. Eccles, Janice Hansen and Keith B. Shilkin [1995], "Malignant mesothelioma in Pilbara Aborigines," *Australian Journal of Public Health*, 19(5): 520–522.

◆第4章

飯島伸子［1979］「公害・労災・薬害における被害の構造――その同質性と異質性」，『公害研究』8(3): 57–65.
飯島伸子［1993 (1984)］『環境問題と被害者運動』改訂版，学文社．
宇田和子［2015］『食品公害と被害者救済――カネミ油症事件の被害と政策過程』東信堂．
宇田和子［2020a］「カネミ油症の未認定問題――医師の領域設定から開かれた認定へ」，『環境と公害』49(4): 63–69.
宇田和子［2020b］「環境制御システム論と被害補償論の接合――PCB汚染制御過程におけるシステムの逆連動」，茅野恒秀・湯浅陽一編『環境問題の社会学――環境制御システムの理論と応用』東信堂，143–166頁．
宇田和子［2023］「制度化からみる薬害と食品公害」，本郷正武・佐藤哲彦編『薬害とは何か――新しい薬害の社会学』ミネルヴァ書房，222–239頁．
小栗一太・赤峰昭文・古江増隆編［2000］『油症研究――30年の歩み』九州大学出版会．
加瀬和俊［2009］「食品産業史の課題と論点」，加瀬和俊編『戦前日本の食品産業――1920～30年代を中心に』東京大学社会科学研究所，1–7頁．
厚生労働省［2022］「許可を要する食品関係営業施設数・許可・廃業施設数・処分・告発件数・調査・監視指導施設数，営業の種類別」．
(https://www.e-stat.go.jp/stat-search/files?page=1&layout=datalist&toukei=00450027&tstat=000001031469&cycle=8&tclass1=000001161547&tclass2=000001161548&tclass3=000001161551&stat_infid=000032155788&tclass4val=0)［最終アクセス日：2022年4月1日］
厚生労働省医薬・生活衛生局生活衛生・食品安全企画課［2022］「令和3年度カネミ油症行政担当者会議　参考資料」．
(https://www.mhlw.go.jp/content/11130500/000913627.pdf)［最終アクセス日：2022年4月4日］
寺西俊一・大島堅一・除本理史［1998］「環境費用の負担問題と環境基金――国際油濁

補償基金の分析を中心に」一橋大学大学院経済学研究科ディスカッションペーパーシリーズ，1998-06.
友澤悠季［2012］「『社会学』はいかにして『被害』を証すのか――薬害スモン調査における飯島伸子の仕事から」，『環境社会学研究』18: 27–44.
日本経済調査協議会編［1966］『日本の食品工業』至誠堂.
原田正純・浦崎貞子・蒲池近江・田尻雅美・井上ゆかり・堀田宣之・藤野糺・鶴田和仁・瀬藤貴志・藤原寿和［2011］「カネミ油症被害者の現状――40年目の健康調査」，『社会関係研究』16: 1–53.
宮本憲一［2007 (1989)］『環境経済学』新版，岩波書店.
森永ミルク中毒事後調査の会編［1988 (1969)］『14年目の訪問――森永ひ素ミルク中毒追跡調査の記録』復刻版，せせらぎ出版.
除本理史［2007］『環境被害の責任と費用負担』有斐閣.

◆第5章

飯島伸子［2001］「地球規模の環境問題と社会学的研究」，飯島伸子編『講座 環境社会学 第5巻　アジアと世界――地域社会からの視点』有斐閣，1–32頁.
池田寛二［2005］「環境社会学における正義論の基本問題――環境正義の四類型」，『環境社会学研究』11: 5–21.
石黒美有［2017］「クリーンウッド法の制定――違法伐採の一層の強化」，『時の法令』2020: 20–33.
鹿島建設［2016］「建築工事における国産合板材型枠の実用性・持続可能性検証モデル事業 報告書」，東京都環境局ウェブサイト.
（https://www.kankyo.metro.tokyo.lg.jp/data/publications/resource/houshin/model_houkoku.files/27modelhoukoku2-1.pdf）［最終アクセス日：2022年10月30日］
金沢謙太郎［1999］「第三世界のポリティカル・エコロジー論と社会学的視点」，『環境社会学研究』5: 224–231.
金沢謙太郎［2012］『熱帯雨林のポリティカル・エコロジー――先住民・資源・グローバリゼーション』昭和堂.
金沢謙太郎［2021］「環境社会学の視点からみる世界史――先住者の生活戦略から探る持続可能な社会」，小川幸司編『岩波講座　世界歴史 1　世界史とは何か』岩波書店，227–246頁.
川喜多進［2015］「国産材を活用したコンクリート型枠用合板の開発と普及」，『木材情報』294: 5–8.

グローバル・ウィットネス［2013］「野放し産業――マレーシアの違法で破壊的な森林伐採と日本のビジネス」Global Witness.
(http://web.archive.org/web/20140106001648/http://www.globalwitness.org/shadow-statejp/AnIndustryUnchecked(Japanese).pdf)［最終アクセス日：2022年10月30日］
小島延夫［1997］「マレーシア」，日本環境会議「アジア環境白書」編集委員会編『アジア環境白書1997/98』東洋経済新報社，165–182頁.
渋沢龍也［2020］「コンクリート型枠用合板に関する研究開発の動向」,『木材工業』75(6): 236–243.
鶴見良行［1982］『バナナと日本人――フィリピン農園と食卓のあいだ』岩波新書.
寺西俊一［2018］「公害輸出による環境破壊」，環境経済・政策学会編『環境経済・政策学事典』丸善出版，128–129頁.
東北森林管理局山形森林管理署［2016］「国産材を使用した型枠用合板の利用拡大に向けた取り組みについて」，『治山』61(1): 5–7.
日本海運集会所調査広報部編［1983］『南洋材輸送協定の二十年を語る』南洋材輸送協定.
日本合板工業組合連合会［2018］『地域材を使用したコンクリート型枠用合板の開発・普及について　事業成果普及版』日本合板工業組合連合会.
日本弁護士連合会公害対策・環境保全委員会編［1991］『日本の公害輸出と環境破壊――東南アジアにおける企業進出とODA』日本評論社.
ヒューマンライツ・ナウ［2016］「マレーシア・サラワク州　今なお続く違法伐採による先住民族の権利侵害」ヒューマンライツ・ナウ.
(https://hrn.or.jp/activity_statement/5923/)［最終アクセス日：2022年10月30日］
平岡義和［1993］「開発途上国の環境問題」，飯島伸子編『環境社会学』有斐閣，169–192頁.
細川弘明［2001］「環境差別の諸相――環境問題の記述分析になぜ差別論が必要か」，飯島伸子編『講座 環境社会学 第5巻　アジアと世界――地域社会からの視点』有斐閣，207–231頁.
堀川三郎［2002］「国際シンポジウムにおける飯島先生」，飯島伸子先生記念刊行委員会編『環境問題とともに――飯島伸子先生追悼文集』飯島伸子先生記念刊行委員会，205–209頁.
マーケット・フォー・チェンジ・熱帯林行動ネットワーク［2018］「足下に熱帯林を踏みつけて――日本の住宅産業サプライチェーンにおける取り組みをサラワクの熱帯林に与える影響から評価する」.

(http://www.jatan.org/wp-content/uploads/2017/03/Walking-on-the-Devastation-of-Tropical-Forests-Web-Japanese.pdf)［最終アクセス日：2022年1月31日］

宮内泰介［1998］「発展途上国と環境問題」，舩橋晴俊・飯島伸子編『講座社会学 12　環境』東京大学出版会，163–190頁.

森田一行［2016］「斜めから見た我が国の違法伐採対策の概観」，『山林』1582: 60–66.

Dauvergne, Peter [1997], *Shadows in the Forest: Japan and the Politics of Timber in Southeast Asia*, Massachusetts: MIT Press.

Ho, James Yam Kuan [2021], "Response to Malaysiakini's article on Samling Group," available at Malaysiakini website.
(https://www.malaysiakini.com/letters/601992) [Last accessed: October 30, 2022]

Iijima, Nobuko [2000], "Environmental Inequalities and Social Interrelationship: Examples from Asia and Australia," *The Journal of social sciences and humanities* (人文学報), 309: 1–26.

Penan [2011], "The Penan Peace Park: Penans self-determining for the benefits of all, Proposal 2012–2016," available at The Bruno Manser Fonds website.
(http://www.penanpeacepark.org/resources/2012_Penan_Peace_Park_Proposal_English.pdf) [Last accessed: October 30, 2022]

Shklar, Judith N., [1990], *The Faces of Injustice*, New Haven and London: Yale University Press.

STIDC (Sarawak Timber Industry Development Corporation) [2021], "Statistics of Timber and Timber Products Sarawak 2020," STIDC.
(https://www.sarawaktimber.gov.my/modules/web/pages.php?mod=download&sub=download_show&id=173) [Last accessed: December 30, 2022]

Straumann, Lukas [2014], *Money Logging: On the Trail of the Asian Timber Mafia*, Basel: Bergli Books.（＝2017, 鶴田由紀訳『熱帯雨林コネクション――マレーシア木材マフィアを追って』緑風出版.）

Tacconi, Luca [2007], *Illegal Logging: Law Enforcement, Livelihoods and the Timber Trade*, London: Earthscan.

Westoby, Jack [1989], *Introduction to World Forestry: People and their Trees*, Oxford: Basil Blackwel.（＝1990, 熊崎実訳『森と人間の歴史』築地書館.）

新聞・オンラインニュース：

朝日新聞

Cilisos (https://cilisos.my)

Malaysiakini (https://www.malaysiakini.com)

◆第6章

ISDA JNPC 編集出版委員会編［1978］『被爆の実相と被爆者の実情——1977 NGO被爆問題シンポジウム報告書』朝日イブニングニュース社.

アレキサンダー，ロニー［1992］『大きな夢と小さな島々——太平洋島嶼国の非核化にみる新しい安全保障観』国際書院.

石山徳子［2020］『「犠牲区域」のアメリカ——核開発と先住民族』岩波書店.

小柏葉子［2001］「南太平洋地域の核問題と日本」，『IPSHU研究報告シリーズ』27: 21–38.

奥秋聡［2017］『海の放射能に立ち向かった日本人——ビキニからフクシマへの伝言』旬報社.

鎌田遵［2018］「マンハッタン計画国立歴史公園に関する一論考——ロスアラモス国立研究所の歴史地理」，『亜細亜大学学術文化紀要』33: 105–125.

自主講座実行委員会［1981］『「土の声，民の声」号外　核廃棄物海洋投棄反対署名運動特集 13』.

第五福竜丸平和協会編［2014］『第五福竜丸は航海中——ビキニ水爆被災事件と被ばく漁船60年の記録』第五福竜丸平和協会（現代企画室発売）.

竹峰誠一郎［2015］『マーシャル諸島　終わりなき核被害を生きる』新泉社.

竹峰誠一郎［2022］「『海を汚すな』太平洋諸島からの眼差し」，『週刊金曜日』1404: 24–28.

中国新聞「ヒバクシャ」取材班［1991］『世界のヒバクシャ』講談社.

豊﨑博光［2005］『マーシャル諸島　核の世紀——1914–2004』上・下，日本図書センター.

豊﨑博光［2022］『写真と証言で伝える世界のヒバクシャ 3　旧ソ連・核保有各国による核被害と日本のヒバクシャ』すいれん舎.

長岡弘芳［1977］『原爆民衆史』未来社.

非核太平洋国際署名運動［1982］『「土の声，民の声」号外　非核太平洋国際署名運動特集 17』.

前田哲男［1979］『棄民の群島——ミクロネシア被爆民の記録』時事通信社.

丸浜江里子［2011］『原水禁署名運動の誕生——東京・杉並の住民パワーと水脈』凱風社.

三宅泰雄［1972］『死の灰と闘う科学者』岩波新書.

三宅泰雄・檜山義夫・草野信男監修［1976］『ビキニ水爆被災資料集』東京大学出版会.

横山正樹［1981］「核廃棄物の海洋投棄反対運動——太平洋諸島の住民の場合」，『公害研究』10(4): 22–29.

AEC (U.S. Atomic Energy Commission) [1954], “Conference on Long Term Surveys and

Studies of Marshall Islands," DOE OpenNet, Accession Number: NV0404633.
(https://www.osti.gov/opennet/servlets/purl/16377953.pdf) [Last accessed: July 10, 2022]

AEC (U.S. Atomic Energy Commission) [1956], "Minutes 56th Meeting Advisory Committee for Biology and Medicine, May 26–27," DOE OpenNet, Accession Number: NV0411749.
(https://www.osti.gov/opennet/servlets/purl/16023144.pdf) [Last accessed: July 10, 2022]

Congress of Micronesia. Special Joint Committee Concerning Rongelap and Utirik Atolls ed. [1973], *A report on the people of Rongelap and Utirik relative to medical aspects of the March 1, 1954 incident injury, examination and treatment*, Saipon, Mariana Islands: The Committee.

Cronkite, E. P., V. P. Bond, L. E. Browning, W. H. Chapman, S. H. Cohn, R. A. Conard, C. L. Dunham, R. S. Farr, W. S. Hall, R. Sharp and N. R. Shulman [1954], *Study of Response of Human Beings Accidentally Exposed to Significant Fallout Radiation: Operation Castle – Final Report Project 4.1*, Naval Medical Research Institute and U.S. Naval Radiological Defense Laboratory, DOE OpenNet, Accession Number: NV0726276.
(https://www.osti.gov/opennet/servlets/purl/16358904.pdf) [Last accessed: July 10, 2022]

CTBTO (Preparatory Commission for the Comprehensive Nuclear-Test-Ban Treaty Organization) [2012], "Nuclear Testing."
(https://www.ctbto.org/nuclear-testing/) [Last accessed: July 11, 2022]

DOI (U.S. Department of the Interior) [1969], "News Release, Subject: Bikini Resettlement Program Released," January 18.
(https://www.osti.gov/opennet/servlets/purl/16378927.pdf) [Last accessed: July 10, 2022]

Endres, Danielle [2009], "The Rhetoric of Nuclear Colonialism: Rhetorical Exclusion of American Indian Arguments in the Yucca Mountain Nuclear Waste Siting Decision," *Communication and Critical/Cultural Studies*, 6(1): 39–60.

Heine, Hilda C. [2017], "63rd Nuclear Victims Remembrance Day Keynote Remarks," May 1, available at Nuclear Age Peace Foundation website.
(https://www.wagingpeace.org/nuclear-remembrance-day-remarks/) [Last accessed: December 31, 2022]

House, Rechard A. [1954], "Discussion of Off-Site Fallout," in "Memo for Record, Subject: Operation Castle, Shot Bravo with Attachments," DOE OpenNet, Accession Number: NV0410202.
(https://www.osti.gov/opennet/servlets/purl/16383521.pdf) [Last accessed: July 10, 2022]

Jetñil-Kijiner, Kathy [2020], "I envision simple things. Our islands, above water," 2020 Pritzker

Award Finalist, available at Institute of the Environment & Sustainability website.
(https://www.ioes.ucla.edu/news/2020-pritzker-award-finalist-kathy-jetnil-kijiner-i-envision-simple-things-our-islands-above-water/) [Last accessed: July 10, 2022]

LLNL (Lawrence Livermore National Laboratory) [2010], "LLNL research at Marshall Islands could lead to resettlement," February 11.
(https://www.llnl.gov/news/llnl-research-marshall-islands-could-lead-resettlement) [Last accessed: July 10, 2022]

Maynard, R. H. [1954], "Tabulation of Time of Arrival Date," in "Memo for Record, Subject: Operation Castle, Shot Bravo with Attachments," DOE OpenNet, Accession Number: NV0410202.
(https://www.osti.gov/opennet/servlets/purl/16383521.pdf) [Last accessed: July 10, 2022]

McCraw, T. F. [1978], "Memo to Hal Hollister, Subject: Suggested DOE Responses to Questions on Bikini Atoll Resettlement," DOE OpenNet, Accession Number: NV0042226.
(https://www.osti.gov/opennet/servlets/purl/16062674.pdf) [Last accessed: July 10, 2022]

MIJ (The Marshall Islands Journal) [2004], "Matayoshi's words capture people's mood," March 12.

Niedenthal, Jack [2001], *For the Good of Mankind: A History of the People of Bikini and Their Islands*, 2nd Edition, Majuro: Bravo Publishers.

Nixon, Rob [2011], *Slow Violence and the Environmentalism of the Poor*, Cambridge, MA and London: Harvard University Press.

Ray, Roger [1976], "Letter to Oscar DeBrum, Subject: Recent finding of Plutonium in Urine Samples from some of the people at Bikini you asked for advice regarding further Bikini Resettlement," DOE OpenNet, Accession Number: NV0401380.
(https://www.osti.gov/opennet/servlets/purl/16366110.pdf) [Last accessed: July 10, 2022]

RMI (Republic of the Marshall Islands) [2021], "RMI conveys concerns on Japanese Government decision to discharge wastewater from Fukushima Daiichi Nuclear Power Station," May 8, available at Embassy of the Republic of the Marshall Islands website.
(https://www.rmiembassyus.org/news/rmi-conveys-concerns-on-japanese-government-decision-to-discharge-wastewater-from-fukushima-daiichi-nuclear-power-station) [Last accessed: December 31, 2022]

Rust, Susanne [2019], "How the U.S. betrayed the Marshall Islands, kindling the next nuclear disaster," *Los Angeles Times*, November 10.
(https://www.latimes.com/projects/marshall-islands-nuclear-testing-sea-level-rise/) [Last

accessed: July 11, 2022]
Swenson, Kyle [2019], "The U.S. put nuclear waste under a dome on a Pacific island. Now it's cracking open," *The Washington Post*, May 20.
(https://www.washingtonpost.com/nation/2019/05/20/us-put-nuclear-waste-under-dome-pacific-island-now-its-cracking-open/) [Last accessed: December 31, 2022]
Taylor, Dame Meg [2021], "Statement by Dame Meg Taylor, the Secretary General of the Pacific Islands Forum, Regarding the Japan Decision to Release ALPS Treated Water into the Pacific Ocean," April 13, available at Pacific Islands Forum website.
(https://www.forumsec.org/2021/04/13/statement-by-dame-meg-taylor-secretary-general-of-the-pacific-islands-forum-regarding-the-japan-decision-to-release-alps-treated-water-into-the-pacific-ocean/) [Last accessed: July 10, 2022]
TBDC (Tularosa Basin Downwinders Consortium) [2021], "Trinity Downwinders: 77 Years And Waiting."
(https://www.trinitydownwinders.com) [Last accessed: July 10, 2022]
Tsosie-Peña, Beata and Jay Coghlan [2020], "The Atomic Bomb's First Victims," A podcast of the Eurasia Group Foundation "None of the Above," August 18.
(https://www.noneoftheabovepodcast.org/episodes/s2e2) [Last accessed: July 10, 2022]

●第7章

飯島伸子［1993］『環境問題と被害者運動』改訂版，学文社.
原口弥生［1999］「環境正義運動における住民参加政策の可能性と限界——米国ルイジアナにおける反公害運動の事例」，『環境社会学研究』5: 91–103.
原口弥生［2014］「災害とサスティナビリティ——災害リスク対応における社会的公正」，木村武史・カール・ベッカー・桑子敏雄・原口弥生・櫻井次郎・柏木志保・宮本万里・箕輪真理・松井健一『現代文明の危機と克服——地域・地球的課題へのアプローチ』日本地域社会研究所，47–64頁.
Benford, Robert D. [2005], "The Half-Life of the Environmental Justice Frame: Innovation, Diffusion, and Stagnation," in David Naguib Pellow and Robert J. Brulle eds., *Power, Justice, and the Environment: A Critical Appraisal of the Environmental Justice Movement*, Massachusetts: MIT Press, pp. 37–53.
Bullard, Robert D. [1990], *Dumping in Dixie: Race, Class, and Environmental Quality*, Boulder, Colorado: Westview Press.
Mohai, Paul, David Pellow and J. Timmons Roberts [2009], "Environmental Justice," *Annual*

Review of Environment and Resources, 34: 405–430.

Roberts, J. Timmons and Melissa M. Toffolon-Weiss [2001], *Chronicles from the Environmental Justice Frontline*, Cambridge: Cambridge University Press.

Schlosberg, David [2013], "Theorising environmental justice: the expanding sphere of a discourse," *Environmental Politics*, 22(1): 37–55.

Terrell, Kimberly A. and Gianna St. Julien [2022], "Air pollution is linked to higher cancer rates among black or impoverished communities in Louisiana," *Environmental Research Letters*, 17(1): 014033.

Tierney, Kathleen [2014], *The Social Roots of Risk: Producing Disasters, Promoting Resilience*, Redwood City, California: Stanford Business Books.

Tollefson, Jeff [2022], "How science could aid the US quest for environmental justice," *Nature*, June 2.
(https://www.nature.com/articles/d41586-022-01504-6) [Last accessed: December 20, 2022]

●コラムB

上田昌文［2021］「新たな公害の世紀――電磁波の人体影響と社会の変容を中心に」，『世界』942: 86–97.

岡田幹治［2021］「生態系とヒトを蝕み続ける農薬」，『世界』942: 124–133.

加藤やすこ［2020］『新　電磁波・化学物質過敏症対策――克服するためのアドバイス』緑風出版.

環境省環境保健部環境リスク評価室［2017］「日本人における化学物質のばく露量について 2017」.
（https://www.env.go.jp/content/900410589.pdf）［最終アクセス日：2022年10月20日］

木村–黒田純子［2018］『地球を脅かす化学物質――発達障害やアレルギー急増の原因』海鳴社.

古庄弘枝［2019］『マイクロカプセル香害――柔軟剤・消臭剤による痛みと哀しみ』ジャパンマシニスト社.

住宅リフォーム・紛争処理支援センター［2021］「住宅相談統計年報 2021　資料編」.
（https://www.chord.or.jp/documents/tokei/index.html）［最終アクセス日：2022年10月20日］

高田秀重［2021］「プラスチック依存社会からの脱却」，『世界』942: 98–106.

戸髙恵美子・森千里［2021］「化学物質に満たされたコップの中の子どもたち」，『世界』

942: 107–114.
友澤悠季［2021］「ゆきわたる公害――可視化するのはだれか」,『世界』942: 134–143.
水城まさみ・小倉英郎・乳井美和子［2020］『化学物質過敏症対策――専門医・スタッフからのアドバイス』緑風出版.
水野玲子［2021］「香害――新たな空気公害」,『世界』942: 115–123.
柳沢幸雄［2019］『空気の授業――化学物質過敏症とはなんだろう?』ジャパンマシニスト社.
ウェブサイト：
化学物質過敏症支援センター（https://cssc4188cs.org）
カナリア・ネットワーク全国（http://canary-network.org）

第8章

石原紀彦［2001］「環境アセスメントと市民参加――愛知万博の環境アセスメントを例に」,『環境社会学研究』7: 160–173.
井上達夫［2001］「公共性としての正義」,『哲学』52: 14–17.
大阪府産業廃棄物協会法政策調査委員会編［2012］『産業廃棄物埋立処分場の公共関与のあり方――フェニックスの今後を考えるための論点の整理』大阪府産業廃棄物協会.
大澤真幸［2017］「『NIMBY』はどのように考察されるべきでしょうか」,『10+1 website』1月号.
（https://www.10plus1.jp/monthly/2017/01/issue-03.php）［最終アクセス日：2022年10月30日］
河北新報報道部［1990］『東北ゴミ戦争――漂流する都市の廃棄物』岩波書店.
清水修二［1999］『NIMBYシンドローム考――迷惑施設の政治と経済』東京新聞出版局.
末石冨太郎［1987］「NIMBY syndromeに関する一考察」,『環境問題シンポジュウム講演論文集』15: 15–20.
鈴木晃志郎［2011］「NIMBY研究の動向と課題」,『日本観光研究学会全国大会学術論文集』26: 17–20.
鈴木晃志郎［2015］「NIMBYから考える『迷惑施設』」,『都市問題』106(7): 4–11.
関口鉄夫［1996］『ゴミは田舎へ?――産業廃棄物への異論・反論・Rejection（拒否）』川辺書林.
野波寛・大友章司・坂本剛・田代豊［2015］「NIMBY問題における政策決定者の正当性は公益と私益の情報次第?――立地地域少数者と域外多数者による行政機関の評価」,『人間環境学研究』13(2): 153–162.

野波寛・田代豊・坂本剛・大友章司［2016］「NIMBY問題における公平と共感による情動反応――域外多数者の無関心は立地地域少数者の怒りを増幅する?」,『実験社会心理学研究』56 (1): 23-32.
原科幸彦［2002］「環境アセスメントと住民合意形成」,『廃棄物学会誌』13(3): 151–160.
樋口浩一［2016］「廃棄物の広域処理――見送られた東京湾フェニックス計画」,『地域活性学会研究大会論文集』8: 351–354.
舩橋晴俊［2004］「環境制御システム論の基本視点」,『環境社会学研究』10: 59–74.
舩橋晴俊［2009］「環境に関する道理性と日本の役割」,『学術の動向』14(1): 42–46.
三上直之［2009］『地域環境の再生と円卓会議――東京湾三番瀬を事例として』日本評論社.
村山武彦［1999］「公共事業における住民との合意形成――廃棄物処理施設の立地を例に」,『自治体学研究』79: 42–48.
村山武彦［2006］「戦略的環境アセスメントの動向と導入に向けた課題」,『環境技術』35(12): 868–873.
湯浅陽一［2005］『政策公共圏と負担の社会学――ごみ処理・債務・新幹線建設を素材として』新評論.
Burningham, Kate, Julie Barnett and Diana Thrush [2006], *The limitations of the NIMBY concept for understanding public engagement with renewable energy technologies: A literature review*, School of Environment and Development, Manchester: University of Manchester. (https://geography.exeter.ac.uk/beyond_nimbyism/deliverables/bn_wp1_3.pdf) [Last accessed: November 30, 2022]

◆第9章

池田和弘［2021］「環境社会学にとっての秩序問題――野澤淳史著『胎児性水俣病患者たちはどう生きていくか』を読む」,『環境社会学研究』27: 251–255.
立岩真也［2014］『自閉症連続体の時代』みすず書房.
永野いつ香［2020］「胎児性水俣病世代の未認定患者への補償と福祉」,『平和研究』54: 153–174.
野澤淳史［2020］『胎児性水俣病患者たちはどう生きていくか――〈被害と障害〉〈補償と福祉〉の間を問う』世織書房.
野澤淳史［2022］「訪問介護事業所『はまちどり』と胎児性患者 第2回　これは水俣病問題なのだろうか?」,『季刊 水俣支援 東京ニュース』101: 22–23.
花田春兆［2004］「統合への反発・こだまするEメール便――高齢者施設に暮らす障害者か

らみる統合問題」，[花田編 2004: 7–79頁].
花田春兆編 [2004]『支援費風雲録――ストップ・ザ・介護保険統合』現代書館.
原田正純 [1985]『水俣病は終っていない』岩波新書.
原田正純 [2012]「いま，水俣学が示唆すること」，『科学』82(1): 68–72.
原田利恵 [2021]「胎児性水俣病患者が置かれた社会的環境に関する考察――過去のヒアリングデータ分析より」，『環境社会学研究』27: 160–175.
矢作正 [2020]「水俣病闘争史（1968～73年）資料紹介 Ⅳ（完）」，『技術史研究』88: 33–102.
頼藤貴志・入江佐織・加戸陽子・眞田敏 [2016]「水俣病における胎児期メチル水銀曝露――見過ごされてきた胎児期低・中濃度曝露による神経認知機能の影響」，『環境と公害』46(2): 52–58.
渡辺京二 [2017]『死民と日常――私の水俣病闘争』弦書房.

◆第10章

安藤聡彦・林美帆・丹野春香編 [2021]『公害スタディーズ――悶え，哀しみ，闘い，語りつぐ』ころから.
伊藤三男編 [2015]『きく・しる・つなぐ――四日市公害を語り継ぐ』四日市再生「公害市民塾」（風媒社発売）.
岡本充弘 [2020]「パブリックヒストリー研究序論」，『東洋大学人間科学総合研究所紀要』22: 67–88.
小田康徳 [2017]「歴史学の立場から見る公害資料館の意義と課題」，『大原社会問題研究所雑誌』709: 18–31.
公害資料館ネットワーク [2015]「公害資料館ネットワーク 2014年度活動報告書」.
公害資料館ネットワーク [2020]「第7回公害資料館連携フォーラム in 倉敷 報告書」.
公害地域再生センター [2010]「公害地域の今を伝えるスタディツアー2009――富山・イタイイタイ病の地を訪ねて」.
清水万由子 [2017]「公害経験の継承における課題と可能性」，『大原社会問題研究所雑誌』709: 32–43.
清水万由子 [2021]「公害経験継承の課題――多様な解釈を包むコミュニティとしての公害資料館」，『環境と公害』50(3): 2–8.
清水善仁 [2021]「公害資料の収集と解釈における論点」，『環境と公害』50(3): 16–22.
菅豊・北條勝貴 [2019]『パブリック・ヒストリー入門――開かれた歴史学への挑戦』勉誠出版.

成田龍一［2020 (2010)］『「戦争経験」の戦後史——語られた体験／証言／記憶』増補，岩波現代文庫.
林美帆［2013］「西淀川の公害教育——都市型複合大気汚染と公害認識」，除本理史・林美帆編『西淀川公害の40年——維持可能な環境都市をめざして』ミネルヴァ書房，65–103頁.
林美帆［2016］「公害地域の『今』を伝えるスタディツアーが公害教育にもたらしたもの」，『開発教育』63: 70–75.
林美帆［2021］「公害資料館ネットワークにおける協働の力」，『環境と公害』50(3): 9–15.
福島在行［2021］「平和博物館研究をより深く学ぶために」，蘭信三・小倉康嗣・今野日出晴編『なぜ戦争体験を継承するのか——ポスト体験時代の歴史実践』みずき書林，383–400頁.
保苅実［2018 (2004)］『ラディカル・オーラル・ヒストリー——オーストラリア先住民アボリジニの歴史実践』岩波現代文庫（初版は御茶ノ水書房）.
宮本憲一［2014］『戦後日本公害史論』岩波書店.
本橋哲也［2018］「岩波現代文庫版解説　危険な花びら——保苅実と〈信頼の歴史学〉」，［保苅 2018 (2004): 363–382頁］.
除本理史［2013］「公害反対運動から『環境再生のまちづくり』へ——大阪・西淀川からうまれた現代都市政策の理念」，除本理史・林美帆編『西淀川公害の40年——維持可能な環境都市をめざして』ミネルヴァ書房，3–30頁.
除本理史［2021］「福島原子力発電所事故に関する伝承施設の現状と課題」，『経営研究』72(2): 153–164.
四日市再生「公害市民塾」［2021］「四日市公害学習実践交流会 報告集」.
Rose, Julia [2016], *Interpreting Difficult History at Museums and Historic Sites*, Lanham, Maryland: Rowman & Littlefield.
Schreurs, Miranda A. [2002], *Environmental Politics in Japan, Germany, and the United States*, Cambridge: Cambridge University Press.（＝2007，長尾伸一・長岡延孝監訳『地球環境問題の比較政治学——日本，ドイツ，アメリカ』岩波書店.）
ウェブサイト：
あがのがわ環境学舎「阿賀の学習教材サイト」（https://www.agastudy.info）
公害資料館ネットワーク「各地の公害資料館」（http://kougai.info/museum/）

●第11章

飯島伸子［1984］『環境問題と被害者運動』学文社.

飯島伸子［1985］「被害の社会的構造」，宇井純編『技術と産業公害』国際連合大学（東京大学出版会発売），147–171頁.

飯島伸子［2000］「地球環境問題時代における公害・環境問題と環境社会学――加害―被害構造の視点から」，『環境社会学研究』6: 5–22.

環境総合年表編集委員会編［2010］『環境総合年表――日本と世界』すいれん舎.

木村–黒田純子［2018］『地球を脅かす化学物質――発達障害やアレルギー急増の原因』海鳴社.

高木仁三郎［1999］『市民科学者として生きる』岩波新書.

寺田良一［2016］『環境リスク社会の到来と環境運動――環境的公正に向けた回復構造』晃洋書房.

寺田良一［2019］「環境正義分析枠組みの拡張をめざして――動員，制度化，問題化の三元モデルの理論化」，『明治大学心理社会学研究』15: 19–32.

日本消費者連盟・洗剤部会編［2021］『香害のないくらし――柔軟剤にさようなら』日本消費者連盟.

みんなのデータサイトマップ集編集チーム編［2020］『図説・17都県放射能測定マップ＋読み解き集』増補版，みんなのデータサイト出版.

Beck, Ulrich [1986], *Risikogesellschaft. Auf dem Weg in eine andere Moderne*, Frankfurt am Main: Suhrkamp Verlag.（＝1998，東廉・伊藤美登里訳『危険社会――新しい近代への道』法政大学出版局.）

Bullard, Robert D. [1990], *Dumping in Dixie: Race, Class, and Environmental Quality*, Boulder, Colorado: Westview Press.

Hannigan, John A. [1995], *Environmental Sociology: A Social Constructionist Perspective*, London and New York: Routledge.（＝2007，松野弘監訳『環境社会学――社会構築主義的観点から』ミネルヴァ書房.）

Schlosberg, David [2013], "Theorising environmental justice: the expanding sphere of a discourse," *Environmental Politics*, 22(1): 37–55.

Shrader-Frechette, Kristin S. [1991], *Risk and Rationality: Philosophical Foundations for Populist Reforms*, Berkeley, California: University of California Press.（＝2007，松田毅監訳『環境リスクと合理的意思決定――市民参加の哲学』昭和堂.）

Szasz, Andrew [2007], *Shopping Our Way to Safety: How We Changed from Protecting the Environment to Protecting Ourselves*, Minneapolis: University of Minnesota Press.

❁コラムC

太田映知［2021］「患者会とみずしま財団から見た倉敷訴訟和解から25年」，『みずしま財団たより』105: 3.
除本理史・林美帆編［2022］『「地域の価値」をつくる――倉敷・水島の公害から環境再生へ』東信堂.

❁終章

アムネスティ・インターナショナル編［2016］「命を削って掘る鉱石――コンゴ民主共和国における人権侵害とコバルトの国際取引（報告書概要部翻訳）」アムネスティ・インターナショナル.
石山徳子［2020］『「犠牲区域」のアメリカ――核開発と先住民族』岩波書店.
岩井雪乃［2013］「自然の脅威と生きる構え――アフリカゾウと『共存』する村」，赤嶺淳編『グローバル社会を歩く――かかわりの人間文化学』新泉社，72-143頁.
宇井純［1971］『公害原論』I・II・III，亜紀書房.
宇井純［2014］『宇井純セレクション 2　公害に第三者はない』藤林泰・宮内泰介・友澤悠季編，新泉社.
緒方正人［2001］『チッソは私であった』葦書房.
鬼頭秀一［1996］『自然保護を問いなおす――環境倫理とネットワーク』ちくま新書.
笹岡正俊・藤原敬大編［2021］『誰のための熱帯林保全か――現場から考えるこれからの「熱帯林ガバナンス」』新泉社.
寺田良一［2001］「地球環境意識と環境運動――地域環境主義と地球環境主義」，飯島伸子編『講座環境社会学 第5巻　アジアと世界――地域社会からの視点』有斐閣，233-258頁.
寺田良一［2016］『環境リスク社会の到来と環境運動――環境的公正に向けた回復構造』晃洋書房.
野澤淳史［2020］『胎児性水俣病患者たちはどう生きていくか――〈被害と障害〉〈補償と福祉〉の間を問う』世識書房.
廃棄物対策豊島住民会議［1995］『世論の支援をうけて――豊島産業廃棄物不法投棄事件の行方』.
原田正純［1972］『水俣病』岩波新書.
Dobson, Andrew [1999], *Justice and the Environment: Conceptions of Environmental Sustainability and Theories of Distributive Justice*, Oxford: Oxford University Press.
Hannigan, John A. [1995], *Environmental Sociology: A Social Constructionist Perspective*,

London and New York: Routledge.（＝2007, 松野弘監訳『環境社会学――社会構築主義的観点から』ミネルヴァ書房.）
Newman, Richard S. [2016], *Love Canal: A Toxic History from Colonial Times to the Present*, Oxford: Oxford University Press.
Rawls, John [1971], *A Theory of Justice*, Cambridge: Belknap Press.（＝2010, 川本隆史・福間聡・神島裕子訳『正義論』改訂版, 紀伊國屋書店.）
Schlosberg David [2007], *Defining Environmental Justice: Theories, Movements, and Nature*, Oxford: Oxford University Press.
Walker, Gordon [2011], *Environmental Justice: Concepts, Evidence and Politics*, London and New York: Routledge.

足尾銅山　本山製錬所跡